河南省“十四五”普通高等教育规划教材

线性代数

（第二版）

主　编　孟红玲

副主编　李先枝　李玉萍

参　编　赵　远　王德生　孟　醒　温丹华
　　　　陈书燕　张开广　张小慧　杜海霞
　　　　程鹏丹

河南大学出版社

·郑州·

图书在版编目(CIP)数据

线性代数/孟红玲主编. --2 版. --郑州:河南大学出版社, 2023.11

ISBN 978-7-5649-5682-0

Ⅰ. ①线… Ⅱ. ①孟… Ⅲ. ①线性代数-高等学校-教材 Ⅳ. ①O151.2

中国国家版本馆 CIP 数据核字(2023)第 230534 号

策划编辑 阮林要
责任编辑 阮林要
责任校对 张雪彩
装帧设计 翟淼淼

出版发行 河南大学出版社
地址:郑州市郑东新区商务外环中华大厦 2401 号 邮编:450046
电话:0371-86059701(营销部) 网址:hupress. henu. edu. cn
排　　版 河南金河印务有限公司
印　　刷 河南省诚和印制有限公司
版　　次 2023 年 11 月第 2 版
印　　次 2023 年 11 月第 1 次印刷
开　　本 787mm×1092mm 1/16
印　　张 9.75
字　　数 231 千字
定　　价 28.00 元

第二版前言

本书自 2019 年出版以来，收到授课教师、读者和出版社的反馈信息，对教材结构、例题和练习题的设置提出了许多宝贵意见和建议，有的读者对印刷与编写中的一些错误，编制了详细的勘误表. 这是对我们的鼓励和支持，有效地提高了本次修订的质量，借此再版之机，向支持我们的广大教师和读者表示诚挚的感谢.

线性代数主要研究数组中数据之间的关系，探索数组的内部结构，是大数据时代、线性变换以及数据挖掘的主要手段和工具，也是很多数据挖掘方法的基础理论. 此次修订参考了大量国内外的优秀教材，主要从这方面入手，首先，利用线性代数的起源求解特殊线性方程组的解出发，引入线性代数的整体结构（第 1 章　行列式），数组的概念（第 2 章　矩阵）；其次，研究数组的整体特征（逆矩阵）及行（列）之间的关系，进而完善一般线性方程组的求解（第 2 章　矩阵的秩，第 3 章　n 维向量的线性相关性），然后进一步研究数组内部的详细结构和特征（第 4 章　矩阵的对角化）；最后，介绍了线性代数的一个主要的应用（第 5 章　二次型，第 6 章　线性变换）. 此外，还更新和补充了部分例题和习题.

此次修订采用交叉修订的方法，由孟红玲通稿，本书第 1 章、第 6 章由李玉萍、王德生、杜海霞完成，第 2 章、第 5 章由陈书燕、张小慧、孟醒、张开广完成，第 3 章、第 4 章由李先枝、温丹华、程鹏丹完成，附录由赵远完成.

由于作者水平有限，难免有不足之处，恳请广大读者不吝指正，我们表示衷心的感谢！

编　者

2023 年 11 月于郑州师范学院

前　言

本书是根据教育部制定的“高等数学教学基本要求”，同时考虑到不同院校、不同专业的教学要求有所不同而编写的. 在教材体系、内容和例题选择方面，参考了国内外的优秀教材，同时呈现了自己的教学经验. 本书注重概念的直观性和严谨性，内容通俗易懂、深入浅出、注重应用，体现了微课等教育应用技术和教材内容的融合，突出了学以为用的教育理念.

线性代数的特点是概念比较抽象，概念之间联系很密切. 它是计算技术的基础，同经济、管理、系统工程、优化理论及稳定性理论等有着密切联系，随着计算技术的发展，线性代数作为理工、经管类的一门基础课程日益受到重视. 本书系统介绍了线性代数的基础知识、基本方法和基本理论，例题选择有代表性；行文严谨，用词准确，解析详尽，在概念引入时注重从实际出发. 教材的主要内容是行列式、矩阵、向量空间、线性方程组、矩阵对角化、二次型、线性空间与线性变换等. 除了线性代数的课堂讲授内容，本书结合数学软件和微课技术，增加了数学软件在线性代数中的应用，学生可以作为学习的参考资料；另外，制作了部分微课放在相关知识部分，学生可以通过扫码在任何时间预先学习，巩固复习.

本书理论系统、严谨，举例贴近实际应用，讲解透彻，难度适中，适合作为高等院校经济管理类和理工类专业学生必修科目，也可供科技工作者阅读，还可以作为大中专院校的培训教材.

本书由孟红玲任主编，李先枝、李玉萍任副主编，编写分工如下：第 1 章、第 6 章由李玉萍编写，第 2 章、第 5 章由孟红玲编写，第 3 章、第 4 章由李先枝编写，附录由赵远编写，参加整理的还有张开广、陈书燕、温丹华、孟醒、程鹏丹等. 由于编者水平有限，难免有不足之处，恳请广大读者不吝指正，我们表示衷心的感谢！

编　者

2019 年 5 月于郑州师范学院

目　　录

第 1 章　行列式

历史上，行列式的概念是在研究线性方程组的解的过程中产生的. 如今，它在数学的许多分支中都有非常广泛的应用，是常用的一种工具. 特别是在本门课程中，它是研究后面线性方程组、矩阵及向量组的线性相关性的一种重要工具.

§1.1　行列式的定义

一、二元线性方程组与二阶行列式

对于二元线性方程组
$$\begin{cases} a_{11}x_1+a_{12}x_2=b_1, \\ a_{21}x_1+a_{22}x_2=b_2, \end{cases} \tag{1.1.1}$$
使用加减消元法，当 $a_{11}a_{22}-a_{12}a_{21}\neq 0$ 时，方程组(1.1.1)有解为
$$x_1=\frac{b_1a_{22}-b_2a_{12}}{a_{11}a_{22}-a_{12}a_{21}},\qquad x_2=\frac{b_2a_{11}-b_1a_{21}}{a_{11}a_{22}-a_{12}a_{21}}. \tag{1.1.2}$$

式(1.1.2)中的分子、分母都是四个数分两对相乘再相减而得. 其中分母 $a_{11}a_{22}-a_{12}a_{21}$ 是由方程组(1.1.1)的四个系数确定的，把这四个数按它们在方程组(1.1.1)中的位置，排成两行两列(横排称行、竖排称列)的数表
$$\begin{matrix} a_{11} & a_{12} \\ a_{21} & a_{22} \end{matrix} \tag{1.1.3}$$
表达式 $a_{11}a_{22}-a_{12}a_{21}$ 称为数表(1.1.3)所确定的二阶行列式，记作
$$\begin{vmatrix} a_{11} & a_{12} \\ a_{21} & a_{22} \end{vmatrix}, \tag{1.1.4}$$
数 $a_{ij}(i=1,2;\ j=1,2)$ 称为行列式(1.1.4)的元素. 元素 a_{ij} 的第一个下标 i 称为行标，表明该元素位于第 i 行；第二个下标 j 称为列标，表明该元素位于第 j 列.

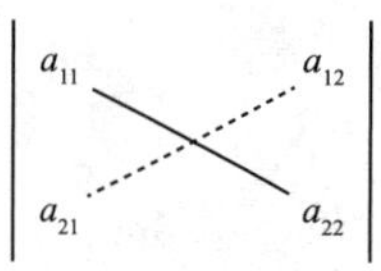

图 1-1

上述二阶行列式的定义可用对角线法则记忆，如图 1-1 所示，即实线联结的两个元素(主对角线)的乘积减去虚线联结的两个元素(次对角线)的乘积.

例 1 $\begin{vmatrix} 2 & -4 \\ 1 & 3 \end{vmatrix} = 2\times3-(-4)\times1=10.$

利用二阶行列式的概念,若记

$$D=\begin{vmatrix} a_{11} & a_{12} \\ a_{21} & a_{22} \end{vmatrix},\quad D_1=\begin{vmatrix} b_1 & a_{12} \\ b_2 & a_{22} \end{vmatrix},\quad D_2=\begin{vmatrix} a_{11} & b_1 \\ a_{21} & b_2 \end{vmatrix},$$

则式(1.1.2)可以表示为

$$x_1=\frac{D_1}{D}=\frac{\begin{vmatrix} b_1 & a_{12} \\ b_2 & a_{22} \end{vmatrix}}{\begin{vmatrix} a_{11} & a_{12} \\ a_{21} & a_{22} \end{vmatrix}},\quad x_2=\frac{D_2}{D}=\frac{\begin{vmatrix} a_{11} & b_1 \\ a_{21} & b_2 \end{vmatrix}}{\begin{vmatrix} a_{11} & a_{12} \\ a_{21} & a_{22} \end{vmatrix}}.$$

注:这里的分母 D 是由方程组(1.1.1)的系数所确定的二阶行列式,称系数行列式.

二、三阶行列式

定义 1.1.1 设有 9 个数排成 3 行 3 列的数表

$$\begin{matrix} a_{11} & a_{12} & a_{13} \\ a_{21} & a_{22} & a_{23} \\ a_{31} & a_{32} & a_{33} \end{matrix} \tag{1.1.5}$$

用记号

$$\begin{vmatrix} a_{11} & a_{12} & a_{13} \\ a_{21} & a_{22} & a_{23} \\ a_{31} & a_{32} & a_{33} \end{vmatrix}$$

表示代数和

$$a_{11}a_{22}a_{33}+a_{12}a_{23}a_{31}+a_{13}a_{21}a_{32}-a_{13}a_{22}a_{31}-a_{12}a_{21}a_{33}-a_{11}a_{23}a_{32},$$

上式称为数表(1.1.5)所确定的三阶行列式,即

$$D=\begin{vmatrix} a_{11} & a_{12} & a_{13} \\ a_{21} & a_{22} & a_{23} \\ a_{31} & a_{32} & a_{33} \end{vmatrix}$$
$$=a_{11}a_{22}a_{33}+a_{12}a_{23}a_{31}+a_{13}a_{21}a_{32}-a_{13}a_{22}a_{31}-a_{12}a_{21}a_{33}-a_{11}a_{23}a_{32}. \tag{1.1.6}$$

三阶行列式表示的代数和,也可以由下面的对角线法则来记忆,如图 1-2 所示,其中各实线联结的三个元素的乘积是代数和中的正项,各虚线联结的三个元素的乘积是代数和中的负项.

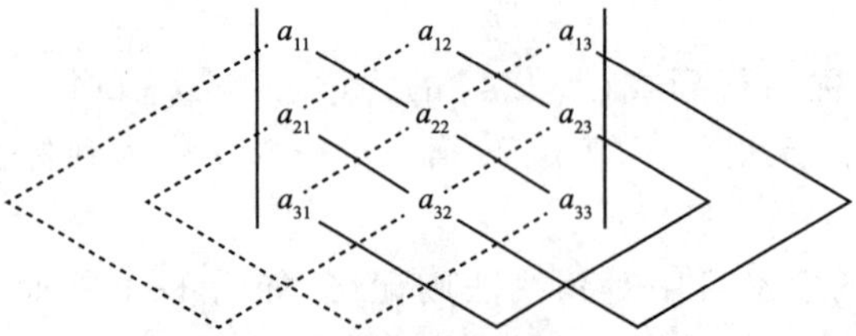

图 1-2

例 2 计算三阶行列式

$$D=\begin{vmatrix}1&2&-4\\-2&2&1\\-3&4&-2\end{vmatrix}.$$

解 由对角线法则

$$\begin{aligned}D&=1\times2\times(-2)+2\times1\times(-3)+(-4)\times4\times(-2)-\\&\quad(-4)\times2\times(-3)-1\times1\times4-2\times(-2)\times(-2)\\&=-4-6+32-24-4-8=-14.\end{aligned}$$

例 3 求解方程 $\begin{vmatrix}1&1&1\\2&3&x\\4&9&x^2\end{vmatrix}=0.$

解 方程左端的三阶行列式：

$$\begin{aligned}D&=3x^2+4x+18-9x-2x^2-12\\&=x^2-5x+6.\end{aligned}$$

由 $x^2-5x+6=0$,解得 $x=2$ 或 $x=3$.

三、n 阶行列式的定义

1. 三阶行列式的定义

$$\begin{aligned}D&=\begin{vmatrix}a_{11}&a_{12}&a_{13}\\a_{21}&a_{22}&a_{23}\\a_{31}&a_{32}&a_{33}\end{vmatrix}\\&=a_{11}a_{22}a_{33}+a_{12}a_{23}a_{31}+a_{13}a_{21}a_{32}-a_{13}a_{22}a_{31}-a_{12}a_{21}a_{33}-a_{11}a_{23}a_{32}\\&=a_{11}(a_{22}a_{33}-a_{23}a_{32})-a_{12}(a_{21}a_{33}-a_{23}a_{31})+a_{13}(a_{21}a_{32}-a_{22}a_{31})\\&=a_{11}\begin{vmatrix}a_{22}&a_{23}\\a_{32}&a_{33}\end{vmatrix}-a_{12}\begin{vmatrix}a_{21}&a_{23}\\a_{31}&a_{33}\end{vmatrix}+a_{13}\begin{vmatrix}a_{21}&a_{22}\\a_{31}&a_{32}\end{vmatrix}.\end{aligned}\tag{1.1.7}$$

表达式(1.1.7)具有两个特点：

(1) 三阶行列式可以表示为第一行元素分别与一个二阶行列式乘积的代数和；

(2) 元素 a_{11},a_{12},a_{13} 后面的二阶行列式是从原三阶行列式中分别划去元素 a_{11},a_{12}, a_{13} 所在的行与列后剩下的元素按原来顺序所组成的,分别称为元素 a_{11},a_{12},a_{13} 的**余子式**,记为 M_{11},M_{12},M_{13},即

$$M_{11}=\begin{vmatrix}a_{22}&a_{23}\\a_{32}&a_{33}\end{vmatrix},\quad M_{12}=\begin{vmatrix}a_{21}&a_{23}\\a_{31}&a_{33}\end{vmatrix},\quad M_{13}=\begin{vmatrix}a_{21}&a_{22}\\a_{31}&a_{32}\end{vmatrix}.$$

令 $A_{ij}=(-1)^{i+j}M_{ij}$,称其为元素 a_{ij} 的代数余子式.

于是表达式(1.1.7)也可以表示为

$$D=\begin{vmatrix} a_{11} & a_{12} & a_{13} \\ a_{21} & a_{22} & a_{23} \\ a_{31} & a_{32} & a_{33} \end{vmatrix}=a_{11}A_{11}+a_{12}A_{12}+a_{13}A_{13}=\sum_{j=1}^{3}a_{1j}A_{1j}. \tag{1.1.8}$$

表达式(1.1.8)称为三阶行列式**按第一行展开的展开式**.

注 1:根据上述推导过程,读者也可以得到三阶行列式按其他行(或列)展开的展开式,如按第二列展开的展开式为

$$\begin{vmatrix} a_{11} & a_{12} & a_{13} \\ a_{21} & a_{22} & a_{23} \\ a_{31} & a_{32} & a_{33} \end{vmatrix}=a_{12}A_{12}+a_{22}A_{22}+a_{32}A_{32}=\sum_{i=1}^{3}a_{i2}A_{i2}. \tag{1.1.9}$$

注 2:这个行列式可看作一个团队,行列式中每一个位置上的数相当于团队中的每一个成员.在团队中,每个成员的作用都是至关重要的,大家合作在一起才能得到正确的结果;有一位成员出错,整个团队的努力都无法得到正确的结果.所以,我们每一个人要有团队意识,每位成员都很重要,只有都坚守自己的位置,才能取得最终的胜利.

此外,关于三阶行列式的上述概念也可以推广到更高阶的行列式中去.

2. n 阶行列式的定义

定义 1.1.2 设有 n^2 个元素 $a_{ij}(i,j=1,2,\cdots,n)$ 排成 n 行 n 列的数表,组成的记号

$$D_n=\begin{vmatrix} a_{11} & a_{12} & \cdots & a_{1n} \\ a_{21} & a_{22} & \cdots & a_{2n} \\ \vdots & \vdots & & \vdots \\ a_{n1} & a_{n2} & \cdots & a_{nn} \end{vmatrix}$$

称为 **n 阶行列式**,其中横排称为行,竖排称为列.

它表示一个由确定的递推运算关系所得到的数:

当 $n=1$ 时,规定 $D_1=|a_{11}|=a_{11}$;

当 $n=2$ 时,$D_2=\begin{vmatrix} a_{11} & a_{12} \\ a_{21} & a_{22} \end{vmatrix}=a_{11}a_{22}-a_{12}a_{21}$;

当 $n>2$ 时,$D_n=a_{11}A_{11}+a_{12}A_{12}+\cdots+a_{1n}A_{1n}=\sum_{j=1}^{n}a_{1j}A_{1j}$. (1.1.10)

表达式(1.1.10)称为 n 阶行列式**按第一行展开的展开式**.事实上,我们可以证明 n 阶行列式可按其任意一行或列展开,例如,将定义 1.1.2 中的 n 阶行列式**按第 i 行或第 j 列展开**,可得展开式:

$$D_n=a_{i1}A_{i1}+a_{i2}A_{i2}+\cdots+a_{in}A_{in}=\sum_{k=1}^{n}a_{ik}A_{ik}\quad(i=1,2,\cdots,n) \tag{1.1.11}$$

或

$$D_n=a_{1j}A_{1j}+a_{2j}A_{2j}+\cdots+a_{nj}A_{nj}=\sum_{k=1}^{n}a_{kj}A_{kj}\quad(j=1,2,\cdots,n). \tag{1.1.12}$$

注:这个定义式其实只是具有理论价值,实际计算中很少使用.超级计算机的研制与国家实力有着密切的联系,在 2018 年最新的超算排名中,虽然我国失去了最强大超级计算机的位置,但是在 500 强榜单中依然占据了数量优势,以 206 台排名世界第一;而美国

以 124 台排名第二，第三、四、五位分别是日本、德国、法国. 中、美、日、德、法这 5 个国家正好是世界上 GDP 排名前五的国家. 我国的"神威 · 太湖之光"超级计算机目前世界排名第三，是之前四届超算 500 强排名的冠军，它全部使用中国自主知识产权的芯片，共有处理器 10 649 600 个，峰值速度为 125 436 TFlop/s，TFlop/s 表示每秒 1 千万亿(10^{15})次的浮点运算. 按照(1.1.10)式计算，29 阶的行列式一共有 29! 个乘积项，每个积项还需计算 28 次乘法. 因此，若使用"神威 · 太湖之光"计算 29 阶的行列式，则其花费的时间 t 可以估算为：$t=\dfrac{28\times 29!}{125\ 436\times 10^5\times 3\ 600\times 30\times 365}\approx 50\ 068$(年).

这个案例证明了按照定义式计算行列式的局限性，启发学生的学习兴趣，所以后续的行列式计算方法就很有必要. 通过此例，我们还了解了我国超算的基本情况，我们要弘扬科学家的科学精神，并具有爱国主义情怀.

例 4　计算行列式 $D_4=\begin{vmatrix} 3 & 0 & 0 & -5 \\ -4 & 1 & 0 & 2 \\ 6 & 5 & 7 & 0 \\ -3 & 4 & -2 & -1 \end{vmatrix}$.

解　把此行列式 D_4 按第一行展开，得

$$D_4=3\cdot(-1)^{1+1}\begin{vmatrix} 1 & 0 & 2 \\ 5 & 7 & 0 \\ 4 & -2 & -1 \end{vmatrix}+(-5)\cdot(-1)^{1+4}\begin{vmatrix} -4 & 1 & 0 \\ 6 & 5 & 7 \\ -3 & 4 & -2 \end{vmatrix}$$

$$=3\left(1\cdot(-1)^{1+1}\begin{vmatrix} 7 & 0 \\ -2 & -1 \end{vmatrix}+2\cdot(-1)^{1+3}\begin{vmatrix} 5 & 7 \\ 4 & -2 \end{vmatrix}\right)+$$

$$5\left((-4)\cdot(-1)^{1+1}\begin{vmatrix} 5 & 7 \\ 4 & -2 \end{vmatrix}+1\cdot(-1)^{1+2}\begin{vmatrix} 6 & 7 \\ -3 & -2 \end{vmatrix}\right)$$

$$=3(-7-76)+5(152-9)=466.$$

注：计算行列式时，选择零元素多的行(或列)展开可大大简化行列式的计算.

例 5　计算下三角行列式

$$D=\begin{vmatrix} a_{11} & & & \\ a_{21} & a_{22} & & \\ \vdots & \vdots & \ddots & \\ a_{n1} & a_{n2} & \cdots & a_{nn} \end{vmatrix},$$

其中未写出的元素全为零(以后均如此).

解　把此 n 阶行列式按第一行展开，得

$$D=a_{11}(-1)^{1+1}\begin{vmatrix} a_{22} & & \\ \vdots & \ddots & \\ a_{n2} & \cdots & a_{nn} \end{vmatrix}.$$

再把此 $n-1$ 阶行列式也按第一行展开，得

$$D=a_{11}a_{22}(-1)^{1+1}\begin{vmatrix} a_{33} & & \\ \vdots & \ddots & \\ a_{n3} & \cdots & a_{nn} \end{vmatrix}.$$

依次类推下去,得

$$\begin{aligned} D &= a_{11}a_{22}\cdots a_{n-2,n-2}(-1)^{1+1}\begin{vmatrix} a_{n-1,n-1} & \\ a_{n,n-1} & a_{nn} \end{vmatrix} \\ &= a_{11}a_{22}\cdots a_{nn}. \end{aligned}$$

同理可得**上三角行列式**也等于主对角线上元素的乘积,即:

$$\begin{vmatrix} a_{11} & a_{12} & \cdots & a_{1n} \\ & a_{22} & \cdots & a_{2n} \\ & & \ddots & \vdots \\ & & & a_{nn} \end{vmatrix}=a_{11}a_{22}\cdots a_{nn}.$$

特殊情况下,**对角行列式**(除对角线上元素外,其他元素都为 0)

$$\begin{vmatrix} a_{11} & & & \\ & a_{22} & & \\ & & \ddots & \\ & & & a_{nn} \end{vmatrix}=a_{11}a_{22}\cdots a_{nn}.$$

§ 1.2 行列式的性质

记
$$D=\begin{vmatrix} a_{11} & a_{12} & \cdots & a_{1n} \\ a_{21} & a_{22} & \cdots & a_{2n} \\ \vdots & \vdots & & \vdots \\ a_{n1} & a_{n2} & \cdots & a_{nn} \end{vmatrix},$$

将其中的行与列互换,即把行列式中的各行换成相应的列,得到行列式

$$\begin{vmatrix} a_{11} & a_{21} & \cdots & a_{n1} \\ a_{12} & a_{22} & \cdots & a_{n2} \\ \vdots & \vdots & & \vdots \\ a_{1n} & a_{2n} & \cdots & a_{nn} \end{vmatrix}.$$

上式称为行列式 D 的转置行列式,记作 D^{T}(或记为 D').

性质 1.2.1 行列式与它的转置行列式相等,即 $D=D^{\mathrm{T}}$.

注:此性质表明,在行列式中行与列有相同的地位,凡是有关行的性质对列同样成立,反之亦然.

性质 1.2.2 交换行列式的两行(或两列),行列式改变符号.

推论 1 若行列式有两行(或两列)对应元素完全相同,则此行列式等于零.

证 把这两行互换,有 $D=-D$,故 $D=0$.

性质 1.2.3 行列式中某一行(或列)的各元素有公因子,则可提到行列式符号的外面,即

$$D_1=\begin{vmatrix} a_{11} & a_{12} & \cdots & a_{1n} \\ \vdots & \vdots & & \vdots \\ ka_{i1} & ka_{i2} & \cdots & ka_{in} \\ \vdots & \vdots & & \vdots \\ a_{n1} & a_{n2} & \cdots & a_{nn} \end{vmatrix}=k\begin{vmatrix} a_{11} & a_{12} & \cdots & a_{1n} \\ \vdots & \vdots & & \vdots \\ a_{i1} & a_{i2} & \cdots & a_{in} \\ \vdots & \vdots & & \vdots \\ a_{n1} & a_{n2} & \cdots & a_{nn} \end{vmatrix}=kD.$$

注:第 i 行(或列)乘以数 k,记为 $r_i\times k$(或 $c_i\times k$).

推论 2 行列式的某一行(或列)所有元素都乘以同一个数 k,等于用数 k 乘此行列式.

推论 3 行列式的某一行(或列)的元素全为零时,行列式的值等于零.

性质 1.2.4 若行列式中有两行(或列)的元素对应成比例,则此行列式等于零.

例如,行列式 $D=\begin{vmatrix} 2 & -4 & 1 \\ 3 & -6 & 3 \\ -5 & 10 & 4 \end{vmatrix}=0.$

性质 1.2.5 若行列式的某一行(或列)的元素都是两数之和,如

$$D=\begin{vmatrix} a_{11} & a_{12} & \cdots & (a_{1i}+a'_{1i}) & \cdots & a_{1n} \\ a_{21} & a_{22} & \cdots & (a_{2i}+a'_{2i}) & \cdots & a_{2n} \\ \vdots & \vdots & & \vdots & & \vdots \\ a_{n1} & a_{n2} & \cdots & (a_{ni}+a'_{ni}) & \cdots & a_{nn} \end{vmatrix},$$

则 D 等于下列两个行列式之和,即

$$D=\begin{vmatrix} a_{11} & a_{12} & \cdots & a_{1i} & \cdots & a_{1n} \\ a_{21} & a_{22} & \cdots & a_{2i} & \cdots & a_{2n} \\ \vdots & \vdots & & \vdots & & \vdots \\ a_{n1} & a_{n2} & \cdots & a_{ni} & \cdots & a_{nn} \end{vmatrix}+\begin{vmatrix} a_{11} & a_{12} & \cdots & a'_{1i} & \cdots & a_{1n} \\ a_{21} & a_{22} & \cdots & a'_{2i} & \cdots & a_{2n} \\ \vdots & \vdots & & \vdots & & \vdots \\ a_{n1} & a_{n2} & \cdots & a'_{ni} & \cdots & a_{nn} \end{vmatrix}=D_1+D_2.$$

证 在行列式 D 的第 i 列展开式中,各项都含有第 i 列的一个元素($a_{ki}+a'_{ki}$),从而每一项均可拆成两项之和.

性质 1.2.6 把行列式的某一行(或列)的各元素乘以同一数 k 后加到另一行(或列)对应的元素上去,行列式的值不变.

例如,把行列式的第 j 列乘以常数 k 后加到第 i 列的对应元素上,有

$$\begin{vmatrix} a_{11} & \cdots & a_{1i} & \cdots & a_{1j} & \cdots & a_{1n} \\ a_{21} & \cdots & a_{2i} & \cdots & a_{2j} & \cdots & a_{2n} \\ \vdots & & \vdots & & \vdots & & \vdots \\ a_{n1} & \cdots & a_{ni} & \cdots & a_{nj} & \cdots & a_{nn} \end{vmatrix}=\begin{vmatrix} a_{11} & \cdots & (a_{1i}+ka_{1j}) & \cdots & a_{1j} & \cdots & a_{1n} \\ a_{21} & \cdots & (a_{2i}+ka_{2j}) & \cdots & a_{2j} & \cdots & a_{2n} \\ \vdots & & \vdots & & \vdots & & \vdots \\ a_{n1} & \cdots & (a_{ni}+ka_{nj}) & \cdots & a_{nj} & \cdots & a_{nn} \end{vmatrix}.$$

以上没有给出性质的证明,读者可根据行列式的定义证明.

利用这些性质可简化行列式的计算,为了表达简便起见,以 r_i 表示第 i 行,c_i 表示第 i 列,交换 i,j 两行(或列)记为 $r_i \leftrightarrow r_j(c_i \leftrightarrow c_j)$,第 i 行(或列)乘以数 k 记为 $kr_i(kc_i)$,第 j 行(或列)的元素乘以 k 加到第 i 行(或列)上记为 $r_i+kr_j(c_i+kc_j)$,第 i 行(或列)提取公因式 k 记为 $r_i \div k(c_i \div k)$. 利用行列式的性质将行列式化为上三角行列式,从而算出行列式的值.

例 1 计算行列式

$$D=\begin{vmatrix} 2 & -5 & 1 & 2 \\ -3 & 7 & -1 & 4 \\ 5 & -9 & 2 & 7 \\ 4 & -6 & 1 & 2 \end{vmatrix}.$$

解

$$D=-\begin{vmatrix} 1 & -5 & 2 & 2 \\ -1 & 7 & -3 & 4 \\ 2 & -9 & 5 & 7 \\ 1 & -6 & 4 & 2 \end{vmatrix}=-\begin{vmatrix} 1 & -5 & 2 & 2 \\ 0 & 2 & -1 & 6 \\ 0 & 1 & 1 & 3 \\ 0 & -1 & 2 & 0 \end{vmatrix}$$

$$=\begin{vmatrix} 1 & -5 & 2 & 2 \\ 0 & 1 & 1 & 3 \\ 0 & 2 & -1 & 6 \\ 0 & -1 & 2 & 0 \end{vmatrix}=\begin{vmatrix} 1 & -5 & 2 & 2 \\ 0 & 1 & 1 & 3 \\ 0 & 0 & -3 & 0 \\ 0 & 0 & 3 & 3 \end{vmatrix}$$

$$=\begin{vmatrix} 1 & -5 & 2 & 2 \\ 0 & 1 & 1 & 3 \\ 0 & 0 & -3 & 0 \\ 0 & 0 & 0 & 3 \end{vmatrix}$$

$$=1\times1\times(-3)\times3=-9.$$

例 2 计算 n 阶行列式

$$D=\begin{vmatrix} a & b & b & \cdots & b \\ b & a & b & \cdots & b \\ b & b & a & \cdots & b \\ \vdots & \vdots & \vdots & & \vdots \\ b & b & b & \cdots & a \end{vmatrix}.$$

解 注意到行列式的各行(或列)对应元素相加之和相等这一特点,把第 2 列至第 n 列的元素加到第 1 列对应元素上去,得

$$D=\begin{vmatrix} a+(n-1)b & b & \cdots & b \\ a+(n-1)b & a & \cdots & b \\ \vdots & \vdots & & \vdots \\ a+(n-1)b & b & \cdots & a \end{vmatrix}=[a+(n-1)b]\cdot\begin{vmatrix} 1 & b & \cdots & b \\ 1 & a & \cdots & b \\ \vdots & \vdots & & \vdots \\ 1 & b & \cdots & a \end{vmatrix}$$

$$=[a+(n-1)b]\cdot\begin{vmatrix}1 & b & \cdots & b\\0 & a-b & \cdots & 0\\\vdots & \vdots & & \vdots\\0 & 0 & \cdots & a-b\end{vmatrix}=[a+(n-1)b]\cdot(a-b)^{n-1}.$$

例 3　计算行列式

$$D=\begin{vmatrix}a & b & c & d\\a & a+b & a+b+c & a+b+c+d\\a & 2a+b & 3a+2b+c & 4a+3b+2c+d\\a & 3a+b & 6a+3b+c & 10a+6b+3c+d\end{vmatrix}.$$

解　从第 4 行开始，后行减前行，得

$$D=\begin{vmatrix}a & b & c & d\\0 & a & a+b & a+b+c\\0 & a & 2a+b & 3a+2b+c\\0 & a & 3a+b & 6a+3b+c\end{vmatrix}$$

$$=\begin{vmatrix}a & b & c & d\\0 & a & a+b & a+b+c\\0 & 0 & a & 2a+b\\0 & 0 & a & 3a+b\end{vmatrix}$$

$$=\begin{vmatrix}a & b & c & d\\0 & a & a+b & a+b+c\\0 & 0 & a & 2a+b\\0 & 0 & 0 & a\end{vmatrix}=a^4.$$

可见，计算高阶行列式时利用性质将其化为上三角行列式，既简便又程序化.

例 4　设

$$D=\begin{vmatrix}a_{11} & \cdots & a_{1k} & & & \\\vdots & & \vdots & & & \\a_{k1} & \cdots & a_{kk} & & & \\c_{11} & \cdots & c_{1k} & b_{11} & \cdots & b_{1n}\\\vdots & & \vdots & \vdots & & \vdots\\c_{n1} & \cdots & c_{nk} & b_{n1} & \cdots & b_{nn}\end{vmatrix},$$

$$D_1=\det(a_{ij})=\begin{vmatrix}a_{11} & \cdots & a_{1k}\\\vdots & & \vdots\\a_{k1} & \cdots & a_{kk}\end{vmatrix},$$

$$D_2=\det(b_{ij})=\begin{vmatrix}b_{11} & \cdots & b_{1n}\\\vdots & & \vdots\\b_{n1} & \cdots & b_{nn}\end{vmatrix},$$

证明：$D=D_1D_2$.

证 对 D_1 作运算 r_i+kr_j,把 D_1 化为下三角行列式,设为

$$D_1=\begin{vmatrix} p_{11} & & \\ \vdots & \ddots & \\ p_{k1} & \cdots & p_{kk} \end{vmatrix}=p_{11}\cdots p_{kk};$$

对 D_2 作运算 c_i+kc_j,把 D_2 化为下三角行列式,设为

$$D_2=\begin{vmatrix} q_{11} & & \\ \vdots & \ddots & \\ q_{n1} & \cdots & q_{nn} \end{vmatrix}=q_{11}q_{22}\cdots q_{nn}.$$

于是,对 D 的前 k 行作运算 r_i+kr_j,再对后 n 列作运算 c_i+kc_j,把 D 化为

$$D=\begin{vmatrix} p_{11} & & & & & \\ \vdots & \ddots & & & & \\ p_{k1} & \cdots & p_{kk} & & & \\ c_{11} & \cdots & c_{1k} & q_{11} & & \\ \vdots & & \vdots & \vdots & \ddots & \\ c_{n1} & \cdots & c_{nk} & q_{n1} & \cdots & q_{nn} \end{vmatrix}=p_{11}\cdots p_{kk}q_{11}\cdots q_{nn}=D_1D_2.$$

性质 1.2.7 行列式等于它的任一行(或列)的各元素与其对应的代数余子式的乘积之和,即

$$D_n=a_{i1}A_{i1}+a_{i2}A_{i2}+\cdots+a_{in}A_{in}=\sum_{k=1}^{n}a_{ik}A_{ik}\quad(i=1,2,\cdots,n),$$

$$D_n=a_{1j}A_{1j}+a_{2j}A_{2j}+\cdots+a_{nj}A_{nj}=\sum_{k=1}^{n}a_{kj}A_{kj}\quad(j=1,2,\cdots,n).$$

注:这个性质为行列式按行(或列)展开法则,利用这一法则并结合行列式的性质,可将行列式降阶,从而达到简化计算的目的.

例 5 再解本节中例 1.

解 $$D=\begin{vmatrix} 2 & -5 & 1 & 2 \\ -3 & 7 & -1 & 4 \\ 5 & -9 & 2 & 7 \\ 4 & -6 & 1 & 2 \end{vmatrix}=\begin{vmatrix} 0 & 0 & 1 & 0 \\ -1 & 2 & -1 & 6 \\ 1 & 1 & 2 & 3 \\ 2 & -1 & 1 & 0 \end{vmatrix}$$

$$=(-1)^{1+3}\begin{vmatrix} -1 & 2 & 6 \\ 1 & 1 & 3 \\ 2 & -1 & 0 \end{vmatrix}=\begin{vmatrix} -3 & 0 & 0 \\ 1 & 1 & 3 \\ 2 & -1 & 0 \end{vmatrix}$$

$$=(-1)^{1+1}\times(-3)\begin{vmatrix} 1 & 3 \\ -1 & 0 \end{vmatrix}$$

$$=-3\times3=-9.$$

思考:在展开中应该选择哪一行才能使得“付出的代价”最小呢?

例 6 证明范德蒙(Vandermonde)行列式

$$D_n=\begin{vmatrix}1 & 1 & \cdots & 1\\ x_1 & x_2 & \cdots & x_n\\ x_1^2 & x_2^2 & \cdots & x_n^2\\ \vdots & \vdots & & \vdots\\ x_1^{n-1} & x_2^{n-1} & \cdots & x_n^{n-1}\end{vmatrix}=\prod_{n\geqslant i>j\geqslant 1}(x_i-x_j). \tag{1.2.1}$$

其中记号“$\prod$”表示全体同类因子的乘积.

证　用数学归纳法证明. 当 $n=2$ 时,

$$D_2=\begin{vmatrix}1 & 1\\ x_1 & x_2\end{vmatrix}=(x_2-x_1),$$

式(1.2.1)成立. 假设式(1.2.1)对 $n-1$ 阶范德蒙行列式成立,要证式(1.2.1)对 n 阶范德蒙行列式也成立. 为此,将 D_n 降阶,从第 n 行开始,后一行减前一行的 x_1 倍,得

$$D_n=\begin{vmatrix}1 & 1 & 1 & \cdots & 1\\ 0 & x_2-x_1 & x_3-x_1 & \cdots & x_n-x_1\\ 0 & x_2(x_2-x_1) & x_3(x_3-x_1) & \cdots & x_n(x_n-x_1)\\ \vdots & \vdots & \vdots & & \vdots\\ 0 & x_2^{n-2}(x_2-x_1) & x_3^{n-2}(x_3-x_1) & \cdots & x_n^{n-2}(x_n-x_1)\end{vmatrix}.$$

按第 1 列展开,并提取每一列的公因子,有

$$D_n=(x_2-x_1)(x_3-x_1)\cdots(x_n-x_1)\begin{vmatrix}1 & 1 & \cdots & 1\\ x_2 & x_3 & & x_n\\ \vdots & \vdots & & \vdots\\ x_2^{n-2} & x_3^{n-2} & \cdots & x_n^{n-2}\end{vmatrix}.$$

上式右端行列式是 $n-1$ 阶范德蒙行列式,由归纳假设,它等于 $\prod\limits_{n\geqslant i>j\geqslant 2}(x_i-x_j)$,故

$$\begin{aligned}D_n&=(x_2-x_1)(x_3-x_1)\cdots(x_n-x_1)\prod_{n\geqslant i>j\geqslant 2}(x_i-x_j)\\&=\prod_{n\geqslant i>j\geqslant 1}(x_i-x_j).\end{aligned}$$

显然,范德蒙行列式不为零的充分必要条件是 $x_1,x_2,\cdots,x_n$ 互不相等.

注:范德蒙(1735~1796),法国数学家,1735 年生于巴黎,蒙日的好友,1771 年成为巴黎科学院院士,1796 年 1 月 1 日逝世. 范德蒙在高等代数方面有重要贡献. 他在 1771 年发表的论文中证明了多项式方程根的任何对称式都能用方程的系数表示出来. 他不仅把行列式应用于解线性方程组,而且对行列式理论本身进行了开创性研究,是行列式的奠基者. 他给出了用二阶子式和它的余子式来展开行列式的法则,还提出了专门的行列式符号. 他具有拉格朗日的预解式、置换理论等思想,为群的观念的产生做了一些准备工作.

由性质 1.2.7 还可以得到下述推论.

推论 4　行列式任一行(或列)的元素与另一行(或列)的对应元素的代数余子式乘积之和等于零,即

$$a_{i1}A_{j1}+a_{i2}A_{j2}+\cdots+a_{in}A_{jn}=0,\quad i\neq j,$$

或
$$a_{1i}A_{1j}+a_{2i}A_{2j}+\cdots+a_{ni}A_{nj}=0,\quad i\neq j.$$

证 作行列式$(i\neq j)$

$$\begin{vmatrix} a_{11} & a_{12} & \cdots & a_{1n} \\ \vdots & \vdots & & \vdots \\ a_{i1} & a_{i2} & \cdots & a_{in} \\ \vdots & \vdots & & \vdots \\ a_{i1} & a_{i2} & \cdots & a_{in} \\ \vdots & \vdots & & \vdots \\ a_{n1} & a_{n2} & \cdots & a_{nn} \end{vmatrix} \begin{matrix} \\ \\ \leftarrow \text{第 } i \text{ 行} \\ \\ \leftarrow \text{第 } j \text{ 行} \\ \\ \\ \end{matrix}$$

则除其第 j 行与行列式 D 的第 j 行不相同外,其余各行均与行列式 D 的对应行相同. 但因该行列式第 i 行与第 j 行相同,故行列式为零. 将其按第 j 行展开,便得

$$a_{i1}A_{j1}+a_{i2}A_{j2}+\cdots+a_{in}A_{jn}=0.$$

同理可证
$$a_{1i}A_{1j}+a_{2i}A_{2j}+\cdots+a_{ni}A_{nj}=0.$$

将性质 1.2.7 与推论 4 综合起来得

$$\sum_{k=1}^{n} a_{ik}A_{jk}=\begin{cases} D, & i=j, \\ 0, & i\neq j \end{cases}$$

或
$$\sum_{k=1}^{n} a_{ki}A_{kj}=\begin{cases} D, & i=j, \\ 0, & i\neq j. \end{cases}$$

下面介绍更一般的拉普拉斯(Laplace)展开定理.

先推广余子式的概念.

定义 1.2.1 在一个 n 阶行列式 D 中,任意取定 k 行 k 列$(k\leqslant n)$,位于这些行与列的交点处的 k^2 个元素,按原来的顺序构成的 k 阶行列式 M,称为行列式 D 的一个 k 阶子式;而在 D 中划去这 k 行 k 列后余下的元素,按原来的顺序构成的 $n-k$ 阶行列式 N,称为 k 阶子式 M 的余子式. 若 k 阶子式 M 在 D 中所在的行、列指标分别为 $i_1,i_2,\cdots,i_k$ 及 $j_1,j_2,\cdots,j_k$,则 $(-1)^{(i_1+i_2+\cdots+i_k)+(j_1+j_2+\cdots+j_k)}N$ 称为 k 阶子式 M 的代数余子式.

如在五阶行列式

$$\begin{vmatrix} a_{11} & a_{12} & a_{13} & a_{14} & a_{15} \\ a_{21} & a_{22} & a_{23} & a_{24} & a_{25} \\ \vdots & \vdots & \vdots & \vdots & \vdots \\ a_{51} & a_{52} & a_{53} & a_{54} & a_{55} \end{vmatrix}$$

中选定第 2,5 行,第 1,4 列,则二阶子式

$$M=\begin{vmatrix} a_{21} & a_{24} \\ a_{51} & a_{54} \end{vmatrix}$$

的余子式

$$N=\begin{vmatrix} a_{12} & a_{13} & a_{15} \\ a_{32} & a_{33} & a_{35} \\ a_{42} & a_{43} & a_{45} \end{vmatrix},$$

而代数余子式为$(-1)^{2+5+1+4}N=N$.

* **定理 1.2.1 (拉普拉斯定理)** 设在行列式 D 中任意选定 $k(1\leqslant k\leqslant n-1)$ 行(或列),则行列式 D 等于由这 k 行(或列)元素组成的一切 k 阶子式与它们对应的代数余子式的乘积之和.(不再证明)

例 7 用拉普拉斯定理计算行列式

$$D=\begin{vmatrix}1&2&1&4\\0&-1&2&1\\1&0&1&3\\0&1&3&1\end{vmatrix}.$$

解 若取第1,2行,则由这两行组成的一切二阶子式共有 $C_4^2=6$ 个:

$$M_1=\begin{vmatrix}1&2\\0&-1\end{vmatrix},\quad M_2=\begin{vmatrix}1&1\\0&2\end{vmatrix},\quad M_3=\begin{vmatrix}1&4\\0&1\end{vmatrix},$$

$$M_4=\begin{vmatrix}2&1\\-1&2\end{vmatrix},\quad M_5=\begin{vmatrix}2&4\\-1&1\end{vmatrix},\quad M_6=\begin{vmatrix}1&4\\2&1\end{vmatrix}.$$

其对应的代数余子式为

$$A_1=\begin{vmatrix}1&3\\3&1\end{vmatrix},\quad A_2=-\begin{vmatrix}0&3\\1&1\end{vmatrix},\quad A_3=\begin{vmatrix}0&1\\1&3\end{vmatrix},$$

$$A_4=\begin{vmatrix}1&3\\0&1\end{vmatrix},\quad A_5=-\begin{vmatrix}1&1\\0&3\end{vmatrix},\quad A_6=\begin{vmatrix}1&0\\0&1\end{vmatrix}.$$

则由拉普拉斯定理得

$$\begin{aligned}D&=M_1A_1+M_2A_2+\cdots+M_6A_6\\&=(-1)\times(-8)-2\times(-3)+1\times(-1)+5\times1-6\times3+(-7)\times1\\&=-7.\end{aligned}$$

注 1:当取定一行(或列),即 $k=1$ 时,就是按一行(或列)展开.从以上计算看到,采用拉普拉斯定理计算行列式一般并不简便,其主要是在理论上的应用.

注 2:皮埃尔-西蒙·拉普拉斯侯爵(Pierre-Simon marquis de Laplace,1749.3.23～1827.3.5),法国著名的天文学家和数学家,天体力学的集大成者;1749 年生于法国西北部卡尔瓦多斯的博蒙昂诺日,1816 年被选为法兰西学院院士,1817 年任该院院长;1812 年发表了重要的《概率分析理论》一书,在该书中总结了当时整个概率论的研究,论述了概率在选举审判调查、气象等方面的应用,导入"拉普拉斯变换"等;在拿破仑皇帝时期和路易十八时期两度获颁爵位.拉普拉斯曾任拿破仑的老师,所以和拿破仑结下不解之缘,1827 年 3 月 5 日卒于巴黎.拉普拉斯的研究领域是多方面的,有天体力学、概率论、微分方程、复变函数、势函数理论、代数、测地学、毛细现象理论等,并有卓越的创见.他是一位分析学的大师,把分析学应用到力学,特别是天体力学,获得了划时代的结果.他的代表作有《宇宙体系论》《分析概率论》《天体力学》.

§1.3 克莱姆法则

含有 n 个未知数 $x_1,x_2,\cdots,x_n$ 的 n 个线性方程的方程组

$$\begin{cases}a_{11}x_1+a_{12}x_2+\cdots+a_{1n}x_n=b_1,\\ a_{21}x_1+a_{22}x_2+\cdots+a_{2n}x_n=b_2,\\ \cdots\cdots\\ a_{n1}x_1+a_{n2}x_2+\cdots+a_{nn}x_n=b_n\end{cases} \tag{1.3.1}$$

有与二、三元线性方程组类似的结论,它的解可以用 n 阶行列式表示,即为下述的克莱姆(Cramer)法则.

定理 1.3.1(克莱姆法则) 若方程组(1.3.1)的系数行列式

$$D=\begin{vmatrix}a_{11}&a_{12}&\cdots&a_{1n}\\ a_{21}&a_{22}&\cdots&a_{2n}\\ \vdots&\vdots&&\vdots\\ a_{n1}&a_{n2}&\cdots&a_{nn}\end{vmatrix}\neq 0,$$

则方程组有唯一解,且可表示为

$$x_1=\frac{D_1}{D},\quad x_2=\frac{D_2}{D},\quad \cdots,\quad x_n=\frac{D_n}{D}, \tag{1.3.2}$$

其中 $D_j(j=1,2,\cdots,n)$ 是将 D 中的第 j 列元素换成常数项所得的行列式,即

$$D_j=\begin{vmatrix}a_{11}&\cdots&a_{1,j-1}&b_1&a_{1,j+1}&\cdots&a_{1n}\\ a_{21}&\cdots&a_{2,j-1}&b_2&a_{2,j+1}&\cdots&a_{2n}\\ \vdots&&\vdots&\vdots&\vdots&&\vdots\\ a_{n1}&\cdots&a_{n,j-1}&b_n&a_{n,j+1}&\cdots&a_{nn}\end{vmatrix}.$$

证 设 $x_1,x_2,\cdots,x_n$ 是方程组(1.3.1)的解,按行列式的性质有

$$Dx_j=\begin{vmatrix}a_{11}&a_{12}&\cdots&a_{1j}x_j&\cdots&a_{1n}\\ a_{21}&a_{22}&\cdots&a_{2j}x_j&\cdots&a_{2n}\\ \vdots&\vdots&&\vdots&&\vdots\\ a_{n1}&a_{n2}&\cdots&a_{nj}x_j&\cdots&a_{nn}\end{vmatrix}.$$

再把行列式的第 1 列,$\cdots$,第 $j-1$ 列,第 $j+1$ 列,$\cdots$,第 n 列分别乘以 $x_1,\cdots,x_{j-1}$,$x_{j+1},\cdots,x_n$ 加到第 j 列上去,行列式的值不变,即

$$Dx_j = \begin{vmatrix} a_{11} & a_{12} & \cdots & \sum\limits_{j=1}^{n} a_{1j}x_j & \cdots & a_{1n} \\ a_{21} & a_{22} & \cdots & \sum\limits_{j=1}^{n} a_{2j}x_j & \cdots & a_{2n} \\ \vdots & \vdots & & \vdots & & \vdots \\ a_{n1} & a_{n2} & \cdots & \sum\limits_{j=1}^{n} a_{nj}x_j & \cdots & a_{nn} \end{vmatrix}$$

$$= \begin{vmatrix} a_{11} & a_{12} & \cdots & a_{1,j-1} & b_1 & a_{1,j+1} & \cdots & a_{1n} \\ a_{21} & a_{22} & \cdots & a_{2,j-1} & b_2 & a_{2,j-1} & \cdots & a_{2n} \\ \vdots & \vdots & & \vdots & \vdots & \vdots & & \vdots \\ a_{n1} & a_{n2} & \cdots & a_{n,j-1} & b_n & a_{n,j+1} & \cdots & a_{nn} \end{vmatrix} = D_j.$$

因 $D\neq 0$,故 $x_j=\dfrac{D_j}{D}(j=1,2,\cdots,n)$ 为方程组的唯一解.

例 1 求解线性方程组

$$\begin{cases} 2x_1+x_2-5x_3+x_4=8, \\ x_1-3x_2-6x_4=9, \\ 2x_2-x_3+2x_4=-5, \\ x_1+4x_2-7x_3+6x_4=0. \end{cases}$$

解

$$D=\begin{vmatrix} 2 & 1 & -5 & 1 \\ 1 & -3 & 0 & -6 \\ 0 & 2 & -1 & 2 \\ 1 & 4 & -7 & 6 \end{vmatrix}=\begin{vmatrix} 0 & 7 & -5 & 13 \\ 1 & -3 & 0 & -6 \\ 0 & 2 & -1 & 2 \\ 0 & 7 & -7 & 12 \end{vmatrix}$$

$$=-\begin{vmatrix} 7 & -5 & 13 \\ 2 & -1 & 2 \\ 7 & -7 & 12 \end{vmatrix}=-\begin{vmatrix} -3 & -5 & 3 \\ 0 & -1 & 0 \\ -7 & -7 & -2 \end{vmatrix}=\begin{vmatrix} -3 & 3 \\ -7 & -2 \end{vmatrix}=27,$$

$$D_1=\begin{vmatrix} 8 & 1 & -5 & 1 \\ 9 & -3 & 0 & -6 \\ -5 & 2 & -1 & 2 \\ 0 & 4 & -7 & 6 \end{vmatrix}=81,\quad D_2=\begin{vmatrix} 2 & 8 & -5 & 1 \\ 1 & 9 & 0 & -6 \\ 0 & -5 & -1 & 2 \\ 1 & 0 & -7 & 6 \end{vmatrix}=-108,$$

$$D_3=\begin{vmatrix} 2 & 1 & 8 & 1 \\ 1 & -3 & 9 & -6 \\ 0 & 2 & -5 & 2 \\ 1 & 4 & 0 & 6 \end{vmatrix}=-27,\quad D_4=\begin{vmatrix} 2 & 1 & -5 & 8 \\ 1 & -3 & 0 & 9 \\ 0 & 2 & -1 & -5 \\ 1 & 4 & -7 & 0 \end{vmatrix}=27,$$

故 $$x_1=\frac{81}{27}=3,\quad x_2=\frac{-108}{27}=-4,\quad x_3=\frac{-27}{27}=-1,\quad x_4=\frac{27}{27}=1.$$

由此可见,用克莱姆法则解方程组并不方便,因它需要计算很多行列式,故只适用于解未知量较少和某些特殊的方程组. 但把方程组的解用一般公式表示出来,这在理论上是重要的.

使用克莱姆法则必须注意:①未知量的个数与方程的个数要相等;②系数行列式不为零. 对于不符合这两个条件的方程组,将在以后的一般线性方程组中讨论.

常数项全为零的线性方程组

$$\begin{cases} a_{11}x_1+a_{12}x_2+\cdots+a_{1n}x_n=0, \\ a_{21}x_1+a_{22}x_2+\cdots+a_{2n}x_n=0, \\ \cdots\cdots \\ a_{n1}x_1+a_{n2}x_2+\cdots+a_{nn}x_n=0 \end{cases} \tag{1.3.3}$$

称为齐次线性方程组,而方程组(1.3.1)称为非齐次线性方程组.

显然 $x_1=x_2=\cdots=x_n=0$ 是方程组(1.3.3)的解,称为零解;若方程组(1.3.3)除了零解外,还有 $x_1,x_2,\cdots,x_n$ 不全为零的解,称为非零解. 由克莱姆法则,有以下定理.

定理 1.3.2 若齐次线性方程组(1.3.3)的系数行列式 $D\neq0$,则齐次线性方程组(1.3.3)只有零解.

定理 1.3.2′ 若齐次线性方程组(1.3.3)有非零解,则它的系数行列式必为零.

定理 1.3.2′说明系数行列式 $D=0$ 是齐次线性方程组有非零解的必要条件,在后面还将证明这个条件也是充分的.

例 2 问 λ 取何值时,齐次线性方程组

$$\begin{cases} (5-\lambda)x+2y+2z=0, \\ 2x+(6-\lambda)y=0, \\ 2x+(4-\lambda)z=0 \end{cases}$$

有非零解?

解 齐次线性方程组有非零解,则其系数行列式 $D=0$,

$$D=\begin{vmatrix} 5-\lambda & 2 & 2 \\ 2 & 6-\lambda & 0 \\ 2 & 0 & 4-\lambda \end{vmatrix}$$
$$=(5-\lambda)(6-\lambda)(4-\lambda)-4(4-\lambda)-4(6-\lambda)$$
$$=(5-\lambda)(2-\lambda)(8-\lambda),$$

由 $D=0$ 得 $\lambda=2,\lambda=5,\lambda=8$.

注:克莱姆(Gabriel Cramer, 1704.7.31~1752.1.4),瑞士数学家,生于日内瓦,卒于法国塞兹河畔巴尼奥勒,早年在日内瓦读书,1724 年起在日内瓦加尔文学院任教,1734 年成为几何学教授,1750 年任哲学教授. 克莱姆的主要著作是《代数曲线的分析引论》(1750),首先定义了正则、非正则、超越曲线和无理曲线等概念,第一次正式引入坐标系的纵轴(Y 轴),然后讨论曲线变换,并依据曲线方程的阶数将曲线进行分类. 为了确定经过 5 个点的一般二次曲线的系数,应用了著名的"克莱姆法则",即由线性方程组的系数确定方程组解的表达式. 该法则于 1729 年由英国数学家马克劳林(Maclaurin, Colin, 1698~1746)得到,1748 年发表,但克莱姆的优越符号使之流传. 他还提出了"克莱姆悖论".

习题 1

1. 利用对角线法则计算下列三阶行列式：

(1) $\begin{vmatrix} 2 & 0 & 1 \\ 1 & -4 & -1 \\ -1 & 8 & 3 \end{vmatrix}$；　(2) $\begin{vmatrix} a & b & c \\ b & c & a \\ c & a & b \end{vmatrix}$；

(3) $\begin{vmatrix} 1 & 1 & 1 \\ a & b & c \\ a^2 & b^2 & c^2 \end{vmatrix}$；　(4) $\begin{vmatrix} x & y & x+y \\ y & x+y & x \\ x+y & x & y \end{vmatrix}$.

2. 计算下列行列式：

(1) $D_4=\begin{vmatrix} 4 & 1 & 2 & 4 \\ 1 & 2 & 0 & 2 \\ 10 & 5 & 2 & 0 \\ 0 & 1 & 1 & 7 \end{vmatrix}$；　(2) $D_4=\begin{vmatrix} a & 1 & 0 & 0 \\ -1 & b & 1 & 0 \\ 0 & -1 & c & 1 \\ 0 & 0 & -1 & d \end{vmatrix}$；

(3) $D_n=\begin{vmatrix} 1 & 2 & 2 & \cdots & 2 \\ 2 & 2 & 2 & \cdots & 2 \\ 2 & 2 & 3 & \cdots & 2 \\ \vdots & \vdots & \vdots & & \vdots \\ 2 & 2 & 2 & \cdots & n \end{vmatrix}$；　(4) $D_n=\begin{vmatrix} a & 0 & \cdots & 0 & 1 \\ 0 & a & \cdots & 0 & 0 \\ \vdots & \vdots & & \vdots & \vdots \\ 0 & 0 & \cdots & a & 0 \\ 1 & 0 & \cdots & 0 & a \end{vmatrix}$.

3. 证明下列等式：

(1) $\begin{vmatrix} a^2 & ab & b^2 \\ 2a & a+b & 2b \\ 1 & 1 & 1 \end{vmatrix}=(a-b)^3$；

(2) $\begin{vmatrix} ax+by & ay+bz & az+bx \\ ay+bz & az+bx & ax+by \\ az+bx & ax+by & ay+bz \end{vmatrix}=(a^3+b^3)\begin{vmatrix} x & y & z \\ y & z & x \\ z & x & y \end{vmatrix}$；

(3) $\begin{vmatrix} 1 & 1 & 1 & 1 \\ a & b & c & d \\ a^2 & b^2 & c^2 & d^2 \\ a^4 & b^4 & c^4 & d^4 \end{vmatrix}$

$=(a-b)(a-c)(a-d)(b-c)(b-d)(c-d)(a+b+c+d)$；

(4) $\begin{vmatrix} x & -1 & 0 & \cdots & 0 & 0 \\ 0 & x & -1 & \cdots & 0 & 0 \\ \vdots & \vdots & \vdots & & \vdots & \vdots \\ 0 & 0 & 0 & \cdots & x & -1 \\ a_n & a_{n-1} & a_{n-2} & \cdots & a_2 & x+a_1 \end{vmatrix} = x^n + a_1 x^{n-1} + \cdots + a_{n-1}x + a_n.$

4. 计算下列各题:

(1)设 x_1, x_2, x_3 是方程 $x^3+px+q=0$ 的 3 个根,计算行列式

$$\begin{vmatrix} x_1 & x_2 & x_3 \\ x_3 & x_1 & x_2 \\ x_2 & x_3 & x_1 \end{vmatrix};$$

(2)已知 $f(x)=\begin{vmatrix} x & x & 1 & 0 \\ 1 & x & 2 & 3 \\ 2 & 3 & x & 2 \\ 1 & 1 & 2 & x \end{vmatrix}$,用行列式的定义求 x^3 的系数;

(3)设四阶行列式

$$D=\begin{vmatrix} 3 & 1 & -1 & 2 \\ -5 & 1 & 3 & -4 \\ 2 & 0 & 1 & -1 \\ 1 & -5 & 3 & -3 \end{vmatrix},$$

D 的(i,j)元的代数余子式记作 A_{ij},求 $A_{31}+3A_{32}-2A_{33}+2A_{34}$;

(4)设 n 阶行列式

$$D=\begin{vmatrix} x & a & \cdots & a \\ a & x & \cdots & a \\ \vdots & \vdots & & \vdots \\ a & a & \cdots & x \end{vmatrix},$$

求 $A_{n1}+A_{n2}+\cdots+A_{nn}$.

5. 计算下列各行列式:

(1) $D_n=\begin{vmatrix} x_1-m & x_2 & \cdots & x_n \\ x_1 & x_2-m & \cdots & x_n \\ \vdots & \vdots & & \vdots \\ x_1 & x_2 & \cdots & x_n-m \end{vmatrix};$

(2) $D_n=\begin{vmatrix} 1 & 2 & 3 & \cdots & n-1 & n \\ 1 & -1 & 0 & \cdots & 0 & 0 \\ 0 & 2 & -2 & \cdots & 0 & 0 \\ \vdots & \vdots & \vdots & & \vdots & \vdots \\ 0 & 0 & 0 & \cdots & n-1 & 1-n \end{vmatrix};$

(3) $D_{2n}=\begin{vmatrix} a & & & & & b \\ & \ddots & & & \unicode{x22F0} & \\ & & a & b & & \\ & & c & d & & \\ & \unicode{x22F0} & & & \ddots & \\ c & & & & & d \end{vmatrix}$，其中未写出的元素为 0；

(4) $D_n=\begin{vmatrix} 1+a_1 & 1 & \cdots & 1 \\ 1 & 1+a_2 & \cdots & 1 \\ \vdots & \vdots & & \vdots \\ 1 & 1 & \cdots & 1+a_n \end{vmatrix}$，其中 $a_i \neq 0, i=1,2,\cdots,n$.

（提示：将最后一列元素写成两个元素之和）

6. 用克莱姆法则解下列方程组：

(1) $\begin{cases} x_1+x_2+x_3+x_4=5, \\ x_1+2x_2-x_3+4x_4=-2, \\ 2x_1-3x_2-x_3-5x_4=-2, \\ 3x_1+x_2+2x_3+11x_4=0; \end{cases}$

(2) $\begin{cases} 5x_1+6x_2=1, \\ x_1+5x_2+6x_3=0, \\ x_2+5x_3+6x_4=0, \\ x_3+5x_4=1. \end{cases}$

7. 问 λ 取何值时，齐次线性方程组

$$\begin{cases} (1-\lambda)x_1-2x_2+4x_3=0, \\ 2x_1+(3-\lambda)x_2+x_3=0, \\ x_1+x_2+(1-\lambda)x_3=0 \end{cases}$$

有非零解？

8. 问 λ,μ 取何值时，齐次线性方程组

$$\begin{cases} \lambda x_1+x_2+x_3=0, \\ x_1+\mu x_2+x_3=0, \\ x_1+2\mu x_2+x_3=0 \end{cases}$$

有非零解？

第 2 章　矩　阵

矩阵的概念是从大量具体问题中抽象出来的，是线性代数的重要研究对象，是求解线性方程组的工具，它在信息科学、统计学、密码学、经济管理、物理、化学、生命科学、工程技术、地理信息系统、财贸金融、物流、农业园艺、医药研制、文化传媒等方面具有广泛的应用. 矩阵理论本身已经成为代数学的一个重要分支.

本章主要讨论以下内容：

(1) 矩阵的概念与特殊矩阵；

(2) 矩阵的运算；

(3) 逆矩阵；

(4) 矩阵的初等变换；

(5) 分块矩阵.

§2.1　矩阵的概念

历史上，自从有了数的概念，人们自然会列出一些数组成的数表，这就是矩阵，即人们很早就开始使用矩阵作为工具了. 作为学生，我们最常见到的成绩表、班费使用情况表等，都可以看作是矩阵.

一、矩阵的概念

定义 2.1.1　由 $m\times n$ 个数 $a_{ij}(i=1,2,\cdots,m;j=1,2,\cdots,n)$ 排成 m 行 n 列的矩形数表

$$\begin{matrix} a_{11} & a_{12} & \cdots & a_{1n} \\ a_{21} & a_{22} & \cdots & a_{2n} \\ \vdots & \vdots & & \vdots \\ a_{m1} & a_{m2} & \cdots & a_{mn} \end{matrix}$$

称为 m 行 n 列矩阵，简称 $m\times n$ 矩阵. 为了表示它是一个整体，总是加一个括弧（中括弧或小括弧），并用大写黑体字母表示它，记作

$$A=\begin{pmatrix} a_{11} & a_{12} & \cdots & a_{1n} \\ a_{21} & a_{22} & \cdots & a_{2n} \\ \vdots & \vdots & & \vdots \\ a_{m1} & a_{m2} & \cdots & a_{mn} \end{pmatrix},$$

其中数 a_{ij} 位于矩阵第 i 行第 j 列,称为矩阵 $\boldsymbol{A}$ 的元素. 矩阵也可简记为 $\boldsymbol{A}=(a_{ij})_{m\times n}$ 或 $\boldsymbol{A}=(a_{ij})$,$m\times n$ 矩阵 $\boldsymbol{A}$ 也记为 $\boldsymbol{A}_{m\times n}$. 使用大写字母 $\boldsymbol{A},\boldsymbol{B},\boldsymbol{C},\cdots$表示矩阵.

注:矩阵是一个数表,没有值.

二、特殊矩阵

1. 实矩阵与复矩阵

元素是实数的矩阵称为**实矩阵**,元素是复数的矩阵称为**复矩阵**. 本书中除特别声明外,都指实矩阵.

2. n 阶方阵

行数与列数都等于 n 的矩阵称为 n **阶方阵**,可记作 $\boldsymbol{A}_n$,即

$$\boldsymbol{A}_n=\begin{pmatrix} a_{11} & a_{12} & \cdots & a_{1n} \\ a_{21} & a_{22} & \cdots & a_{2n} \\ \vdots & \vdots & & \vdots \\ a_{n1} & a_{n2} & \cdots & a_{nn} \end{pmatrix}.$$

$a_{ii}(1\leqslant i\leqslant n)$称为 n 阶方阵 $\boldsymbol{A}_n$ 的对角元素,对角元素 $a_{ii}(i=1,2,\cdots,n)$所在的直线称为该方阵的**主对角线**.

3. 行矩阵与列矩阵

只有一行的矩阵 $\boldsymbol{A}=(a_1,a_2,\cdots,a_n)$称为**行矩阵**. 只有一列的矩阵 $\boldsymbol{A}=\begin{pmatrix} a_1 \\ a_2 \\ \vdots \\ a_n \end{pmatrix}$称为**列矩阵**.

4. 零矩阵

元素全为零的矩阵称为**零矩阵**,记为 $\mathbf{0}$.

例如:$\mathbf{0}_{22}=\begin{pmatrix} 0 & 0 \\ 0 & 0 \end{pmatrix}$,$\mathbf{0}_{14}=(0\ 0\ 0\ 0)$,$\begin{pmatrix} 0 & 0 \\ 0 & 0 \end{pmatrix}\neq(0\ 0\ 0\ 0)$.

注:(1)不同型的零矩阵是不相等的;

(2)零矩阵有无穷多个.

5. 对角阵、数量矩阵、单位矩阵

形如$\begin{pmatrix}\lambda_1 & 0 & \cdots & 0\\ 0 & \lambda_2 & \cdots & 0\\ \vdots & \vdots & & \vdots\\ 0 & 0 & \cdots & \lambda_n\end{pmatrix}$的矩阵,称为**对角矩阵**,简称**对角阵**,记作$\Delta=(\lambda_1,\lambda_2,\cdots,\lambda_n)$.

对角阵的特点是:非主对角线上的元素都为 0.

当 $\lambda_1=\lambda_2=\cdots=\lambda_n=\lambda$ 时,形如$\begin{pmatrix}\lambda & 0 & \cdots & 0\\ 0 & \lambda & \cdots & 0\\ \vdots & \vdots & & \vdots\\ 0 & 0 & \cdots & \lambda\end{pmatrix}$的矩阵,称为**数量矩阵(标量矩阵)**.

特别地,方阵$\begin{pmatrix}1 & 0 & \cdots & 0\\ 0 & 1 & \cdots & 0\\ \vdots & \vdots & & \vdots\\ 0 & 0 & \cdots & 1\end{pmatrix}$称为 n **阶单位矩阵**,简称**单位阵**,记作 $\boldsymbol{E}_n$.

n 阶单位矩阵的特点是:从左上角到右下角的直线(称为主对角线)上的元素都是 1,其他元素都是 0. 也就是 $\boldsymbol{E}_n=(\delta_{ij})_n$, $i,j=1,2,\cdots,n$,当 $i=j$ 时,$\delta_{ij}=1$;当 $i\neq j$ 时,$\delta_{ij}=0$.

6. 上三角阵与下三角阵

形如$\begin{pmatrix}a_{11} & a_{12} & \cdots & a_{1n}\\ 0 & a_{22} & \cdots & a_{2n}\\ \vdots & \vdots & & \vdots\\ 0 & 0 & \cdots & a_{nn}\end{pmatrix}$的 n 阶方阵称为**上三角阵**.

上三角阵的特点是:主对角线以下的元素全为 0,即当 $i>j$ 时,$a_{ij}=0$.

类似地,n 阶方阵$\begin{pmatrix}a_{11} & 0 & \cdots & 0\\ a_{21} & a_{22} & \cdots & 0\\ \vdots & \vdots & & \vdots\\ a_{n1} & a_{n2} & \cdots & a_{nn}\end{pmatrix}$称为**下三角阵**.

7. 同型矩阵

两个矩阵若行数相等且列数相等,则称它们是**同型矩阵**.

8. 相等矩阵

若 $\boldsymbol{A}=(a_{ij})_{m\times n}$ 与 $\boldsymbol{B}=(b_{ij})_{m\times n}$ 同型,且它们的对应元素相等,即 $a_{ij}=b_{ij}(i=1,2,\cdots,m;\ j=1,2,\cdots,n)$,则称矩阵 $\boldsymbol{A}$ 与 $\boldsymbol{B}$ 相等,记为 $\boldsymbol{A}=\boldsymbol{B}$.

三、矩阵的应用

例 1 将某种物资从 m 个产地 $A_1,A_2,\cdots,A_m$ 运往 n 个销地 $B_1,B_2,\cdots,B_n$. 用 a_{ij} 表示

由产地 $A_i(i=1,2,\cdots,m)$ 运往销地 $B_j(j=1,2,\cdots,n)$ 的数量，则调运方案可用矩阵 $\begin{pmatrix} a_{11} & a_{12} & \cdots & a_{1n} \\ a_{21} & a_{22} & \cdots & a_{2n} \\ \vdots & \vdots & & \vdots \\ a_{m1} & a_{m2} & \cdots & a_{mn} \end{pmatrix}$ 表示.

例 2　由 n 个变量 $x_1,x_2,\cdots,x_n$ 到 n 个变量 $y_1,y_2,\cdots,y_n$ 的线性变换 $\begin{cases} y_1=x_1, \\ y_2=x_2, \\ \cdots\cdots \\ y_n=x_n \end{cases}$ 称为恒等变换，它的系数矩阵 $\boldsymbol{E}=\begin{pmatrix} 1 & 0 & \cdots & 0 \\ 0 & 1 & \cdots & 0 \\ \vdots & \vdots & & \vdots \\ 0 & 0 & \cdots & 1 \end{pmatrix}$ 是 n 阶单位矩阵.

例 3　线性变换 $\begin{cases} y_1=\lambda_1 x_1, \\ y_2=\lambda_2 x_2, \\ \cdots\cdots \\ y_n=\lambda_n x_n \end{cases}$ 对应的系数矩阵 $\boldsymbol{\Delta}=\begin{pmatrix} \lambda_1 & 0 & \cdots & 0 \\ 0 & \lambda_2 & \cdots & 0 \\ \vdots & \vdots & & \vdots \\ 0 & 0 & \cdots & \lambda_n \end{pmatrix}$ 是对角阵.

例 4　设一组变量 $x_1,x_2,\cdots,x_n$ 到另一组变量 $y_1,y_2,\cdots,y_m$ 的变换由 m 个线性表达式给出：

$$\begin{cases} y_1=a_{11}x_1+a_{12}x_2+\cdots+a_{1n}x_n, \\ y_2=a_{21}x_1+a_{22}x_2+\cdots+a_{2n}x_n, \\ \cdots\cdots \\ y_m=a_{m1}x_1+a_{m2}x_2+\cdots+a_{mn}x_n, \end{cases}$$

其中常数 $a_{ij}(i=1,2,\cdots,m;j=1,2,\cdots,n)$ 为变换的系数，这种从变量 $x_1,x_2,\cdots,x_n$ 到变量 $y_1,y_2,\cdots,y_m$ 的变换称为线性变换. 线性变换的系数构成的 $m\times n$ 矩阵

$$\begin{pmatrix} a_{11} & a_{12} & \cdots & a_{1n} \\ a_{21} & a_{22} & \cdots & a_{2n} \\ \vdots & \vdots & & \vdots \\ a_{m1} & a_{m2} & \cdots & a_{mn} \end{pmatrix}$$

是该线性变换的系数矩阵.

§2.2 矩阵的运算

一、矩阵的加法

定义 2.2.1 设有两个 $m\times n$ 矩阵:$\boldsymbol{A}=(a_{ij})_{m\times n}$,$\boldsymbol{B}=(b_{ij})_{m\times n}$,那么矩阵

$$\boldsymbol{C}=(c_{ij})_{m\times n}=(a_{ij}+b_{ij})_{m\times n}=\begin{pmatrix} a_{11}+b_{11} & a_{12}+b_{12} & \cdots & a_{1n}+b_{1n} \\ a_{21}+b_{21} & a_{22}+b_{22} & \cdots & a_{2n}+b_{2n} \\ \vdots & \vdots & & \vdots \\ a_{m1}+b_{m1} & a_{m2}+b_{m2} & \cdots & a_{mn}+b_{mn} \end{pmatrix}$$

称为矩阵 $\boldsymbol{A}$ 与 $\boldsymbol{B}$ 的和,记为 $\boldsymbol{C}=\boldsymbol{A}+\boldsymbol{B}$.

注:只有同型矩阵才能进行加法运算.

设 $\boldsymbol{A},\boldsymbol{B},\boldsymbol{C},\boldsymbol{0}$ 均为 $m\times n$ 矩阵,容易证明矩阵加法满足下列运算规律:

(1) 交换律 $\boldsymbol{A}+\boldsymbol{B}=\boldsymbol{B}+\boldsymbol{A}$;

(2) 结合律 $(\boldsymbol{A}+\boldsymbol{B})+\boldsymbol{C}=\boldsymbol{A}+(\boldsymbol{B}+\boldsymbol{C})$;

(3) $\boldsymbol{A}+\boldsymbol{0}=\boldsymbol{A}$.

设矩阵 $\boldsymbol{A}=(a_{ij})_{m\times n}$,记 $-\boldsymbol{A}=(-a_{ij})_{m\times n}$,$-\boldsymbol{A}$ 称为 $\boldsymbol{A}$ 的负矩阵,显然有

$$\boldsymbol{A}+(-\boldsymbol{A})=\boldsymbol{0},$$

由此定义矩阵的减法为

$$\boldsymbol{A}-\boldsymbol{B}=\boldsymbol{A}+(-\boldsymbol{B}).$$

二、数与矩阵的乘法

定义 2.2.2 设 λ 是常数,$\boldsymbol{A}=(a_{ij})_{m\times n}$,则矩阵

$$\lambda\boldsymbol{A}=\boldsymbol{A}\lambda=(\lambda a_{ij})_{m\times n}=\begin{pmatrix} \lambda a_{11} & \lambda a_{12} & \cdots & \lambda a_{1n} \\ \lambda a_{21} & \lambda a_{22} & \cdots & \lambda a_{2n} \\ \vdots & \vdots & & \vdots \\ \lambda a_{m1} & \lambda a_{m2} & \cdots & \lambda a_{mn} \end{pmatrix}$$

称为数 λ 与矩阵 $\boldsymbol{A}$ 的乘积.

设 $\boldsymbol{A},\boldsymbol{B}$ 为 $m\times n$ 矩阵,λ,μ 为数,由定义可以证明数与矩阵的乘法满足下列运算规律:

(1) $(\lambda\mu)\boldsymbol{A}=\lambda(\mu\boldsymbol{A})=\mu(\lambda\boldsymbol{A})$;

(2) $(\lambda+\mu)\boldsymbol{A}=\lambda\boldsymbol{A}+\mu\boldsymbol{A}$;

(3) $\lambda(\boldsymbol{A}+\boldsymbol{B})=\lambda\boldsymbol{A}+\lambda\boldsymbol{B}$;

(4) $1\cdot\boldsymbol{A}=\boldsymbol{A}$, $(-1)\boldsymbol{A}=-\boldsymbol{A}$.

三、矩阵与矩阵相乘

定义 2.2.3 设矩阵 $\boldsymbol{A}=(a_{ij})_{m\times s}$,$\boldsymbol{B}=(b_{ij})_{s\times n}$,则 $m\times n$ 矩阵 $\boldsymbol{C}=(c_{ij})_{m\times n}$ 称为矩阵 $\boldsymbol{A}$ 与 $\boldsymbol{B}$ 的乘积,记为 $\boldsymbol{C}=\boldsymbol{AB}$,其中 $c_{ij}=a_{i1}b_{1j}+a_{i2}b_{2j}+\cdots+a_{is}b_{sj}=\sum\limits_{k=1}^{s}a_{ik}b_{kj}$.

由定义可以看出:$\boldsymbol{C}=\boldsymbol{AB}$ 中第 i 行第 j 列的元素 c_{ij} 等于 $\boldsymbol{A}$ 的第 i 行与 $\boldsymbol{B}$ 的第 j 列的对应元素的乘积之和.

注:只有当第一个矩阵(左矩阵)的列数等于第二个矩阵(右矩阵)的行数时,两个矩阵才能相乘. 其行数与列数之间的关系可简记为

$$(m\times s)(s\times n)=(m\times n).$$

例 1 设矩阵

$$\boldsymbol{A}=\begin{pmatrix}2&1&4&0\\1&-1&3&4\end{pmatrix},\quad \boldsymbol{B}=\begin{pmatrix}1&3&1\\0&-1&2\\1&-3&1\\4&0&-2\end{pmatrix},$$

求乘积 $\boldsymbol{AB}$.

解 因为 $\boldsymbol{A}$ 是 2×4 矩阵,$\boldsymbol{B}$ 是 4×3 矩阵,$\boldsymbol{A}$ 的列数等于 $\boldsymbol{B}$ 的行数,所以矩阵 $\boldsymbol{A}$ 与 $\boldsymbol{B}$ 可以相乘,$\boldsymbol{AB}=\boldsymbol{C}$ 是 2×3 矩阵. 由定义 2. 2. 3 有

$$\boldsymbol{AB}=\begin{pmatrix}2&1&4&0\\1&-1&3&4\end{pmatrix}\begin{pmatrix}1&3&1\\0&-1&2\\1&-3&1\\4&0&-2\end{pmatrix}=\begin{pmatrix}6&-7&8\\20&-5&-6\end{pmatrix}.$$

例 2 设 $\boldsymbol{A}=\begin{pmatrix}1&1\\-1&-1\end{pmatrix}$,$\boldsymbol{B}=\begin{pmatrix}1&-1\\-1&1\end{pmatrix}$,求 $\boldsymbol{AB}$ 与 $\boldsymbol{BA}$.

解

$$\boldsymbol{AB}=\begin{pmatrix}1&1\\-1&-1\end{pmatrix}\begin{pmatrix}1&-1\\-1&1\end{pmatrix}=\begin{pmatrix}0&0\\0&0\end{pmatrix},$$

$$\boldsymbol{BA}=\begin{pmatrix}1&-1\\-1&1\end{pmatrix}\begin{pmatrix}1&1\\-1&-1\end{pmatrix}=\begin{pmatrix}2&2\\-2&-2\end{pmatrix}.$$

一般有 $\boldsymbol{AB}\neq\boldsymbol{BA}$,乘积 $\boldsymbol{AB}$ 有意义时,$\boldsymbol{BA}$ 不一定有意义,即使 $\boldsymbol{BA}$ 有意义,由例 2,$\boldsymbol{AB}$ 也不一定等于 $\boldsymbol{BA}$. 由此可知,在矩阵乘法中必须注意矩阵相乘的顺序. $\boldsymbol{AB}$ 通常说成"$\boldsymbol{A}$ 左乘 $\boldsymbol{B}$",$\boldsymbol{BA}$ 说成"$\boldsymbol{A}$ 右乘 $\boldsymbol{B}$". 因此,矩阵乘法不满足交换律,即在一般情况下,$\boldsymbol{AB}\neq\boldsymbol{BA}$.

对于两个 n 阶方阵 $\boldsymbol{A}$,$\boldsymbol{B}$,若 $\boldsymbol{AB}=\boldsymbol{BA}$,则称 $\boldsymbol{A}$ 与 $\boldsymbol{B}$ 是可交换的.

由例 2 还可看出:当 $\boldsymbol{A}$,$\boldsymbol{B}$ 都不是零矩阵时,但 $\boldsymbol{AB}=\boldsymbol{0}$,这是矩阵乘法与数的乘法又一不同之处. 特别注意:若 $\boldsymbol{AB}=\boldsymbol{0}$,不能推出 $\boldsymbol{A}=\boldsymbol{0}$ 或 $\boldsymbol{B}=\boldsymbol{0}$ 的结论;若 $\boldsymbol{AB}=\boldsymbol{AC}$,$\boldsymbol{A}\neq\boldsymbol{0}$,也不能推出 $\boldsymbol{B}=\boldsymbol{C}$ 的结论.

可以证明,矩阵乘法满足以下运算规律,其中所涉及的运算均假定是可行的.

(1) $(AB)C=A(BC)$ (结合律);

(2) $A(B+C)=AB+AC$, $(B+C)A=BA+CA$(分配律);

(3) $\lambda(AB)=(\lambda A)B=A(\lambda B)$ (其中 λ 为数).

以上性质可以根据矩阵运算的定义得到证明.

例 3 由矩阵乘法的定义,线性变换$\begin{cases} y_1=a_{11}x_1+a_{12}x_2+\cdots+a_{1n}x_n, \\ y_2=a_{21}x_1+a_{22}x_2+\cdots+a_{2n}x_n, \\ \cdots\cdots \\ y_m=a_{m1}x_1+a_{m2}x_2+\cdots+a_{mn}x_n \end{cases}$可表示为

$$y=Ax,$$

其中 A 为矩阵$\begin{pmatrix} a_{11} & a_{12} & \cdots & a_{1n} \\ a_{21} & a_{22} & \cdots & a_{2n} \\ \vdots & \vdots & & \vdots \\ a_{m1} & a_{m2} & \cdots & a_{mn} \end{pmatrix}$, $x=\begin{pmatrix} x_1 \\ x_2 \\ \vdots \\ x_n \end{pmatrix}$, $y=\begin{pmatrix} y_1 \\ y_2 \\ \vdots \\ y_m \end{pmatrix}$.

* **例 4** 设有两个线性变换

$$\begin{cases} y_1=a_{11}x_1+a_{12}x_2, \\ y_2=a_{21}x_1+a_{22}x_2, \\ y_3=a_{31}x_1+a_{32}x_2 \end{cases} \tag{2.2.1}$$

与

$$\begin{cases} x_1=b_{11}t_1+b_{12}t_2+b_{13}t_3, \\ x_2=b_{21}t_1+b_{22}t_2+b_{23}t_3, \end{cases} \tag{2.2.2}$$

试用矩阵表示从变量 t_1,t_2,t_3 到变量 y_1,y_2,y_3 的变换.

解 记

$$A=\begin{pmatrix} a_{11} & a_{12} \\ a_{21} & a_{22} \\ a_{31} & a_{32} \end{pmatrix}, \quad B=\begin{pmatrix} b_{11} & b_{12} & b_{13} \\ b_{21} & b_{22} & b_{23} \end{pmatrix}, \quad x=\begin{pmatrix} x_1 \\ x_2 \end{pmatrix}, \quad y=\begin{pmatrix} y_1 \\ y_2 \\ y_3 \end{pmatrix}, \quad t=\begin{pmatrix} t_1 \\ t_2 \\ t_3 \end{pmatrix},$$

则线性变换(2.2.1)和(2.2.2)可分别表示为

$$y=Ax, \quad x=Bt,$$

所以

$$y=Ax=A(Bt)=(AB)t.$$

以上说明,线性变换的乘积仍为线性变换,它对应的矩阵为两线性变换对应的矩阵的乘积. 在线性方程组

$$\begin{cases} a_{11}x_1+a_{12}x_2+\cdots+a_{1n}x_n=b_1, \\ a_{21}x_1+a_{22}x_2+\cdots+a_{2n}x_n=b_2, \\ \cdots\cdots \\ a_{m1}x_1+a_{m2}x_2+\cdots+a_{mn}x_n=b_m \end{cases}$$

中,记

$$A=\begin{pmatrix} a_{11} & a_{12} & \cdots & a_{1n} \\ a_{21} & a_{22} & \cdots & a_{2n} \\ \vdots & \vdots & & \vdots \\ a_{m1} & a_{m2} & \cdots & a_{mn} \end{pmatrix}, x=\begin{pmatrix} x_1 \\ x_2 \\ \vdots \\ x_n \end{pmatrix}, b=\begin{pmatrix} b_1 \\ b_2 \\ \vdots \\ b_m \end{pmatrix}.$$

利用矩阵乘法的定义,则该线性方程组可记为

$$Ax=b,$$

上式称为矩阵方程.

特别地,对于单位矩阵,容易验证 $E_m A_{m\times n}=A_{m\times n}$, $A_{m\times n}E_n=A_{m\times n}$,简记为

$$EA=A,\quad AE=A.$$

有了矩阵的乘法,就可定义 n 阶方阵的幂.

设 A 是 n 阶方阵,定义 $A^k=AA\cdots A$(k 为非负整数),我们有 $A^kA^l=A^{k+l}$, $(A^k)^l=A^{kl}$,其中 k, l 为非负整数. 但一般地 $(AB)^k\neq A^kB^k$.

例 5　求证

$$\begin{pmatrix} \cos\theta & -\sin\theta \\ \sin\theta & \cos\theta \end{pmatrix}^n=\begin{pmatrix} \cos n\theta & -\sin n\theta \\ \sin n\theta & \cos n\theta \end{pmatrix}.$$

证　用数学归纳法证明. 当 $n=1$ 时,等式显然成立.

假设当 $n=k$ 时等式成立,即

$$\begin{pmatrix} \cos\theta & -\sin\theta \\ \sin\theta & \cos\theta \end{pmatrix}^k=\begin{pmatrix} \cos k\theta & -\sin k\theta \\ \sin k\theta & \cos k\theta \end{pmatrix}.$$

要证当 $n=k+1$ 时成立,此时

$$\begin{aligned}\begin{pmatrix} \cos\theta & -\sin\theta \\ \sin\theta & \cos\theta \end{pmatrix}^{k+1}&=\begin{pmatrix} \cos\theta & -\sin\theta \\ \sin\theta & \cos\theta \end{pmatrix}^k\begin{pmatrix} \cos\theta & -\sin\theta \\ \sin\theta & \cos\theta \end{pmatrix}\\&=\begin{pmatrix} \cos k\theta & -\sin k\theta \\ \sin k\theta & \cos k\theta \end{pmatrix}\begin{pmatrix} \cos\theta & -\sin\theta \\ \sin\theta & \cos\theta \end{pmatrix}\\&=\begin{pmatrix} \cos k\theta\cos\theta-\sin k\theta\sin\theta & -\cos k\theta\sin\theta-\sin k\theta\cos\theta \\ \sin k\theta\cos\theta+\cos k\theta\sin\theta & -\sin k\theta\sin\theta+\cos k\theta\cos\theta \end{pmatrix}\\&=\begin{pmatrix} \cos(k+1)\theta & -\sin(k+1)\theta \\ \sin(k+1)\theta & \cos(k+1)\theta \end{pmatrix}.\end{aligned}$$

所以当 $n=k+1$ 时结论成立. 因此对一切自然数 n 都有

$$\begin{pmatrix} \cos\theta & -\sin\theta \\ \sin\theta & \cos\theta \end{pmatrix}^n=\begin{pmatrix} \cos n\theta & -\sin n\theta \\ \sin n\theta & \cos n\theta \end{pmatrix}.$$

四、矩阵的转置

定义 2.2.4　将 $m\times n$ 矩阵 $A=(a_{ij})_{m\times n}$ 的行和列依次互换位置,得到一个 $n\times m$ 矩阵,称为 A 的转置,记为 A^{T}(或 A').

例如,矩阵

$$A=\begin{pmatrix}1&5&0\\2&1&-1\end{pmatrix}$$

的转置矩阵为

$$A^{T}=\begin{pmatrix}1&2\\5&1\\0&-1\end{pmatrix}.$$

矩阵转置的性质：

(1) $(A^{T})^{T}=A$;

(2) $(A+B)^{T}=A^{T}+B^{T}$;

(3) $(\lambda A)^{T}=\lambda A^{T}$($\lambda$ 为数);

(4) $(AB)^{T}=B^{T}A^{T}$.

性质(1)~性质(3)可直接按定义验证,下面只需证明(4).

*证　设 $A=(a_{ij})_{m\times n}$, $B=(b_{ij})_{n\times p}$, $AB=(c_{ij})_{m\times p}$. $(AB)^{T}$ 中第 i 行第 j 列的元素即 AB 中第 j 行第 i 列的元素,由乘法定义,即为 $\sum\limits_{k=1}^{n}a_{jk}b_{ki}(j=1,2,\cdots,m;\ i=1,2,\cdots,p)$. 而 B^{T} 的第 i 行为 $(b_{1i},b_{2i},\cdots,b_{ni})$, A^{T} 的第 j 列为 $(a_{j1},a_{j2},\cdots,a_{jn})^{T}$,因此 $B^{T}A^{T}$ 的第 i 行第 j 列的元素为 AB 中第 j 行第 i 列的元素,表明 $(AB)^{T}$ 与 $B^{T}A^{T}$ 对应元素相等. 且 $(AB)^{T}$ 是 $p\times m$ 矩阵, $B^{T}A^{T}$ 也是 $p\times m$ 的矩阵,所以 $(AB)^{T}=B^{T}A^{T}$.

性质(2)、性质(4)还可推广到一般情形：

$$(A_1+A_2+\cdots+A_n)^{T}=A_1^{T}+A_2^{T}+\cdots+A_n^{T},$$

$$(A_1A_2\cdots A_n)^{T}=A_n^{T}A_{n-1}^{T}\cdots A_1^{T}.$$

定义 2.2.5　设 A 为 n 阶方阵,如果满足 $A^{T}=A$,即 $a_{ij}=a_{ji}(i,j=1,2,\cdots,n)$,那么 A 称为**对称阵**.

其特点是它的元素以主对角线为对称轴对应相等.

例如,矩阵

$$A=\begin{pmatrix}7&1&3\\1&-1&-4\\3&-4&2\end{pmatrix}$$

即为对称阵.

定义 2.2.6　若 n 阶方阵 A 满足 $A^{T}=-A$,即 $a_{ij}=-a_{ji}(i,j=1,2,\cdots,n)$,则称 A 为**反对称阵**.

据此定义,应有 $a_{ii}=-a_{ii}(i=1,2,\cdots,n)$,即 $a_{ii}=0$,表明主对角线上的元素 a_{ii} 全为 0.

例如,矩阵

$$A=\begin{pmatrix}0&5&3\\-5&0&-2\\-3&2&0\end{pmatrix}$$

为反对称阵.

例 6　设列矩阵 $\boldsymbol{x}=(x_1,x_2,\cdots,x_n)^{\mathrm{T}}$ 满足 $\boldsymbol{x}^{\mathrm{T}}\boldsymbol{x}=1$，$\boldsymbol{E}$ 为 n 阶单位矩阵，$\boldsymbol{H}=\boldsymbol{E}-2\boldsymbol{x}\boldsymbol{x}^{\mathrm{T}}$. 证明 $\boldsymbol{H}$ 是对称阵，且 $\boldsymbol{H}\boldsymbol{H}^{\mathrm{T}}=\boldsymbol{E}$.

证　因为

$$\begin{aligned}\boldsymbol{H}^{\mathrm{T}}&=(\boldsymbol{E}-2\boldsymbol{x}\boldsymbol{x}^{\mathrm{T}})^{\mathrm{T}}=\boldsymbol{E}^{\mathrm{T}}-(2\boldsymbol{x}\boldsymbol{x}^{\mathrm{T}})^{\mathrm{T}}\\&=\boldsymbol{E}-2(\boldsymbol{x}\boldsymbol{x}^{\mathrm{T}})^{\mathrm{T}}=\boldsymbol{E}-2\boldsymbol{x}\boldsymbol{x}^{\mathrm{T}}=\boldsymbol{H},\end{aligned}$$

所以 $\boldsymbol{H}$ 是对称阵，且

$$\begin{aligned}\boldsymbol{H}\boldsymbol{H}^{\mathrm{T}}=\boldsymbol{H}^2&=(\boldsymbol{E}-2\boldsymbol{x}\boldsymbol{x}^{\mathrm{T}})(\boldsymbol{E}-2\boldsymbol{x}\boldsymbol{x}^{\mathrm{T}})\\&=\boldsymbol{E}-4\boldsymbol{x}\boldsymbol{x}^{\mathrm{T}}+4(\boldsymbol{x}\boldsymbol{x}^{\mathrm{T}})(\boldsymbol{x}\boldsymbol{x}^{\mathrm{T}})\\&=\boldsymbol{E}-4\boldsymbol{x}\boldsymbol{x}^{\mathrm{T}}+4\boldsymbol{x}(\boldsymbol{x}^{T}\boldsymbol{x})\boldsymbol{x}^{\mathrm{T}}\\&=\boldsymbol{E}-4\boldsymbol{x}\boldsymbol{x}^{\mathrm{T}}+4\boldsymbol{x}\boldsymbol{x}^{\mathrm{T}}=\boldsymbol{E}.\end{aligned}$$

五、方阵的行列式

定义 2.2.7　由 n 阶方阵 $\boldsymbol{A}$ 的元素所构成的行列式(各元素的位置不变)，称为方阵 $\boldsymbol{A}$ 的行列式，记为 $|\boldsymbol{A}|$.

注：方阵与行列式是两个不同的概念，n 阶方阵是 n^2 个数按一定的顺序排成的数表，而 n 阶行列式则是 n^2 个数按一定的运算法则所确定的一个数.

方阵的行列式有下列性质：

(1) $|\boldsymbol{A}^{\mathrm{T}}|=|\boldsymbol{A}|$；

(2) $|\lambda\boldsymbol{A}|=\lambda^n|\boldsymbol{A}|$；

(3) $|\boldsymbol{A}\boldsymbol{B}|=|\boldsymbol{A}||\boldsymbol{B}|$.

其中 $\boldsymbol{A},\boldsymbol{B}$ 为 n 阶方阵，λ 为数.

性质(1)和性质(2)由行列式的性质容易验证. 下面我们证明性质(3).

证　设 $\boldsymbol{A}=(a_{ij})$，$\boldsymbol{B}=(b_{ij})$，记 $2n$ 阶行列式

$$D=\begin{vmatrix}a_{11}&\cdots&a_{1n}&&&\\\vdots&&\vdots&&\boldsymbol{0}&\\a_{n1}&\cdots&a_{nn}&&&\\-1&&&b_{11}&\cdots&b_{1n}\\&\ddots&&\vdots&&\vdots\\&&-1&b_{n1}&\cdots&b_{nn}\end{vmatrix}=\begin{vmatrix}\boldsymbol{A}&\boldsymbol{0}\\-\boldsymbol{E}&\boldsymbol{B}\end{vmatrix},$$

由第 1 章 §1.2 中的例 4 可知 $D=|\boldsymbol{A}||\boldsymbol{B}|$，而在 D 中以 b_{1j} 乘第 1 列，b_{2j} 乘第 2 列，$\cdots$，b_{nj} 乘第 n 列，都加到第 $n+j$ 列上($j=1,2,\cdots,n$)有

$$D=\begin{vmatrix}\boldsymbol{A}&\boldsymbol{C}\\-\boldsymbol{E}&\boldsymbol{0}\end{vmatrix},$$

其中 $\boldsymbol{C}=(c_{ij})$，$c_{ij}=b_{1j}a_{i1}+b_{2j}a_{i2}+\cdots+b_{nj}a_{in}$，故 $\boldsymbol{C}=\boldsymbol{A}\boldsymbol{B}$.

再对 D 的行作 $r_j\leftrightarrow r_{n+j}(j=1,2,\cdots,n)$ 有

$$D=(-1)^n\begin{vmatrix}-\boldsymbol{E}&\boldsymbol{0}\\\boldsymbol{A}&\boldsymbol{C}\end{vmatrix}.$$

由第 1 章 §1.2 中例 4 有

$$D=(-1)^n|-\boldsymbol{E}||\boldsymbol{C}|=(-1)^n(-1)^n|\boldsymbol{E}||\boldsymbol{C}|=|\boldsymbol{C}|=|\boldsymbol{AB}|,$$

所以

$$|\boldsymbol{AB}|=|\boldsymbol{A}||\boldsymbol{B}|.$$

对于 n 阶方阵 $\boldsymbol{A},\boldsymbol{B}$,一般来说 $\boldsymbol{AB}\neq\boldsymbol{BA}$,但总有 $|\boldsymbol{AB}|=|\boldsymbol{BA}|=|\boldsymbol{A}||\boldsymbol{B}|$.

例 7 利用行列式证明

$$(a^2+b^2)(a_1^2+b_1^2)=(aa_1-bb_1)^2+(ab_1+a_1b)^2.$$

证

$$\begin{aligned}(a^2+b^2)(a_1^2+b_1^2)&=\begin{vmatrix}a & b\\ -b & a\end{vmatrix}\begin{vmatrix}a_1 & b_1\\ -b_1 & a_1\end{vmatrix}=\left|\begin{pmatrix}a & b\\ -b & a\end{pmatrix}\begin{pmatrix}a_1 & b_1\\ -b_1 & a_1\end{pmatrix}\right|\\ &=\begin{vmatrix}aa_1-bb_1 & ab_1+a_1b\\ -a_1b-ab_1 & -bb_1+aa_1\end{vmatrix}\\ &=(aa_1-bb_1)^2+(ab_1+a_1b)^2.\end{aligned}$$

§2.3 逆矩阵

我们先来看一个具体问题.

设有从变量组 $x_1,x_2,\cdots,x_n$ 到变量组 $y_1,y_2,\cdots,y_n$ 的线性变换

$$\begin{cases}y_1=a_{11}x_1+a_{12}x_2+\cdots+a_{1n}x_n,\\ y_2=a_{21}x_1+a_{22}x_2+\cdots+a_{2n}x_n,\\ \cdots\cdots\\ y_n=a_{n1}x_1+a_{n2}x_2+\cdots+a_{nn}x_n,\end{cases}\tag{2.3.1}$$

$$\boldsymbol{A}=\begin{pmatrix}a_{11} & a_{12} & \cdots & a_{1n}\\ a_{21} & a_{22} & \cdots & a_{2n}\\ \vdots & \vdots & & \vdots\\ a_{n1} & a_{n2} & \cdots & a_{nn}\end{pmatrix},\quad \boldsymbol{x}=\begin{pmatrix}x_1\\ x_2\\ \vdots\\ x_n\end{pmatrix},\quad \boldsymbol{y}=\begin{pmatrix}y_1\\ y_2\\ \vdots\\ y_n\end{pmatrix},$$

则式(2.3.1)可记为

$$\boldsymbol{y}=\boldsymbol{Ax}.\tag{2.3.2}$$

若 $|\boldsymbol{A}|\neq0$,则可用克莱姆法则解得 $y_1,y_2,\cdots,y_n$ 表示 $x_1,x_2,\cdots,x_n$ 的线性表达式

$$\begin{cases}x_1=b_{11}y_1+b_{12}y_2+\cdots+b_{1n}y_n,\\ x_2=b_{21}y_1+b_{22}y_2+\cdots+b_{2n}y_n,\\ \cdots\cdots\\ x_n=b_{n1}y_1+b_{n2}y_2+\cdots+b_{nn}y_n,\end{cases}\tag{2.3.3}$$

这就是从变量组 $x_1,x_2,\cdots,x_n$ 到变量组 $y_1,y_2,\cdots,y_n$ 的逆变换,记

$$\boldsymbol{B}=\begin{pmatrix} b_{11} & \cdots & b_{1n} \\ \vdots & & \vdots \\ b_{n1} & \cdots & b_{nn} \end{pmatrix},$$

则式(2.3.3)可记为

$$\boldsymbol{x}=\boldsymbol{B}\boldsymbol{y}. \tag{2.3.4}$$

把式(2.3.4)代入式(2.3.2)有

$$\boldsymbol{y}=\boldsymbol{A}(\boldsymbol{B}\boldsymbol{y})=(\boldsymbol{A}\boldsymbol{B})\boldsymbol{y},$$

这个线性变换是一个恒等变换,于是 $\boldsymbol{AB}=\boldsymbol{E}$($\boldsymbol{E}$ 为 n 阶单位阵).

把式(2.3.2)代入式(2.3.4)有

$$\boldsymbol{x}=\boldsymbol{B}\boldsymbol{y}=\boldsymbol{B}(\boldsymbol{A}\boldsymbol{x})=(\boldsymbol{B}\boldsymbol{A})\boldsymbol{x},$$

这也是一个恒等变换,于是

$$\boldsymbol{BA}=\boldsymbol{E},$$

因此线性变换(2.3.1)与其逆变换(2.3.3)的矩阵 $\boldsymbol{A}$ 与 $\boldsymbol{B}$ 满足

$$\boldsymbol{AB}=\boldsymbol{BA}=\boldsymbol{E}.$$

定义 2.3.1 设 $\boldsymbol{A}$ 为 n 阶方阵,若存在 n 阶方阵 $\boldsymbol{B}$,使得

$$\boldsymbol{AB}=\boldsymbol{BA}=\boldsymbol{E},$$

则称方阵 $\boldsymbol{A}$ 是可逆的,称 $\boldsymbol{B}$ 是 $\boldsymbol{A}$ 的逆矩阵或逆阵.

由定义 2.3.1 可知:

(1) 若 $\boldsymbol{B}$ 是 $\boldsymbol{A}$ 的逆矩阵,则 $\boldsymbol{A}$ 也是 $\boldsymbol{B}$ 的逆矩阵.

(2) 若线性变换(2.3.1)有逆变换(2.3.3),则(2.3.3)的矩阵必定是(2.3.1)的矩阵的逆矩阵.

(3) 若方阵 $\boldsymbol{A}$ 有逆矩阵,则 $\boldsymbol{A}$ 的逆阵是唯一的.

事实上,若 $\boldsymbol{B},\boldsymbol{C}$ 都是 $\boldsymbol{A}$ 的逆矩阵,则 $\boldsymbol{AC}=\boldsymbol{E},\boldsymbol{BA}=\boldsymbol{E}$,于是

$$\boldsymbol{B}=\boldsymbol{BE}=\boldsymbol{B}(\boldsymbol{AC})=(\boldsymbol{BA})\boldsymbol{C}=\boldsymbol{EC}=\boldsymbol{C}.$$

$\boldsymbol{A}$ 的逆矩阵(如果存在)记为 $\boldsymbol{A}^{-1}$,依定义 2.3.1,有

$$\boldsymbol{A}\boldsymbol{A}^{-1}=\boldsymbol{A}^{-1}\boldsymbol{A}=\boldsymbol{E}.$$

下面给出方阵存在逆矩阵的条件及逆阵的求法.

定理 2.3.1 n 阶方阵 $\boldsymbol{A}$ 可逆的充分必要条件是 $|\boldsymbol{A}|\neq 0$,且当 $\boldsymbol{A}$ 可逆时,有

$$\boldsymbol{A}^{-1}=\frac{1}{|\boldsymbol{A}|}\boldsymbol{A}^{*},$$

其中

$$\boldsymbol{A}^{*}=\begin{pmatrix} A_{11} & A_{21} & \cdots & A_{n1} \\ A_{12} & A_{22} & \cdots & A_{n2} \\ \vdots & \vdots & & \vdots \\ A_{1n} & A_{2n} & \cdots & A_{nn} \end{pmatrix}$$

称为 $\boldsymbol{A}$ 的伴随矩阵,A_{ij} 是 $|\boldsymbol{A}|$ 的元素 a_{ij} 的代数余子式.

证 必要性. 设 $\boldsymbol{A}$ 可逆,即 $\boldsymbol{A}^{-1}$ 存在,则

$$AA^{-1}=E,$$

于是 $|AA^{-1}|=|A^{-1}||A|=|E|=1$,所以 $|A|\neq 0$.

充分性. 设 $|A|\neq 0$,注意到

$$a_{i1}A_{j1}+a_{i2}A_{j2}+\cdots+a_{in}A_{jn}=a_{1i}A_{1j}+a_{2i}A_{2j}+\cdots+a_{ni}A_{nj}$$
$$=|A|\delta_{ij}=\begin{cases}|A|, & i=j;\\ 0, & i\neq j.\end{cases}\left(\delta_{ij}=\begin{cases}1, & i=j;\\ 0, & i\neq j.\end{cases}\right)$$

因此,

$$A\left(\frac{1}{|A|}A^*\right)=\frac{1}{|A|}(AA^*)=\frac{1}{|A|}\left(\sum_{k=1}^{n}a_{ik}A_{jk}\right)_{n\times n}$$
$$=\frac{1}{|A|}(|A|\delta_{ij})_{n\times n}=(\delta_{ij})_{n\times n}=E,$$
$$\left(\frac{1}{|A|}A^*\right)A=\frac{1}{|A|}(A^*A)=\frac{1}{|A|}\left(\sum_{k=1}^{n}A_{ki}a_{kj}\right)_{n\times n}$$
$$=\frac{1}{|A|}(|A|\delta_{ij})_{n\times n}=(\delta_{ij})_{n\times n}=E,$$

所以 A^{-1} 存在,且

$$A^{-1}=\frac{1}{|A|}A^*.$$

推论 若 A,B 都是 n 阶方阵,且 $AB=E$,则 $BA=E$.

证 因为 $AB=E$,所以 $|AB|=|A||B|=|E|=1$,由此可知 $|A|\neq 0$, $|B|\neq 0$,于是根据定理 2.3.1,A,B 都可逆,从而

$$AB=E\Rightarrow A^{-1}(AB)A=A^{-1}EA\Rightarrow$$
$$(A^{-1}A)(BA)=A^{-1}A\Rightarrow BA=E.$$

这个推论说明,要验证 B 是 A 的逆矩阵,只需验证 $AB=E$ 或 $BA=E$ 其中的一个就可以了.

定义 2.3.2 设 A 为方阵,若 $|A|\neq 0$,则称 A 为非奇异方阵;若 $|A|=0$,则称 A 为奇异方阵.

由定理 2.3.1 知,可逆方阵即为非奇异方阵.

方阵的逆具有以下性质:

(1) 若 A 可逆,则 $(A^{-1})^{-1}=A$;

(2) 若 A 可逆,数 $\lambda\neq 0$,则 λA 可逆,且 $(\lambda A)^{-1}=\frac{1}{\lambda}A^{-1}$;

(3) 若 A,B 为同阶方阵,且 A,B 都可逆,则 AB 可逆,且

$$(AB)^{-1}=B^{-1}A^{-1};$$

(4) 若 A 可逆,则 A^{T} 可逆,且 $(A^{T})^{-1}=(A^{-1})^{T}$;

(5) 若 A 可逆,则 $|A^{-1}|=\frac{1}{|A|}=|A|^{-1}$.

我们只证明性质(2)、性质(3),其他结论读者可以自己证明.

证(2) 设 A 为 n 阶方阵,因为 A 可逆,$\lambda\neq 0$,所以 $|\lambda A|=\lambda^{n}|A|\neq 0$,从而 λA 可逆,

且由

$$(\lambda \boldsymbol{A})\left(\frac{1}{\lambda}\boldsymbol{A}^{-1}\right)=\lambda\times\frac{1}{\lambda}(\boldsymbol{A}\boldsymbol{A}^{-1})=\boldsymbol{E},$$

所以

$$(\lambda \boldsymbol{A})^{-1}=\frac{1}{\lambda}\boldsymbol{A}^{-1}.$$

证(3) $\boldsymbol{A},\boldsymbol{B}$ 均可逆,可知 $|\boldsymbol{A}|\neq 0$, $|\boldsymbol{B}|\neq 0$,从而 $|\boldsymbol{AB}|=|\boldsymbol{A}||\boldsymbol{B}|\neq 0$,所以 $\boldsymbol{AB}$ 可逆. 因为

$$(\boldsymbol{AB})(\boldsymbol{B}^{-1}\boldsymbol{A}^{-1})=\boldsymbol{A}(\boldsymbol{B}\boldsymbol{B}^{-1})\boldsymbol{A}^{-1}=\boldsymbol{AEA}^{-1}=\boldsymbol{AA}^{-1}=\boldsymbol{E},$$

所以

$$(\boldsymbol{AB})^{-1}=\boldsymbol{B}^{-1}\boldsymbol{A}^{-1}.$$

性质(3)可推广为:

设 $\boldsymbol{A}_1,\boldsymbol{A}_2,\cdots,\boldsymbol{A}_n$ 都是 n 阶可逆阵,则$\boldsymbol{A}_1\boldsymbol{A}_2\cdots\boldsymbol{A}_n$ 可逆,且

$$(\boldsymbol{A}_1\boldsymbol{A}_2\cdots\boldsymbol{A}_n)^{-1}=\boldsymbol{A}_n^{-1}\boldsymbol{A}_{n-1}^{-1}\cdots\boldsymbol{A}_1^{-1}.$$

例 1 设矩阵

$$\boldsymbol{A}=\begin{pmatrix}1 & -1 & 2\\ -2 & -1 & -2\\ 4 & 3 & 3\end{pmatrix},$$

求$\boldsymbol{A}^{-1}$.

解 经计算

$$|\boldsymbol{A}|=\begin{vmatrix}1 & -1 & 2\\ -2 & -1 & -2\\ 4 & 3 & 3\end{vmatrix}=1\neq 0,$$

知 $\boldsymbol{A}$ 可逆,且

$$A_{11}=\begin{vmatrix}-1 & -2\\ 3 & 3\end{vmatrix}=3,\qquad A_{21}=-\begin{vmatrix}-1 & 2\\ 3 & 3\end{vmatrix}=9,$$

$$A_{31}=\begin{vmatrix}-1 & 2\\ -1 & -2\end{vmatrix}=4,\qquad A_{12}=-\begin{vmatrix}-2 & -2\\ 4 & 3\end{vmatrix}=-2,$$

$$A_{22}=\begin{vmatrix}1 & 2\\ 4 & 3\end{vmatrix}=-5,\qquad A_{32}=-\begin{vmatrix}1 & 2\\ -2 & -2\end{vmatrix}=-2,$$

$$A_{13}=\begin{vmatrix}-2 & -1\\ 4 & 3\end{vmatrix}=-2,\qquad A_{23}=-\begin{vmatrix}1 & -1\\ 4 & 3\end{vmatrix}=-7,$$

$$A_{33}=\begin{vmatrix}1 & -1\\ -2 & -1\end{vmatrix}=-3,$$

故

$$\boldsymbol{A}^{-1}=\frac{1}{|\boldsymbol{A}|}\boldsymbol{A}^{*}=\begin{pmatrix}3 & 9 & 4\\ -2 & -5 & -2\\ -2 & -7 & -3\end{pmatrix}.$$

例 2 设矩阵

$$A=\begin{pmatrix}1&-1&2\\-2&-1&-2\\4&3&3\end{pmatrix},\quad B=\begin{pmatrix}2&4\\-3&-5\end{pmatrix},\quad C=\begin{pmatrix}-2&0\\0&1\\1&-3\end{pmatrix},$$

解矩阵方程

$$AXB=C.$$

解 因为$|A|=1\neq0$, $|B|=2\neq0$,所以A^{-1},B^{-1}存在,分别以A^{-1},B^{-1}左乘与右乘矩阵方程的两边,得

$$A^{-1}(AXB)B^{-1}=A^{-1}CB^{-1},$$

于是

$$X=A^{-1}CB^{-1}.$$

由例 1 有

$$A^{-1}=\begin{pmatrix}3&9&4\\-2&-5&-2\\-2&-7&-3\end{pmatrix},$$

$$B^{-1}=\frac{1}{|B|}B^{*}=\frac{1}{2}\begin{pmatrix}-5&-4\\3&2\end{pmatrix}=\begin{pmatrix}-\frac{5}{2}&-2\\\frac{3}{2}&1\end{pmatrix},$$

所以

$$X=A^{-1}CB^{-1}=\begin{pmatrix}3&9&4\\-2&-5&-2\\-2&-7&-3\end{pmatrix}\begin{pmatrix}-2&0\\0&1\\1&-3\end{pmatrix}\begin{pmatrix}-\frac{5}{2}&-2\\\frac{3}{2}&1\end{pmatrix}$$

$$=\begin{pmatrix}\frac{1}{2}&1\\-\frac{7}{2}&-3\\\frac{1}{2}&0\end{pmatrix}.$$

例 3 已知方阵A满足

$$A^2-2A+3E=0,$$

试证A与$A-3E$都可逆,并求A^{-1}与$(A-3E)^{-1}$.

证 由$A^2-2A+3E=0$,得$A(A-2E)=-3E$,故

$$A\left[-\frac{1}{3}(A-2E)\right]=E,$$

因此A可逆,且$A^{-1}=-\frac{1}{3}(A-2E)$.

又由$A^2-2A+3E=0$,得$(A+E)(A-3E)=-6E$,故

$$\left[-\frac{1}{6}(A+E)\right](A-3E)=E,$$

因此 $\boldsymbol{A}-3\boldsymbol{E}$ 可逆,且 $(\boldsymbol{A}-3\boldsymbol{E})^{-1}=-\frac{1}{6}(\boldsymbol{A}+\boldsymbol{E})$.

例 4　设 $\boldsymbol{P}=\begin{pmatrix}1&2\\1&4\end{pmatrix}$,$\boldsymbol{\Lambda}=\begin{pmatrix}1&0\\0&2\end{pmatrix}$,$\boldsymbol{AP}=\boldsymbol{P\Lambda}$,求$\boldsymbol{A}^n$.

解

$$|\boldsymbol{P}|=2,\quad \boldsymbol{P}^{-1}=\frac{1}{2}\begin{pmatrix}4&-2\\-1&1\end{pmatrix}.$$

$$\boldsymbol{A}=\boldsymbol{P\Lambda P}^{-1},\quad \boldsymbol{A}^2=\boldsymbol{P\Lambda P}^{-1}\boldsymbol{P\Lambda P}^{-1}=\boldsymbol{P\Lambda}^2\boldsymbol{P}^{-1},\quad \cdots,\quad \boldsymbol{A}^n=\boldsymbol{P\Lambda}^n\boldsymbol{P}^{-1},$$

而易验证

$$\boldsymbol{\Lambda}^n=\begin{pmatrix}1^n&0\\0&2^n\end{pmatrix}=\begin{pmatrix}1&0\\0&2^n\end{pmatrix},$$

故

$$\boldsymbol{A}^n=\begin{pmatrix}1&2\\1&4\end{pmatrix}\begin{pmatrix}1&0\\0&2^n\end{pmatrix}\cdot\frac{1}{2}\begin{pmatrix}4&-2\\-1&1\end{pmatrix}=\begin{pmatrix}2-2^n&2^n-1\\2-2^{n+1}&2^{n+1}-1\end{pmatrix}.$$

最后,我们给出以下结论,而把证明留给读者.

(1)设

$$\boldsymbol{\Lambda}=\begin{pmatrix}\lambda_1&&&\\&\lambda_2&&\\&&\ddots&\\&&&\lambda_n\end{pmatrix}(\text{未写出的元素都为 }0),$$

则

$$\boldsymbol{\Lambda}^k=\begin{pmatrix}\lambda_1^k&&&\\&\lambda_2^k&&\\&&\ddots&\\&&&\lambda_n^k\end{pmatrix}(k\text{ 为正整数});$$

(2)当 $|\boldsymbol{A}|\neq0$ 时,定义 $\boldsymbol{A}^0=\boldsymbol{E}$,$\boldsymbol{A}^{-k}=(\boldsymbol{A}^{-1})^k$($k$ 为正整数),设 λ,μ 都是整数,有

$$\boldsymbol{A}^{\lambda}\boldsymbol{A}^{\mu}=\boldsymbol{A}^{\lambda+\mu},\quad (\boldsymbol{A}^{\lambda})^{\mu}=\boldsymbol{A}^{\lambda\mu}.$$

例 5　Hill 密码问题. Hill 密码是数学家 Lester Hill 于 1929 年研制的,它将明文分成 m 个字母一组的明文组,若最后一组不够 m 个字母就加上一些字母凑够 m 个字母,每个组用 m 个密文字母代换,这种代换由 m 个线性方程决定,其中字母 a,b,…,z 分别用数字 0,1,…,25 表示. 若 $m=3$,该系统可以用矩阵表示为

$$\begin{pmatrix}\boldsymbol{C}_1\\\boldsymbol{C}_2\\\boldsymbol{C}_3\end{pmatrix}=\begin{pmatrix}k_{11}&k_{12}&k_{13}\\k_{21}&k_{22}&k_{23}\\k_{31}&k_{32}&k_{33}\end{pmatrix}\begin{pmatrix}P_1\\P_2\\P_3\end{pmatrix}$$

或

$$\boldsymbol{C}=\boldsymbol{KP},$$

其中 $\boldsymbol{C}$ 和 $\boldsymbol{P}$ 分别是密文向量和明文向量,$\boldsymbol{K}$ 是密钥矩阵,操作要执行模 26 运算. 例如,用

密钥

$$K=\begin{pmatrix}11 & 3\\ 8 & 7\end{pmatrix}$$

来加密明文 july. 将明文分成两个组 ju 和 ly, 分别为(9,20)和(11,24), 计算如下:

$$\begin{pmatrix}11 & 3\\ 8 & 7\end{pmatrix}\begin{pmatrix}9\\ 20\end{pmatrix}=\begin{pmatrix}99+60\\ 72+140\end{pmatrix}=\begin{pmatrix}3\\ 4\end{pmatrix},$$

$$\begin{pmatrix}11 & 3\\ 8 & 7\end{pmatrix}\begin{pmatrix}11\\ 24\end{pmatrix}=\begin{pmatrix}121+72\\ 88+168\end{pmatrix}=\begin{pmatrix}11\\ 22\end{pmatrix},$$

因此 july 的加密结果为 DELW. 为了解密, 必须先计算密钥矩阵 K 的逆矩阵

$$K^{-1}=\begin{pmatrix}7 & 23\\ 18 & 11\end{pmatrix},$$

然后计算

$$\begin{pmatrix}7 & 23\\ 18 & 11\end{pmatrix}\begin{pmatrix}3\\ 4\end{pmatrix}=\begin{pmatrix}9\\ 20\end{pmatrix},$$

$$\begin{pmatrix}7 & 23\\ 18 & 11\end{pmatrix}\begin{pmatrix}11\\ 22\end{pmatrix}=\begin{pmatrix}11\\ 24\end{pmatrix},$$

因此得到了正确的明文 july.

例 6 在对英文信息进行密码编译码和密码破译时, 最常用的方法就是把 26 个英文字母用一个正整数来表示, 然后传送这组数字. 这种方法很容易根据数字出现的频率进行密码破译. 为避免英文字母出现的频率特征, 做好信息加密传输, 可以利用逆矩阵来进一步加密.

英文字母与正整数对照表:

a	b	c	d	e	f	g	h	i	j	k	l	m	n……	x	y	z	空格
1	2	3	4	5	6	7	8	9	10	11	12	13	14……	24	25	26	0

明文: he is in England.

密文: 8 5 0 9 19 0 9 14 0 5 14 7 12 1 14 4

为消除英文字母出现的频率特征, 可以用逆矩阵进行进一步加密.

令 $A=\begin{pmatrix}8 & 19 & 0 & 12\\ 5 & 0 & 5 & 1\\ 0 & 9 & 14 & 14\\ 9 & 14 & 7 & 4\end{pmatrix}$, 密钥 $U=\begin{pmatrix}3 & 1 & -1 & 2\\ -5 & 1 & 3 & -4\\ 2 & 0 & 1 & -1\\ 1 & -5 & 3 & -3\end{pmatrix}$, 密文 $S=AU$, 解密 $A=SU^{-1}$.

§2.4 分块矩阵

一、分块矩阵

定义 2.4.1 用若干条纵线和横线把 $\boldsymbol{A}$ 分成若干个小块,每一个小块构成的小矩阵称为 $\boldsymbol{A}$ 的子块,以子块为元素的矩阵称为 $\boldsymbol{A}$ 的**分块矩阵**.

例如,矩阵

$$\boldsymbol{A}=\begin{pmatrix}a_{11}&a_{12}&a_{13}&a_{14}\\a_{21}&a_{22}&a_{23}&a_{24}\\a_{31}&a_{32}&a_{33}&a_{34}\end{pmatrix},$$

可分块如下:

$$\boldsymbol{A}=\left(\begin{array}{cc:cc}a_{11}&a_{12}&a_{13}&a_{14}\\a_{21}&a_{22}&a_{23}&a_{24}\\\hdashline a_{31}&a_{32}&a_{33}&a_{34}\end{array}\right)=\begin{pmatrix}\boldsymbol{A}_{11}&\boldsymbol{A}_{12}\\\boldsymbol{A}_{21}&\boldsymbol{A}_{22}\end{pmatrix},$$

其中 $\boldsymbol{A}_{ij}$ 是子块的记号.

一个矩阵可以按不同的方式分块,上述矩阵 $\boldsymbol{A}$ 也可分块如下:

$$\boldsymbol{A}=\left(\begin{array}{cc:c:c}a_{11}&a_{12}&a_{13}&a_{14}\\a_{21}&a_{22}&a_{23}&a_{24}\\\hdashline a_{31}&a_{32}&a_{33}&a_{34}\end{array}\right)=\begin{pmatrix}\boldsymbol{A}_{11}&\boldsymbol{A}_{12}&\boldsymbol{A}_{13}\\\boldsymbol{A}_{21}&\boldsymbol{A}_{22}&\boldsymbol{A}_{23}\end{pmatrix}.$$

又如,$\boldsymbol{A}=(a_{ij})_{m\times n}$ 按行分块得

$$\boldsymbol{A}=\begin{pmatrix}a_{11}&a_{12}&\cdots&a_{1n}\\a_{21}&a_{22}&\cdots&a_{2n}\\\vdots&\vdots&&\vdots\\a_{m1}&a_{m2}&\cdots&a_{mn}\end{pmatrix}=\begin{pmatrix}\boldsymbol{A}_1\\\boldsymbol{A}_2\\\vdots\\\boldsymbol{A}_m\end{pmatrix},$$

其中$\boldsymbol{A}_i=(a_{i1},a_{i2},\cdots,a_{in}),i=1,2,\cdots,m$.

$\boldsymbol{A}=(a_{ij})_{m\times n}$ 按列分块得

$$\boldsymbol{A}=\begin{pmatrix}a_{11}&a_{12}&\cdots&a_{1n}\\a_{21}&a_{22}&\cdots&a_{2n}\\\vdots&\vdots&&\vdots\\a_{m1}&a_{m2}&\cdots&a_{mn}\end{pmatrix}=(\boldsymbol{B}_1,\boldsymbol{B}_2,\cdots,\boldsymbol{B}_n),$$

其中$\boldsymbol{B}_j=(a_{1j},a_{2j},\cdots,a_{mj})^{\mathrm{T}},j=1,2,\cdots,n$.

究竟采用哪种方式分块,要根据矩阵的具体运算来确定.

二、分块矩阵的运算

分块后的矩阵,把小矩阵当作元素,按普通的矩阵运算法则进行运算.

(1) 设 $\boldsymbol{A}$,$\boldsymbol{B}$ 是两个 $m\times n$ 矩阵,且用相同的分块法,得分块矩阵为

$$\boldsymbol{A}=\begin{pmatrix}\boldsymbol{A}_{11} & \cdots & \boldsymbol{A}_{1r}\\ \vdots & & \vdots\\ \boldsymbol{A}_{s1} & \cdots & \boldsymbol{A}_{sr}\end{pmatrix},\quad \boldsymbol{B}=\begin{pmatrix}\boldsymbol{B}_{11} & \cdots & \boldsymbol{B}_{1r}\\ \vdots & & \vdots\\ \boldsymbol{B}_{s1} & \cdots & \boldsymbol{B}_{sr}\end{pmatrix},$$

其中各对应的子块 $\boldsymbol{A}_{ij}$ 与 $\boldsymbol{B}_{ij}$ 有相同的行数和列数,则

$$\boldsymbol{A}\pm\boldsymbol{B}=\begin{pmatrix}\boldsymbol{A}_{11}\pm\boldsymbol{B}_{11} & \cdots & \boldsymbol{A}_{1r}\pm\boldsymbol{B}_{1r}\\ \vdots & & \vdots\\ \boldsymbol{A}_{s1}\pm\boldsymbol{B}_{s1} & \cdots & \boldsymbol{A}_{sr}\pm\boldsymbol{B}_{sr}\end{pmatrix}. \tag{2.4.1}$$

设 λ 为数,

$$\lambda\boldsymbol{A}=\boldsymbol{A}\lambda=\begin{pmatrix}\lambda\boldsymbol{A}_{11} & \cdots & \lambda\boldsymbol{A}_{1r}\\ \vdots & & \vdots\\ \lambda\boldsymbol{A}_{s1} & \cdots & \lambda\boldsymbol{A}_{sr}\end{pmatrix}. \tag{2.4.2}$$

(2) 设 $\boldsymbol{A}$ 为 $m\times l$ 矩阵,$\boldsymbol{B}$ 为 $l\times n$ 矩阵,分块为

$$\boldsymbol{A}=\begin{pmatrix}\boldsymbol{A}_{11} & \cdots & \boldsymbol{A}_{1t}\\ \vdots & & \vdots\\ \boldsymbol{A}_{s1} & \cdots & \boldsymbol{A}_{st}\end{pmatrix},\quad \boldsymbol{B}=\begin{pmatrix}\boldsymbol{B}_{11} & \cdots & \boldsymbol{B}_{1r}\\ \vdots & & \vdots\\ \boldsymbol{B}_{t1} & \cdots & \boldsymbol{B}_{tr}\end{pmatrix},$$

此处 $\boldsymbol{A}$ 的列数的分法与 $\boldsymbol{B}$ 的行数的分法一致,即 $\boldsymbol{A}_{i1},\boldsymbol{A}_{i2},\cdots,\boldsymbol{A}_{it}$ 的列数分别等于$\boldsymbol{B}_{1j},\boldsymbol{B}_{2j},\cdots,\boldsymbol{B}_{tj}$ 的行数,则

$$\boldsymbol{AB}=\boldsymbol{C}=\begin{pmatrix}\boldsymbol{C}_{11} & \cdots & \boldsymbol{C}_{1r}\\ \vdots & & \vdots\\ \boldsymbol{C}_{s1} & \cdots & \boldsymbol{C}_{sr}\end{pmatrix}, \tag{2.4.3}$$

其中 $\boldsymbol{C}_{ij}=\sum\limits_{k=1}^{t}\boldsymbol{A}_{ik}\boldsymbol{B}_{kj}(i=1,2,\cdots,s;j=1,2,\cdots,r)$.

(3) 设 $\boldsymbol{A}$ 分块为

$$\boldsymbol{A}=\begin{pmatrix}\boldsymbol{A}_{11} & \cdots & \boldsymbol{A}_{1r}\\ \vdots & & \vdots\\ \boldsymbol{A}_{s1} & \cdots & \boldsymbol{A}_{sr}\end{pmatrix},$$

则

$$\boldsymbol{A}^{\mathrm{T}}=\begin{pmatrix}\boldsymbol{A}_{11}^{\mathrm{T}} & \cdots & \boldsymbol{A}_{s1}^{\mathrm{T}}\\ \vdots & & \vdots\\ \boldsymbol{A}_{1r}^{\mathrm{T}} & \cdots & \boldsymbol{A}_{sr}^{\mathrm{T}}\end{pmatrix}. \tag{2.4.4}$$

(4) 若方阵 $\boldsymbol{A}$ 分块为

$$A=\begin{pmatrix} A_1 & & & \\ & A_2 & & \\ & & \ddots & \\ & & & A_s \end{pmatrix}\text{（未写出的子块都是零矩阵）},$$

其中只有在对角线上有非零子块，其余的子块都为零矩阵，且在对角线上的子块都是方阵，此时称 A 为**分块对角矩阵**，则有

$$|A|=|A_1||A_2|\cdots|A_s|.$$

当 $|A_i|\neq 0(i=1,2,\cdots,s)$ 时，有

$$A^{-1}=\begin{pmatrix} A_1^{-1} & & & \\ & A_2^{-1} & & \\ & & \ddots & \\ & & & A_s^{-1} \end{pmatrix}. \tag{2.4.5}$$

若

$$A=\begin{pmatrix} A_1 & & & \\ & A_2 & & \\ & & \ddots & \\ & & & A_s \end{pmatrix},\quad B=\begin{pmatrix} B_1 & & & \\ & B_2 & & \\ & & \ddots & \\ & & & B_s \end{pmatrix}$$

是两个分块对角矩阵，其中 A_i 与 B_i 是同阶方阵，则

$$A\pm B=\begin{pmatrix} A_1\pm B_1 & & & \\ & A_2\pm B_2 & & \\ & & \ddots & \\ & & & A_s\pm B_s \end{pmatrix}, \tag{2.4.6}$$

$$AB=\begin{pmatrix} A_1B_1 & & & \\ & A_2B_2 & & \\ & & \ddots & \\ & & & A_sB_s \end{pmatrix}. \tag{2.4.7}$$

由以上可看出，对于能划分为分块对角矩阵的矩阵，如果采用分块来求逆阵或进行运算是十分方便的.

例 1　设

$$A=\begin{pmatrix} 1 & 0 & 0 & 0 & 0 \\ 0 & 1 & 0 & 0 & 0 \\ 0 & 0 & 1 & 0 & 0 \\ 1 & 2 & 0 & 1 & 0 \\ -2 & 0 & 0 & 0 & 1 \end{pmatrix},\quad B=\begin{pmatrix} -1 & 2 & 1 & 0 \\ 4 & 0 & 0 & 1 \\ 0 & 1 & 0 & 0 \\ -2 & 0 & 0 & 0 \\ 2 & -1 & 0 & 0 \end{pmatrix},$$

求 AB.

解

$$A=\left(\begin{array}{cc|ccc}1&0&0&0&0\\0&1&0&0&0\\\hline 0&0&1&0&0\\1&2&0&1&0\\-2&0&0&0&1\end{array}\right)=\begin{pmatrix}E_2&0\\A_1&E_3\end{pmatrix},$$

$$B=\left(\begin{array}{cc|cc}-1&2&1&0\\4&0&0&1\\\hline 0&1&0&0\\-2&0&0&0\\2&-1&0&0\end{array}\right)=\begin{pmatrix}B_1&E_2\\B_2&0\end{pmatrix},$$

$$AB=\begin{pmatrix}E_2&0\\A_1&E_3\end{pmatrix}\begin{pmatrix}B_1&E_2\\B_2&0\end{pmatrix}=\begin{pmatrix}B_1&E_2\\A_1B_1+B_2&A_1\end{pmatrix},$$

$$A_1B_1+B_2=\begin{pmatrix}0&0\\1&2\\-2&0\end{pmatrix}\begin{pmatrix}-1&2\\4&0\end{pmatrix}+\begin{pmatrix}0&1\\-2&0\\2&-1\end{pmatrix}=\begin{pmatrix}0&1\\5&2\\4&-5\end{pmatrix},$$

所以

$$AB=\begin{pmatrix}-1&2&1&0\\4&0&0&1\\0&1&0&0\\5&2&1&2\\4&-5&-2&0\end{pmatrix}.$$

例 2 设

$$A=\begin{pmatrix}3&0&0&0&0\\0&0&1&0&0\\0&2&5&0&0\\0&0&0&1&0\\0&0&0&0&1\end{pmatrix},$$

求 A^{-1}.

解 将 A 分块如下：

$$A=\begin{pmatrix}3&0&0&0&0\\0&0&1&0&0\\0&2&5&0&0\\0&0&0&1&0\\0&0&0&0&1\end{pmatrix}=\begin{pmatrix}A_1&&\\&A_2&\\&&E_2\end{pmatrix},$$

其中

$$A_1=(3),\quad A_2=\begin{pmatrix}0&1\\2&5\end{pmatrix},\quad E_2=\begin{pmatrix}1&0\\0&1\end{pmatrix}.$$

因为

$$\boldsymbol{A}_1^{-1}=\left(\frac{1}{3}\right),\quad \boldsymbol{A}_2^{-1}=-\frac{1}{2}\begin{pmatrix}5 & -1\\ -2 & 0\end{pmatrix}=\begin{pmatrix}-\frac{5}{2} & \frac{1}{2}\\ 1 & 0\end{pmatrix},\quad \boldsymbol{E}_2^{-1}=\boldsymbol{E}_2,$$

所以

$$\boldsymbol{A}^{-1}=\begin{pmatrix}\boldsymbol{A}_1^{-1} & & \\ & \boldsymbol{A}_2^{-1} & \\ & & \boldsymbol{E}_2^{-1}\end{pmatrix}=\left(\begin{array}{c:cc:cc}\frac{1}{3} & 0 & 0 & 0 & 0\\ \hdashline 0 & -\frac{5}{2} & \frac{1}{2} & 0 & 0\\ 0 & 1 & 0 & 0 & 0\\ \hdashline 0 & 0 & 0 & 1 & 0\\ 0 & 0 & 0 & 0 & 1\end{array}\right).$$

例 3 设 $\boldsymbol{A},\boldsymbol{C}$ 分别为 r 阶和 s 阶可逆矩阵,求分块矩阵

$$\boldsymbol{X}=\begin{pmatrix}\boldsymbol{A} & \boldsymbol{B}\\ \boldsymbol{0} & \boldsymbol{C}\end{pmatrix}$$

的逆矩阵.

解 设逆矩阵分块为

$$\boldsymbol{X}^{-1}=\begin{pmatrix}\boldsymbol{X}_{11} & \boldsymbol{X}_{12}\\ \boldsymbol{X}_{21} & \boldsymbol{X}_{22}\end{pmatrix},\quad \boldsymbol{X}\boldsymbol{X}^{-1}=\begin{pmatrix}\boldsymbol{A} & \boldsymbol{B}\\ \boldsymbol{0} & \boldsymbol{C}\end{pmatrix}\begin{pmatrix}\boldsymbol{X}_{11} & \boldsymbol{X}_{12}\\ \boldsymbol{X}_{21} & \boldsymbol{X}_{22}\end{pmatrix}=\boldsymbol{E},$$

即

$$\begin{pmatrix}\boldsymbol{A}\boldsymbol{X}_{11}+\boldsymbol{B}\boldsymbol{X}_{21} & \boldsymbol{A}\boldsymbol{X}_{12}+\boldsymbol{B}\boldsymbol{X}_{22}\\ \boldsymbol{C}\boldsymbol{X}_{21} & \boldsymbol{C}\boldsymbol{X}_{22}\end{pmatrix}=\begin{pmatrix}\boldsymbol{E}_r & \boldsymbol{0}\\ \boldsymbol{0} & \boldsymbol{E}_s\end{pmatrix}.$$

比较等式两边对应的子块,有

$$\begin{cases}\boldsymbol{A}\boldsymbol{X}_{11}+\boldsymbol{B}\boldsymbol{X}_{21}=\boldsymbol{E}_r,\\ \boldsymbol{A}\boldsymbol{X}_{12}+\boldsymbol{B}\boldsymbol{X}_{22}=\boldsymbol{0},\\ \boldsymbol{C}\boldsymbol{X}_{21}=\boldsymbol{0},\\ \boldsymbol{C}\boldsymbol{X}_{22}=\boldsymbol{E}_s.\end{cases}$$

注意到 $\boldsymbol{A},\boldsymbol{C}$ 可逆,可解得

$$\boldsymbol{X}_{22}=\boldsymbol{C}^{-1},\quad \boldsymbol{X}_{21}=\boldsymbol{0},$$
$$\boldsymbol{X}_{11}=\boldsymbol{A}^{-1},\quad \boldsymbol{X}_{12}=-\boldsymbol{A}^{-1}\boldsymbol{B}\boldsymbol{C}^{-1},$$

所以

$$\boldsymbol{X}^{-1}=\begin{pmatrix}\boldsymbol{A}^{-1} & -\boldsymbol{A}^{-1}\boldsymbol{B}\boldsymbol{C}^{-1}\\ \boldsymbol{0} & \boldsymbol{C}^{-1}\end{pmatrix}.$$

§2.5 矩阵的秩与矩阵的初等变换

一、矩阵的秩

定义 2.5.1 在 $m\times n$ 矩阵 $\boldsymbol{A}$ 中,任取 k 行 k 列($k\leqslant\min\{m,n\}$),位于这些行列交叉处的 k^2 个元素,按原来的次序所构成的 k 阶行列式,称为 $\boldsymbol{A}$ 的 k 阶子式.

矩阵 $\boldsymbol{A}_{m\times n}$ 共有 $C_m^k C_n^k$ 个 k 阶子式.

例如,矩阵

$$\boldsymbol{A}=\begin{pmatrix}1&1&-1&2\\3&0&2&1\\-1&-2&3&4\end{pmatrix}.$$

从 $\boldsymbol{A}$ 中取第 1,2 行及第 2,4 列,它们交叉处的元素构成 $\boldsymbol{A}$ 的一个二阶子式 $\begin{vmatrix}1&2\\0&1\end{vmatrix}=1$. 再如,取 $\boldsymbol{A}$ 的第 1,2,3 行及第 1,3,4 列对应的 $\boldsymbol{A}$ 的三阶子式为

$$\begin{vmatrix}1&-1&2\\3&2&1\\-1&3&4\end{vmatrix}=40.$$

显然,$\boldsymbol{A}$ 的每一元素 a_{ij} 都是 $\boldsymbol{A}$ 的一阶子式,当 $\boldsymbol{A}$ 为 n 阶方阵时,其 n 阶子式为 $|\boldsymbol{A}|$.

定义 2.5.2 矩阵 $\boldsymbol{A}$ 中不为零的子式的最高阶数称为矩阵 $\boldsymbol{A}$ 的秩,记为 $\operatorname{rank}(\boldsymbol{A})$,简记为 $r(\boldsymbol{A})$.

零矩阵的秩为零:$r(\boldsymbol{0})=0$.

由定义,设 $\boldsymbol{A}$ 为 $m\times n$ 矩阵,则

(1) $r(\boldsymbol{A})=r(\boldsymbol{A}^{\mathrm{T}})$;

(2) $r(\boldsymbol{A})\leqslant\min\{m,n\}$.

例如,矩阵

$$\boldsymbol{A}=\begin{pmatrix}1&-2&1\\2&1&0\\-2&4&-2\end{pmatrix},$$

易看出 $\boldsymbol{A}$ 有一个二阶子式 $\begin{vmatrix}1&-2\\2&1\end{vmatrix}=5\neq0$,而 $\boldsymbol{A}$ 的所有三阶子式,只有 $|\boldsymbol{A}|=0$,所以 $r(\boldsymbol{A})=2$.

按定义,非奇异方阵的秩等于它的阶数,故非奇异方阵称为满秩矩阵,而奇异方阵称为降秩矩阵.

定理 2.5.1 若矩阵 $\boldsymbol{A}$ 中至少有一个 k 阶子式不为零,而所有 $k+1$ 阶子式全为零,则 $r(\boldsymbol{A})=k$.

证 由 $\boldsymbol{A}$ 的所有 $k+1$ 阶子式全为零，有 $\boldsymbol{A}$ 的任一个 $k+2$ 阶子式按行(列)展开知其必为零，进而全部高于 $k+1$ 阶的子式皆为零，因此由定义有 $r(\boldsymbol{A})=k$.

矩阵的秩是一个重要概念，它刻画了矩阵的本质属性. 按定义求矩阵的秩需要计算行列式，故此法只适用行、列较少的矩阵，对于行、列较多的矩阵计算量较大，一般采用下面的方法.

二、矩阵的初等变换

定义 2.5.3 对矩阵施行下列三种变换称为矩阵的初等行变换：

(1) 互换两行(记作 $r_i \leftrightarrow r_j$)；

(2) 以非零数 λ 乘某一行的所有元素(记作 $\lambda \times r_i$)；

(3) 将某一行各元素乘数 λ 后加到另一行的对应元素上去(记作 $r_i+\lambda r_j$).

将"行"换成"列"，称为矩阵的初等列变换(所用记号把"r"换成"c"). 矩阵的初等行变换与初等列变换，统称初等变换.

定理 2.5.2 对矩阵实施初等变换，矩阵的秩不变.

证 只要证明每一种初等行变换都不改变矩阵的秩，对初等列变换同理可以证明. 下面证明做一次初等行变换时，矩阵的秩不变，由此，对 $\boldsymbol{A}$ 实施多次初等行变换时，矩阵的秩也不变.

(1) 设对 $\boldsymbol{A}$ 实施一次初等行变换后成为矩阵 $\boldsymbol{B}$，则因行列式交换两行仅改变正、负号，知 $\boldsymbol{B}$ 的每一个子式都与 $\boldsymbol{A}$ 中对应的子式或者相等，或者仅改变符号，故秩不变.

(2) 设对 $\boldsymbol{A}$ 实施一次初等行变换后成为矩阵 $\boldsymbol{B}$，则因行列式某一行乘以 $\lambda \neq 0$ 等于用数 λ 乘此行列式，知 $\boldsymbol{B}$ 的子式与 $\boldsymbol{A}$ 中对应子式或者相等，或者是其 λ 倍，故秩不变.

(3) 设 $\boldsymbol{A}$ 经一次初等行变换后成为矩阵 $\boldsymbol{B}$，且 $r(\boldsymbol{A})=r$，下面证明 $r(\boldsymbol{B}) \leqslant r(\boldsymbol{A})$，同时 $r(\boldsymbol{A}) \leqslant r(\boldsymbol{B})$，便有 $r(\boldsymbol{A})=r(\boldsymbol{B})$.

设矩阵

$$\boldsymbol{A}=\begin{pmatrix} a_{11} & a_{12} & \cdots & a_{1n} \\ \vdots & \vdots & & \vdots \\ a_{i1} & a_{i2} & \cdots & a_{in} \\ \vdots & \vdots & & \vdots \\ a_{j1} & a_{j2} & \cdots & a_{jn} \\ \vdots & \vdots & & \vdots \\ a_{m1} & a_{m2} & \cdots & a_{mn} \end{pmatrix},$$

不失一般性，假定将 $\boldsymbol{A}$ 的第 j 行乘以数 λ 加到第 i 行后成为 $\boldsymbol{B}$，即

$$B=\begin{pmatrix} a_{11} & a_{12} & \cdots & a_{1n} \\ \vdots & \vdots & & \vdots \\ a_{i1}+\lambda a_{j1} & a_{i2}+\lambda a_{j2} & \cdots & a_{in}+\lambda a_{jn} \\ \vdots & \vdots & & \vdots \\ a_{j1} & a_{j2} & \cdots & a_{jn} \\ \vdots & \vdots & & \vdots \\ a_{m1} & a_{m2} & \cdots & a_{mn} \end{pmatrix}.$$

设 M_{r+1} 是 $\boldsymbol{B}$ 的一个 $r+1$ 阶子式,这时有三种情况:

①M_{r+1} 中不含 $\boldsymbol{B}$ 的第 i 行,则由于 $\boldsymbol{A}$ 与 $\boldsymbol{B}$ 除第 i 行外彼此相同,故 M_{r+1} 也是 $\boldsymbol{A}$ 的一个 $r+1$ 阶子式,因 $r(\boldsymbol{A})=r$,故 $M_{r+1}=0$;

②M_{r+1} 含 $\boldsymbol{B}$ 的第 i 行且含第 j 行,由行列式的性质,M_{r+1} 的值等于 $\boldsymbol{A}$ 中含第 i 行和第 j 行相应元素对应的子式,故 $M_{r+1}=0$;

③M_{r+1} 只含 $\boldsymbol{B}$ 的第 i 行而不含第 j 行,则由行列式的性质有

$$M_{r+1}=N_{r+1}+\lambda P_{r+1},$$

其中 N_{r+1} 和 P_{r+1} 是 $\boldsymbol{A}$ 的 $r+1$ 阶子式或与 $\boldsymbol{A}$ 的 $r+1$ 阶子式相差一个负号,故 $M_{r+1}=0$.

由于 M_{r+1} 只有上述三种情况,故 $\boldsymbol{B}$ 的任意一个 $r+1$ 阶子式都为零,因此 $r(\boldsymbol{B})\leqslant r(\boldsymbol{A})$.

另一方面,我们将 $\boldsymbol{A}$ 看作是由 $\boldsymbol{B}$ 经第 j 行乘以 $(-\lambda)$ 加到第 i 行得来的,由以上证明应有 $r(\boldsymbol{A})\leqslant r(\boldsymbol{B})$,故 $r(\boldsymbol{A})=r(\boldsymbol{B})$.

据定理 2.5.2,可以用初等变换将矩阵化为较简单的形式,从而可直接看出矩阵的秩. 例如限定只施行初等行变换,则总可以把矩阵变为一种“行阶梯矩阵”,其中不全为零的行的行数就是矩阵的秩. 下面举例说明.

例 1 求矩阵

$$\boldsymbol{A}=\begin{pmatrix} 1 & -2 & -1 & 0 & 2 \\ -2 & 4 & 2 & 6 & -6 \\ 2 & -1 & 0 & 2 & 3 \\ 3 & 3 & 3 & 3 & 4 \end{pmatrix}$$

的秩.

解

$$\boldsymbol{A}=\begin{pmatrix} 1 & -2 & -1 & 0 & 2 \\ 0 & 0 & 0 & 6 & -2 \\ 0 & 3 & 2 & 2 & -1 \\ 0 & 9 & 6 & 3 & -2 \end{pmatrix}$$

$$\to\begin{pmatrix} 1 & -2 & -1 & 0 & 2 \\ 0 & 3 & 2 & 2 & -1 \\ 0 & 9 & 6 & 3 & -2 \\ 0 & 0 & 0 & 6 & -2 \end{pmatrix}$$

$$\rightarrow\begin{pmatrix}1&-2&-1&0&2\\0&3&2&2&-1\\0&0&0&-3&1\\0&0&0&6&-2\end{pmatrix}$$

$$\rightarrow\begin{pmatrix}1&-2&-1&0&2\\0&3&2&2&-1\\0&0&0&-3&1\\0&0&0&0&0\end{pmatrix}.$$

上式中最后一个矩阵称为行阶梯矩阵,它具有的特征是:可画出一条阶梯线,线的下方全为 0;每个台阶只有一行,台阶数即是非零行的行数,阶梯线的竖线(每段竖线的长度为一行)后面的第一个元素为非零元,也就是非零行的第一个非零元. 从此行阶梯矩阵中容易看到:行阶梯矩阵中有三行不全为零,我们总可以找到一个三阶的上三角形行列式为它的子式且不等于零,如

$$\begin{vmatrix}1&-2&0\\0&3&2\\0&0&-3\end{vmatrix}=-9,$$

而所有四阶子式都为零,所以 $r(\boldsymbol{A})=3$,即矩阵 $\boldsymbol{A}$ 的秩等于行阶梯矩阵中不全为零的行的行数.

若对例 1 中的行阶梯矩阵

$$\begin{pmatrix}1&-2&-1&0&2\\0&1&\frac{2}{3}&\frac{2}{3}&-\frac{1}{3}\\0&0&0&1&-\frac{1}{3}\\0&0&0&0&0\end{pmatrix}$$

再施行初等行变换,则可将其进一步化为更简单的形式:

$$\begin{pmatrix}1&0&\frac{1}{3}&0&\frac{16}{9}\\0&1&\frac{2}{3}&0&-\frac{1}{9}\\0&0&0&1&-\frac{1}{3}\\0&0&0&0&0\end{pmatrix}.$$

上式中最后一个矩阵具有下述特征:非零行的第一个非零元素为 1,且含有这些“1”的列的其他元素都为零,这个矩阵称为矩阵 $\boldsymbol{A}$ 的行最简形阶梯矩阵,简称行最简形.

$m\times n$ 矩阵 $\boldsymbol{A}$ 经过初等行变换总可以化为行阶梯矩阵和行最简形,若再经过初等列变换,还可以化为如下的形式:

$$
I=\begin{pmatrix}
1 & 0 & \cdots & 0 & \cdots & 0 \\
0 & 1 & \cdots & 0 & \cdots & 0 \\
\vdots & \vdots & & \vdots & & \vdots \\
0 & 0 & \cdots & 1 & \cdots & 0 \\
0 & 0 & \cdots & 0 & \cdots & 0 \\
\vdots & \vdots & & \vdots & & \vdots \\
0 & 0 & \cdots & 0 & \cdots & 0
\end{pmatrix},
$$

矩阵 $\boldsymbol{I}$ 称为 $\boldsymbol{A}$ 的标准形,其特点是:$\boldsymbol{I}$ 的左上角有一个 r 阶单位阵($r(\boldsymbol{A})=r$),其他元素都为 0.

由此可以看出:所有 $m\times n$ 阶矩阵,若秩相等,则它们有相同的标准形.

定义 2.5.4 若矩阵 $\boldsymbol{A}$ 经过有限次初等变换化为矩阵 $\boldsymbol{B}$,则称 $\boldsymbol{A}$ 与 $\boldsymbol{B}$ 等价,记为 $\boldsymbol{A}\sim\boldsymbol{B}$.

等价是矩阵间的一种关系,满足:

(1) 自反性:$\boldsymbol{A}\sim\boldsymbol{A}$;

(2) 对称性:若 $\boldsymbol{A}\sim\boldsymbol{B}$,则 $\boldsymbol{B}\sim\boldsymbol{A}$;

(3) 传递性:若 $\boldsymbol{A}\sim\boldsymbol{B}$,$\boldsymbol{B}\sim\boldsymbol{C}$,则 $\boldsymbol{A}\sim\boldsymbol{C}$.

由定理 2.5.2,若 $\boldsymbol{A}\sim\boldsymbol{B}$,则 $r(\boldsymbol{A})=r(\boldsymbol{B})$.

下面讨论矩阵的秩的性质,归纳前面提出的矩阵秩的一些基本性质有

性质 2.5.1 $0\leqslant r(\boldsymbol{A}_{m\times n})\leqslant\min\{m,n\}$.

性质 2.5.2 $r(\boldsymbol{A}^T)=r(\boldsymbol{A})$.

性质 2.5.3 若 $\boldsymbol{A}\sim\boldsymbol{B}$,则 $r(\boldsymbol{A})=r(\boldsymbol{B})$.

由性质 2.5.3 可得:

性质 2.5.4 若 P、Q 可逆,则 $r(\boldsymbol{PA})=r(\boldsymbol{AQ})=r(\boldsymbol{PAQ})=r(\boldsymbol{A})$.

下面再介绍几个常用的矩阵秩的性质(证明留作第 3 章习题):

性质 2.5.5 $\max\{r(\boldsymbol{A}),r(\boldsymbol{B})\}\leqslant r(\boldsymbol{A},\boldsymbol{B})\leqslant r(\boldsymbol{A})+r(\boldsymbol{B})$,

特别地,当 $\boldsymbol{B}=\boldsymbol{b}$ 为非零列向量时,有

$$r(\boldsymbol{A})\leqslant r(\boldsymbol{A},\boldsymbol{b})\leqslant r(\boldsymbol{A})+1$$

性质 2.5.6 $r(\boldsymbol{A}+\boldsymbol{B})\leqslant r(\boldsymbol{A})+r(\boldsymbol{B})$.

性质 2.5.7 $r(\boldsymbol{AB})\leqslant\min\{r(\boldsymbol{A}),r(\boldsymbol{B})\}$.

性质 2.5.8 若$\boldsymbol{A}_{m\times n}\boldsymbol{B}_{n\times l}=\boldsymbol{0}$,则 $r(\boldsymbol{A})+r(\boldsymbol{B})\leqslant n$.

三、初等矩阵

对矩阵实施初等变换,可用矩阵的运算来表示.

定义 2.5.5 由单位阵 $\boldsymbol{E}$ 经过一次初等变换得到的方阵称为**初等矩阵**.

三种初等行变换对应三种形式的初等矩阵.

(1) $r_i\leftrightarrow r_j$,得到

$$E(i,j)=\begin{pmatrix}1&&&&&&&&&&\\&1&&&&&&&&&\\&&1&&&&&&&&\\&&&\ddots&&&&&&&\\&&&&0&\cdots&\cdots&\cdots&1&&&\\&&&&\vdots&1&&&\vdots&&&\\&&&&\vdots&&\ddots&&\vdots&&&\\&&&&\vdots&&&1&\vdots&&&\\&&&&1&\cdots&\cdots&\cdots&0&&&\\&&&&&&&&&\ddots&&\\&&&&&&&&&&1&\\&&&&&&&&&&&1\\&&&&&&&&&&&&1\end{pmatrix}\begin{matrix}\\\\\\\\\leftarrow\text{第 }i\text{ 行}\\\\\\\\\leftarrow\text{第 }j\text{ 行}\\\\\\\\\\\end{matrix}$$

(2) $r_i\times\lambda(\lambda\neq 0)$,得到

$$E(i(\lambda))=\begin{pmatrix}1&&&&&&&\\&1&&&&&&\\&&1&&&&&\\&&&\ddots&&&&\\&&&&\lambda&&&&\\&&&&&\ddots&&&\\&&&&&&1&&\\&&&&&&&1&\\&&&&&&&&1\end{pmatrix}\leftarrow\text{第 }i\text{ 行}.$$

(3) $r_i+\lambda r_j$,得到

$$E(i,j(\lambda))=\begin{pmatrix}1&&&&&&\\&1&&&&&\\&&\ddots&&&&\\&&&1&\cdots&\lambda&&&\\&&&&\ddots&\vdots&&&\\&&&&&1&&&\\&&&&&&\ddots&&\\&&&&&&&1&\\&&&&&&&&1\end{pmatrix}\begin{matrix}\\\\\\\leftarrow\text{第 }i\text{ 行}\\\\\leftarrow\text{第 }j\text{ 行}\\\\\\\\\end{matrix}$$

同样三种初等列变换 $c_i\leftrightarrow c_j$, $c_i\times\lambda$ 和 $c_i+\lambda c_j$ 也分别对应着 $\boldsymbol{E}(i,j)$, $\boldsymbol{E}(i(\lambda))$, $\boldsymbol{E}(i,j(\lambda))$.

以上均可以直接验证(证明留给读者)得到:

定理 2.5.3 设 $\boldsymbol{A}$ 是一个 $m\times n$ 矩阵,则对 $\boldsymbol{A}$ 实施一次初等行变换,相当于用相应的 m 阶初等矩阵左乘 $\boldsymbol{A}$;对 $\boldsymbol{A}$ 实施一次初等列变换,相当于用相应的 n 阶初等矩阵右乘 $\boldsymbol{A}$.

由逆矩阵的定义知,初等矩阵都是可逆的,且

$$\boldsymbol{E}(i,j)^{-1}=\boldsymbol{E}(i,j),\quad \boldsymbol{E}(i(\lambda))^{-1}=\boldsymbol{E}(i(\frac{1}{\lambda})),\quad \boldsymbol{E}(i,j(\lambda))^{-1}=\boldsymbol{E}(i,j(-\lambda)),$$

所以初等矩阵的逆矩阵仍然为初等矩阵.

定理 2.5.4 设 $\boldsymbol{A}$ 为可逆阵,则存在有限个初等矩阵 $\boldsymbol{P}_1,\boldsymbol{P}_2,\cdots,\boldsymbol{P}_l$,使 $\boldsymbol{A}=\boldsymbol{P}_1\boldsymbol{P}_2\cdots\boldsymbol{P}_l$.

证 $\boldsymbol{A}$ 是满秩矩阵,则 $\boldsymbol{A}$ 的标准形为单位阵,即 $\boldsymbol{A}\sim\boldsymbol{E}$,故 $\boldsymbol{E}$ 经过有限次初等变换可变成 $\boldsymbol{A}$,也就是存在有限个初等矩阵 $\boldsymbol{P}_1,\boldsymbol{P}_2,\cdots,\boldsymbol{P}_l$,使

$$\boldsymbol{P}_1\boldsymbol{P}_2\cdots\boldsymbol{P}_r\boldsymbol{E}\boldsymbol{P}_{r+1}\cdots\boldsymbol{P}_l=\boldsymbol{A},$$

即

$$\boldsymbol{A}=\boldsymbol{P}_1\boldsymbol{P}_2\cdots\boldsymbol{P}_l.$$

推论 $m\times n$ 阶矩阵 $\boldsymbol{A}\sim\boldsymbol{B}$ 的充分必要条件是:存在 m 阶可逆方阵 $\boldsymbol{P}$ 及 n 阶可逆方阵 $\boldsymbol{Q}$,使 $\boldsymbol{PAQ}=\boldsymbol{B}$.

请读者自己证明.

由定理 2.5.4,下面给出一种求逆阵的方法.

当 $|\boldsymbol{A}|\neq 0$ 时,由定理 2.5.4 有 $\boldsymbol{A}=\boldsymbol{P}_1\boldsymbol{P}_2\cdots\boldsymbol{P}_l$,所以有

$$\boldsymbol{P}_l^{-1}\boldsymbol{P}_{l-1}^{-1}\cdots\boldsymbol{P}_2^{-1}\boldsymbol{P}_1^{-1}\boldsymbol{A}=\boldsymbol{E},\tag{2.5.1}$$

及

$$\boldsymbol{P}_l^{-1}\boldsymbol{P}_{l-1}^{-1}\cdots\boldsymbol{P}_2^{-1}\boldsymbol{P}_1^{-1}\boldsymbol{E}=\boldsymbol{A}^{-1}.\tag{2.5.2}$$

式(2.5.1)表明 $\boldsymbol{A}$ 经过一系列初等行变换可变成 $\boldsymbol{E}$,式(2.5.2)表明 $\boldsymbol{E}$ 经同样的初等行变换就变成了 $\boldsymbol{A}^{-1}$,即

$$\boldsymbol{P}_l^{-1}\boldsymbol{P}_{l-1}^{-1}\cdots\boldsymbol{P}_2^{-1}\boldsymbol{P}_1^{-1}(\boldsymbol{A},\boldsymbol{E})=(\boldsymbol{E},\boldsymbol{A}^{-1}).$$

所以,我们得到用初等变换求逆阵的方法是:做 $n\times 2n$ 矩阵$(\boldsymbol{A}\,\vdots\,\boldsymbol{E})$,当用初等行变换(仅用行变换)把左边的矩阵 $\boldsymbol{A}$ 化为 $\boldsymbol{E}$ 的同时,右边的矩阵便化为 $\boldsymbol{A}^{-1}$,即

$$(\boldsymbol{A}\,\vdots\,\boldsymbol{E})\xrightarrow{\text{初等行变换}}(\boldsymbol{E}\,\vdots\,\boldsymbol{A}^{-1}).$$

例 2 设矩阵

$$\boldsymbol{A}=\begin{pmatrix}1&2&3\\2&2&1\\3&4&3\end{pmatrix},$$

求 $\boldsymbol{A}^{-1}$.

解

$$(\boldsymbol{A}\,\vdots\,\boldsymbol{E})=\left(\begin{array}{ccc:ccc}1&2&3&1&0&0\\2&2&1&0&1&0\\3&4&3&0&0&1\end{array}\right)$$

$$\to\left(\begin{array}{ccc:ccc}1&2&3&1&0&0\\0&-2&-5&-2&1&0\\0&-2&-6&-3&0&1\end{array}\right)$$

$$\to\left(\begin{array}{ccc:ccc}1&2&3&1&0&0\\0&-2&-5&-2&1&0\\0&0&-1&-1&-1&1\end{array}\right)$$

$$
\rightarrow\left(\begin{array}{ccc:ccc}1&2&0&-2&-3&3\\0&-2&0&3&6&-5\\0&0&-1&-1&-1&1\end{array}\right)
$$

$$
\rightarrow\left(\begin{array}{ccc:ccc}1&0&0&1&3&-2\\0&-2&0&3&6&-5\\0&0&-1&-1&-1&1\end{array}\right)
$$

$$
\rightarrow\left(\begin{array}{ccc:ccc}1&0&0&1&3&-2\\0&1&0&-\frac{3}{2}&-3&\frac{5}{2}\\0&0&1&1&1&-1\end{array}\right),
$$

所以

$$
A^{-1}=\begin{pmatrix}1&3&-2\\-\frac{3}{2}&-3&\frac{5}{2}\\1&1&-1\end{pmatrix}.
$$

对于矩阵方程 $AX=B$，若 A 为 n 阶可逆矩阵，也可以用初等变换求解，因 A 可逆，$A=P_1P_2\cdots P_l$，则 $A^{-1}=P_l^{-1}P_{l-1}^{-1}\cdots P_2^{-1}P_1^{-1}$，其中 $P_i^{-1}(i=1,2,\cdots,l)$ 也是初等矩阵，于是

$$
P_l^{-1}P_{l-1}^{-1}\cdots P_1^{-1}A=E, \tag{2.5.3}
$$

$$
P_l^{-1}P_{l-1}^{-1}\cdots P_1^{-1}B=A^{-1}B. \tag{2.5.4}
$$

上面两式说明：一系列初等行变换将 A 化为 E 的同时，就将 B 化为了 $A^{-1}B(=X)$，即 $P_l^{-1}P_{l-1}^{-1}\cdots P_1^{-1}(A \mid B)=(E \mid A^{-1}B)$，这样，得到矩阵方程 $AX=B$ 的解法是：先做一个矩阵 $(A \mid B)$，通过一系列初等行变换将左边的 A 化为 E，同时右边的矩阵就化为了 $A^{-1}B=X$，记作

$$
(A \mid B)\xrightarrow{\text{初等行变换}}(E \mid A^{-1}B).
$$

例 3 求解矩阵方程 $AX=X+A$，其中

$$
A=\begin{pmatrix}2&2&0\\2&1&3\\0&1&0\end{pmatrix}.
$$

解 矩阵方程变形为 $(A-E)X=A$，而 $|A-E|=1\neq0$，知 $A-E$ 可逆.

$$
(A-E \mid A)=\left(\begin{array}{ccc:ccc}1&2&0&2&2&0\\2&0&3&2&1&3\\0&1&-1&0&1&0\end{array}\right)
$$

$$
\xrightarrow{r_2-2r_1}\left(\begin{array}{ccc:ccc}1&2&0&2&2&0\\0&-4&3&-2&-3&3\\0&1&-1&0&1&0\end{array}\right)
$$

$$
\xrightarrow{r_2\leftrightarrow r_3}\left(\begin{array}{ccc:ccc}1&2&0&2&2&0\\0&1&-1&0&1&0\\0&-4&3&-2&-3&3\end{array}\right)
$$

$$\xrightarrow{r_3+4r_2}\left(\begin{array}{ccc|ccc}1&2&0&2&2&0\\0&1&-1&0&1&0\\0&0&-1&-2&1&3\end{array}\right)$$

$$\xrightarrow{r_2-r_3}\left(\begin{array}{ccc|ccc}1&2&0&2&2&0\\0&1&0&2&0&-3\\0&0&-1&-2&1&3\end{array}\right)$$

$$\xrightarrow{r_1-2r_2}\left(\begin{array}{ccc|ccc}1&0&0&-2&2&6\\0&1&0&2&0&-3\\0&0&1&2&-1&-3\end{array}\right),$$

所以

$$\boldsymbol{X}=\begin{pmatrix}-2&2&6\\2&0&-3\\2&-1&-3\end{pmatrix}.$$

四、线性方程组的解

在第 1 章中我们介绍了求解线性方程组的克莱姆法则，下面讨论一般的线性方程组

$$\begin{cases}a_{11}x_1+a_{12}x_2+\cdots+a_{1n}x_n=b_1,\\a_{21}x_1+a_{22}x_2+\cdots+a_{2n}x_n=b_2,\\\cdots\cdots\\a_{m1}x_1+a_{m2}x_2+\cdots+a_{mn}x_n=b_m\end{cases}\tag{2.5.5}$$

的求解问题. 方程组(2.5.5)的矩阵形式为

$$\boldsymbol{Ax}=\boldsymbol{b},$$

其中

$$\boldsymbol{A}=\begin{pmatrix}a_{11}&a_{12}&\cdots&a_{1n}\\a_{21}&a_{22}&\cdots&a_{2n}\\\vdots&\vdots&&\vdots\\a_{m1}&a_{m2}&\cdots&a_{mn}\end{pmatrix}$$

称为系数矩阵,

$$\boldsymbol{b}=(b_1,b_2,\cdots,b_m)^{\mathrm{T}},$$
$$\boldsymbol{x}=(x_1,x_2,\cdots,x_n)^{\mathrm{T}},$$

称矩阵

$$\widetilde{\boldsymbol{A}}=(\boldsymbol{A},\boldsymbol{b})=\begin{pmatrix}a_{11}&a_{12}&\cdots&a_{1n}&b_1\\a_{21}&a_{22}&\cdots&a_{2n}&b_2\\\vdots&\vdots&&\vdots&\vdots\\a_{m1}&a_{m2}&\cdots&a_{mn}&b_m\end{pmatrix}$$

为线性方程组(2.5.5)的**增广矩阵**.

例 4 解线性方程组

$$\begin{cases}2x_1+2x_2-x_3=6,\\x_1-2x_2+4x_3=3,\\5x_1+7x_2+x_3=28.\end{cases} \qquad ①$$

解 方程组①中第 2 个与第 3 个方程分别减去第 1 个方程的$\frac{1}{2}$倍与$\frac{5}{2}$倍,得

$$\begin{cases}2x_1+2x_2-x_3=6,\\-3x_2+\dfrac{9}{2}x_3=0,\\2x_2+\dfrac{7}{2}x_3=13.\end{cases} \qquad ②$$

再将方程组②中第 3 个方程加上第 2 个方程的$\frac{2}{3}$倍,得

$$\begin{cases}2x_1+2x_2-x_3=6,\\-3x_2+\dfrac{9}{2}x_3=0,\\\dfrac{13}{2}x_3=13.\end{cases} \qquad ③$$

方程组③是一个阶梯形方程组,从第 3 个方程可以得到 x_3 的值,然后再逐次代入前两个方程,求出 x_1,x_2,得

$$\begin{cases}x_1=1,\\x_2=3,\\x_3=2.\end{cases}$$

这个解法就称高斯(Gauss)消元法,它分为消元过程和回代过程两部分. 上面的求解过程也可以用方程组①的增广矩阵的初等行变换来表示:

$$(\boldsymbol{A}\vdots\boldsymbol{b})=\begin{pmatrix}2&2&-1&6\\1&-2&4&3\\5&7&1&28\end{pmatrix}\to\begin{pmatrix}2&2&-1&6\\0&-3&\dfrac{9}{2}&0\\0&2&\dfrac{7}{2}&13\end{pmatrix}$$

$$\to\begin{pmatrix}2&2&-1&6\\0&-3&\dfrac{9}{2}&0\\0&-2&1&2\end{pmatrix}\to\begin{pmatrix}2&2&0&8\\0&-3&0&-9\\0&0&1&2\end{pmatrix}$$

$$\to\begin{pmatrix}2&0&0&2\\0&1&0&3\\0&0&1&2\end{pmatrix}\to\begin{pmatrix}1&0&0&1\\0&1&0&3\\0&0&1&2\end{pmatrix}.$$

由最后一个矩阵得到方程组的解:

$$x_1=1,x_2=3,x_3=2.$$

由前面的例子可以看出,解线性方程组时,只需写出方程组的增广矩阵,再对增广矩阵施行初等行变换,化成行最简形阶梯矩阵即可.

一般地,假设线性方程组(2.5.5)的增广矩阵$\widetilde{\boldsymbol{A}}=(\boldsymbol{A},\boldsymbol{b})$经初等行变换(如有必要,可重新安排方程组中未知量的次序),化成如下的行最简形阶梯矩阵:

$$\widetilde{\boldsymbol{A}}=(\boldsymbol{A},\boldsymbol{b})\rightarrow\begin{pmatrix}1&0&\cdots&0&c_{11}&\cdots&c_{1,n-r}&d_1\\0&1&\cdots&0&c_{21}&\cdots&c_{2,n-r}&d_2\\\vdots&\vdots&&\vdots&\vdots&&\vdots&\vdots\\0&0&\cdots&1&c_{r1}&\cdots&c_{r,n-r}&d_r\\0&0&\cdots&0&0&\cdots&0&d_{r+1}\\0&0&\cdots&0&0&\cdots&0&0\\\vdots&\vdots&&\vdots&\vdots&&\vdots&\vdots\\0&0&\cdots&0&0&\cdots&0&0\end{pmatrix},\tag{2.5.6}$$

相应的线性方程组为

$$\begin{cases}x_1+c_{11}x_{r+1}+\cdots+c_{1,n-r}x_n=d_1,\\x_2+c_{21}x_{r+1}+\cdots+c_{2,n-r}x_n=d_2,\\\cdots\cdots\\x_r+c_{r1}x_{r+1}+\cdots+c_{r,n-r}x_n=d_r,\\0=d_{r+1}.\end{cases}\tag{2.5.7}$$

显然,方程组(2.5.7)与方程组(2.5.5)为同解方程组.

由方程组(2.5.7)可直接得到:

(1) 若方程组(2.5.7)中 $d_{r+1}\neq0$,则方程组无解,这时 $r(\boldsymbol{A})\neq r(\boldsymbol{A},\boldsymbol{b})$.

(2) 若方程组(2.5.7)中 $d_{r+1}=0$,这时 $r(\boldsymbol{A})=r(\boldsymbol{A},\boldsymbol{b})=r$,又有以下两种情况:

①若 $r=n$,则方程组有唯一解:

$$x_1=d_1,x_2=d_2,\cdots,x_n=d_n.$$

②若 $r<n$,则将 $x_{r+1},x_{r+2},\cdots,x_n$ 作为自由未知量,方程组(2.5.7)变为

$$\begin{cases}x_1=d_1-c_{11}x_{r+1}-\cdots-c_{1,n-r}x_n,\\x_2=d_2-c_{21}x_{r+1}-\cdots-c_{2,n-r}x_n,\\\cdots\cdots\\x_r=d_r-c_{r1}x_{r+1}-\cdots-c_{r,n-r}x_n.\end{cases}\tag{2.5.8}$$

对$(x_{r+1},x_{r+2},\cdots,x_n)$的每一组值,$(x_1,x_2,\cdots,x_r)$的值是唯一确定的,因此方程组有无穷多个解.

特别地,当方程组(2.5.5)为齐次线性方程组时,即 $b_1=b_2=\cdots=b_m=0$,则有下述的结果:

(3) 若 $r=n$,即 $r(\boldsymbol{A})=n$ 时,齐次线性方程组只有零解.

(4) 若 $r<n$,即 $r(\boldsymbol{A})<n$ 时,齐次线性方程组有无穷多个非零解.

下一章中,我们将利用向量理论,对线性方程组进行更深入的分析,对有解的条件及解的结构进行详细的讨论.

在互联网大数据中,很多实际应用中的对象分析都可以抽象地用线性代数中特殊的

数表——矩阵表示,海量 Web 页面之间、微博用户之间、个体与个体之间关系等都可以用矩阵表示. 以 Web 页面之间的关系为例,用矩阵来表示其关系,n 维矩阵的每一个元素表示一个页面 a 和另一个页面 b 的关系,这种指向关系通常用数字来表达,1 表示 a 和 b 之间有超链接,反之 0 表示没有超链接. 总之矩阵计算知识扎实,无论是数据挖掘还是数据处理,都会得心应手.

逆矩阵在实际生活中有许多的应用,例如:用逆矩阵可以进行计算机与科学技术的信息安全保密编译码,同时也可以进行密码破译.

习题 2

1. 设 $\boldsymbol{A}=\begin{pmatrix}1&1&1\\1&1&-1\\1&-1&1\end{pmatrix}$,$\boldsymbol{B}=\begin{pmatrix}1&2&3\\-1&-2&4\\0&5&1\end{pmatrix}$,求 $3\boldsymbol{AB}-2\boldsymbol{A}$ 和 $\boldsymbol{A}^{\mathrm{T}}\boldsymbol{B}$.

2. 求下列矩阵的乘积:

(1) $\boldsymbol{A}=(1,2,3)$,$\boldsymbol{B}=\begin{pmatrix}1\\0\\2\end{pmatrix}$; (2) $\boldsymbol{A}=(a_1,a_2,\cdots,a_n)$,$\boldsymbol{B}=\begin{pmatrix}b_1\\b_2\\\vdots\\b_n\end{pmatrix}$;

(3) $\boldsymbol{A}=\begin{pmatrix}a_1\\a_2\\\vdots\\a_n\end{pmatrix}$,$\boldsymbol{B}=(b_1,b_2,\cdots,b_n)$; (4) $\boldsymbol{A}=\begin{pmatrix}2&3\\-1&-2\\1&0\end{pmatrix}$,$\boldsymbol{B}=\begin{pmatrix}1&2&-1\\-3&0&1\end{pmatrix}$;

(5) $\boldsymbol{A}=\begin{pmatrix}1&0&3&-1\\2&1&0&2\end{pmatrix}$,$\boldsymbol{B}=\begin{pmatrix}4&1&0\\-1&1&3\\2&0&1\\1&3&4\end{pmatrix}$; (6) $\boldsymbol{A}=\begin{pmatrix}1&-1\\-1&1\end{pmatrix}$,$\boldsymbol{B}=\begin{pmatrix}1&2\\1&2\end{pmatrix}$;

(7) $\boldsymbol{A}=\begin{pmatrix}2&-1\\4&-2\\-2&1\end{pmatrix}$,$\boldsymbol{B}=\begin{pmatrix}2&1\\4&2\end{pmatrix}$; (8) $\boldsymbol{A}=(x_1,x_2,x_3)$,$\boldsymbol{B}=\begin{pmatrix}a_{11}&a_{12}&a_{13}\\a_{12}&a_{22}&a_{23}\\a_{13}&a_{23}&a_{33}\end{pmatrix}$,$\boldsymbol{C}=\begin{pmatrix}x_1\\x_2\\x_3\end{pmatrix}$.

3. 证明:(1) 对角矩阵与对角矩阵的乘积仍是对角矩阵.

(2) 上(下)三角阵与上(下)三角阵的乘积仍为上(下)三角阵.

4. 设 $\boldsymbol{A}=\begin{pmatrix}1&1&0\\0&1&1\\0&0&1\end{pmatrix}$,求与 $\boldsymbol{A}$ 可交换的所有矩阵.

5. 设 $\boldsymbol{A}$,$\boldsymbol{B}$ 为 n 阶方阵,求下列等式成立的条件:

(1) $(\boldsymbol{A}+\boldsymbol{B})^2=\boldsymbol{A}^2+2\boldsymbol{AB}+\boldsymbol{B}^2$;

(2) $(\boldsymbol{A}+\boldsymbol{B})(\boldsymbol{A}-\boldsymbol{B})=\boldsymbol{A}^2-\boldsymbol{B}^2$.

6. 求下列矩阵(其中 n,k 均为正整数):

(1) $\begin{pmatrix}1 & -2\\3 & -4\end{pmatrix}^3$; (2) $\begin{pmatrix}0 & -1\\1 & 0\end{pmatrix}^n$; (3) $\begin{pmatrix}2 & -1\\3 & -2\end{pmatrix}^n$; (4) $\begin{pmatrix}\lambda_1 & & & \\ & \lambda_2 & & \\ & & \ddots & \\ & & & \lambda_n\end{pmatrix}^k$;

(5) $\begin{pmatrix}1 & 0 & 1\\0 & 1 & 0\\0 & 0 & 1\end{pmatrix}^n$; (6) $\begin{pmatrix}\lambda & 1 & 0\\0 & \lambda & 1\\0 & 0 & \lambda\end{pmatrix}^n$.

7. 设 $\boldsymbol{\alpha}=(1,2,3,4)$, $\boldsymbol{\beta}=\left(1,\frac{1}{2},\frac{1}{3},\frac{1}{4}\right)$, $\boldsymbol{A}=\boldsymbol{\alpha}^{\mathrm{T}}\boldsymbol{\beta}$, 求 $\boldsymbol{A}^n$.

8. 设 $\boldsymbol{A},\boldsymbol{B}$ 为 n 阶矩阵,且 $\boldsymbol{A}$ 为对称阵,证明:$\boldsymbol{B}^{\mathrm{T}}\boldsymbol{A}\boldsymbol{B}$ 也是对称阵.

9. 设 $\boldsymbol{A},\boldsymbol{B}$ 都是 n 阶矩阵对称阵,证明 $\boldsymbol{AB}$ 是对称阵的充分必要条件是 $\boldsymbol{AB}=\boldsymbol{BA}$.

10. 证明:(1) 若 $\boldsymbol{A},\boldsymbol{B}$ 都是 n 阶对称矩阵,则 $2\boldsymbol{A}-3\boldsymbol{B}$ 是对称矩阵,$\boldsymbol{AB}-\boldsymbol{BA}$ 是反对称矩阵;

(2) 若 $\boldsymbol{A}$ 是反对称矩阵,$\boldsymbol{B}$ 是对称矩阵,则 $\boldsymbol{A}^2$, $\boldsymbol{AB}-\boldsymbol{BA}$ 都是对称矩阵.

11. 求下列矩阵的逆矩阵:

(1) $\boldsymbol{A}=\begin{pmatrix}a & b\\c & d\end{pmatrix}$, $ad-bc\neq 0$; (2) $\boldsymbol{A}=\begin{pmatrix}\cos\theta & -\sin\theta\\ \sin\theta & \cos\theta\end{pmatrix}$;

(3) $\boldsymbol{A}=\begin{pmatrix}1 & 2 & -1\\3 & 4 & -2\\5 & -4 & 1\end{pmatrix}$; (4) $\boldsymbol{A}=\begin{pmatrix}a_1 & & & \\ & a_2 & & \\ & & \ddots & \\ & & & a_n\end{pmatrix}$, $a_1a_2\cdots a_n\neq 0$.

12. 求解下列矩阵方程:

(1) $\begin{pmatrix}1 & 2\\3 & 4\end{pmatrix}x=\begin{pmatrix}3 & 5\\5 & 9\end{pmatrix}$; (2) $\begin{pmatrix}3 & -1\\5 & -2\end{pmatrix}x\begin{pmatrix}5 & 6\\7 & 8\end{pmatrix}=\begin{pmatrix}14 & 16\\9 & 10\end{pmatrix}$;

(3) $x\begin{pmatrix}5 & 3 & 1\\1 & -3 & -2\\-5 & 2 & 1\end{pmatrix}=\begin{pmatrix}-8 & 3 & 0\\-5 & 9 & 0\\-2 & 15 & 0\end{pmatrix}$; (4) $X=\begin{pmatrix}2 & -1 & 0\\1 & 1 & -1\\1 & 0 & 3\end{pmatrix}X+\begin{pmatrix}1 & -1\\2 & 0\\5 & -3\end{pmatrix}$.

13. 已知 $\boldsymbol{A}^{-1}\boldsymbol{BA}=6\boldsymbol{A}+\boldsymbol{BA}$,其中 $\boldsymbol{A}=\begin{pmatrix}\frac{1}{3} & 0 & 0\\0 & \frac{1}{4} & 0\\0 & 0 & \frac{1}{7}\end{pmatrix}$,求 $\boldsymbol{B}$.

14. 已知 $\boldsymbol{AB}=\boldsymbol{A}+2\boldsymbol{B}$,其中 $\boldsymbol{A}=\begin{pmatrix}4 & 2 & 3\\1 & 1 & 0\\-1 & 2 & 3\end{pmatrix}$,求 $\boldsymbol{B}$.

15. 已知 $\boldsymbol{A}$ 为 3 阶方阵,且 $|\boldsymbol{A}|=a$,求 $|-m\boldsymbol{A}|$.

16. 已知 $\boldsymbol{A}$ 为 3 阶方阵,且 $|\boldsymbol{A}|=\frac{1}{2}$,求 $|3\boldsymbol{A}^{-1}-2\boldsymbol{A}^*|$.

17.（1）已知 $\boldsymbol{A}^2-\boldsymbol{A}-2\boldsymbol{E}=0$，求证：$(\boldsymbol{E}-\boldsymbol{A})^{-1}=-\frac{1}{2}\boldsymbol{A}$；

（2）已知 $\boldsymbol{A}^2-\boldsymbol{A}-2\boldsymbol{E}=0$，求证：$\boldsymbol{A}+\boldsymbol{E}$ 与 $\boldsymbol{A}-2\boldsymbol{E}$ 中至少有一个是奇异方阵.

18. 已知 $\boldsymbol{A}^2+2\boldsymbol{A}-3\boldsymbol{E}=0$，求 $(\boldsymbol{A}+4\boldsymbol{E})^{-1}$.

19. 设 $\boldsymbol{A}^m=0$（m 为正整数），证明：$(\boldsymbol{E}-\boldsymbol{A})^{-1}=\boldsymbol{E}+\boldsymbol{A}+\cdots+\boldsymbol{A}^{m-1}$.

20. 已知 $\boldsymbol{A}=\boldsymbol{PBP}^{-1}$，$\boldsymbol{P}=\begin{pmatrix}1&0&0\\2&-1&0\\2&1&1\end{pmatrix}$，$\boldsymbol{B}=\begin{pmatrix}1&0&0\\0&0&0\\0&0&-1\end{pmatrix}$，求 $\boldsymbol{A}^{99}$.

21. 设 n 阶矩阵 $\boldsymbol{A}$ 的伴随矩阵为 A^*，证明：

（1）若 $|\boldsymbol{A}^*|=|\boldsymbol{A}|^{n-1}$，则 $|\boldsymbol{A}^*|=0$；

（2）若 $|\boldsymbol{A}^*|=|\boldsymbol{A}|^{n-1}$，则 $|\boldsymbol{A}^*|=|\boldsymbol{A}|^{n-1}$.

22. 按指定的方法分块，用分块矩阵的乘法，求下列矩阵的乘积：

（1）$\begin{pmatrix}5&2&0&0\\2&1&0&0\\0&0&8&3\\0&0&5&2\end{pmatrix}\begin{pmatrix}1&-2&0&0\\-2&5&0&0\\0&0&2&-3\\0&0&-5&8\end{pmatrix}$；　（2）$\begin{pmatrix}5&2&0&0\\2&1&0&0\\0&0&8&3\\0&0&5&2\end{pmatrix}\begin{pmatrix}3&2&0&0\\4&5&0&0\\0&0&4&1\\0&0&6&2\end{pmatrix}$.

23. 求下列分块矩阵的逆矩阵：

（1）$\begin{pmatrix}5&2&0&0\\2&1&0&0\\0&0&8&3\\0&0&5&2\end{pmatrix}$；（2）$\begin{pmatrix}1&0&0&0\\1&2&0&0\\2&1&3&0\\1&2&1&4\end{pmatrix}$；（3）$\begin{pmatrix}0&a_1&0&\cdots&0\\0&0&a_2&\cdots&0\\\vdots&\vdots&\vdots&&\vdots\\0&0&0&\cdots&a_{n-1}\\a_n&0&0&\cdots&0\end{pmatrix}$.

24. 利用矩阵的初等变换求下列矩阵的秩：

（1）$\boldsymbol{A}=\begin{pmatrix}1&2&3&4\\1&-2&4&5\\1&10&1&2\end{pmatrix}$；　（2）$\boldsymbol{A}=\begin{pmatrix}0&1&1&-1&2\\0&2&2&2&0\\0&-1&-1&1&1\\1&1&0&0&-1\end{pmatrix}$；

（3）$\boldsymbol{A}=\begin{pmatrix}1&-1&2&1&0\\2&-2&4&2&0\\3&0&6&-1&1\\0&3&0&0&1\end{pmatrix}$.

25. 利用矩阵的初等变换求下列矩阵的逆矩阵：

（1）$\boldsymbol{A}=\begin{pmatrix}3&2&1\\3&1&5\\3&2&3\end{pmatrix}$；（2）$\boldsymbol{A}=\begin{pmatrix}2&3&1\\1&2&0\\-1&2&-2\end{pmatrix}$；（3）$\boldsymbol{A}=\begin{pmatrix}3&-2&0&-1\\0&2&2&1\\1&-2&-3&-2\\0&1&2&1\end{pmatrix}$.

26. a,b 为何值时，方程组 $\begin{cases}x_1+2x_2+3x_3-x_4=b,\\-x_1+x_2+4x_4=3-b,\\2x_1+3x_2+5x_3+ax_4=1\end{cases}$ 有解，有解时求出解.

第 3 章　n 维向量组与线性方程组

第 1 章的克莱姆法则解决了部分线性方程组的求解问题. 当方程组的系数行列式等于零,或方程组中的方程个数与未知量的个数不相等时,克莱姆法则无法给出解的存在性及求法. 本章介绍向量组的线性相关性、最大无关组和秩的概念,讨论向量组的秩和矩阵的秩的关系,给出了求向量组的最大无关组的方法. 最后,我们讨论一般线性方程组的求解问题及解的结构.

§3.1　向量组的线性相关性

一、向量与向量组的线性组合

求解方程组

$$\begin{cases} x_1-2x_2+3x_3-x_4=1, \\ 3x_1-x_2+5x_3-3x_4=2, \\ 2x_1+x_2+2x_3-2x_4=3, \end{cases} \tag{3.3.1}$$

矩阵形式为

$$\begin{pmatrix} 1 & -2 & 3 & -1 \\ 3 & -1 & 5 & -3 \\ 2 & 1 & 2 & -2 \end{pmatrix}\begin{pmatrix} x_1 \\ x_2 \\ x_3 \\ x_4 \end{pmatrix}=\begin{pmatrix} 1 \\ 2 \\ 3 \end{pmatrix},$$

写成向量的形式

$$x_1\begin{pmatrix} 1 \\ 3 \\ 2 \end{pmatrix}+x_2\begin{pmatrix} -2 \\ -1 \\ 1 \end{pmatrix}+x_3\begin{pmatrix} 3 \\ 5 \\ 2 \end{pmatrix}+x_4\begin{pmatrix} -1 \\ -3 \\ -2 \end{pmatrix}=\begin{pmatrix} 1 \\ 2 \\ 3 \end{pmatrix}, \tag{3.3.2}$$

则线性方程组(3.3.1)的求解问题可以看作是求一组数 x_1,x_2,x_3,x_4,使式(3.3.2)成立.

式(3.3.2)反映了线性方程组(3.3.1)的系数矩阵的列向量

$$\begin{pmatrix}1\\3\\2\end{pmatrix},\begin{pmatrix}-2\\-1\\1\end{pmatrix},\begin{pmatrix}3\\5\\2\end{pmatrix},\begin{pmatrix}-1\\-3\\-2\end{pmatrix}$$

与常数项列向量$\begin{pmatrix}1\\2\\3\end{pmatrix}$之间的一种重要关系.

下面给出 n 维向量的定义.

定义 3.1.1　n 个有顺序的数 $a_1,a_2,\cdots,a_n$ 所组成的数组称为 n 维向量,这 n 个数称为该向量的 n 个分量,数 a_j 称为向量的第 j 个分量. 向量通常用黑色小写字母 $\boldsymbol{\alpha},\boldsymbol{\beta},\boldsymbol{a},\boldsymbol{b}$ 等表示.

分量为实数的向量称为**实向量**,分量为复数的向量称为**复向量**,本书一般只讨论实向量.

在解析几何中,以坐标原点 O 为起点,以点 $P(x,y,z)$ 为终点的向量 $\overrightarrow{OP}=\{x,y,z\}$ 就是一个三维向量. 为了区分点(x,y,z)与向量$\{x,y,z\}$,用了两种不同的括弧表示,而线性代数中向量常用圆括弧表示. n 维向量可以说是几何中三维向量的推广,不过三维向量可以用有向线段直观地体现出来,而 n 维向量($n>3$)就没有直观的几何意义了.

向量可以写成一列

$$\boldsymbol{\alpha}=\begin{pmatrix}a_1\\a_2\\\vdots\\a_n\end{pmatrix},$$

也可以写成一行

$$\boldsymbol{\alpha}^{\mathrm{T}}=(a_1,a_2,\cdots,a_n).$$

为了区别,前者称为列向量,后者称为行向量,两种向量的本质是一致的,其差别仅在于写法不同. 为了沟通向量与矩阵的联系,行向量亦可看作行矩阵,列向量可看作列矩阵. 所讨论的向量在没有指明是行向量还是列向量时,都当作列向量.

分量全是零的向量,称为**零向量**,记为 $\mathbf{0}=(0,0,\cdots,0)$.

若干个同维数的列向量(或行向量)所组成的集合称为**向量组**.

n 维向量组$\boldsymbol{\alpha}_i=(a_{i1},a_{i2},\cdots,a_{in})(i=1,2,\cdots,m)$可以构成 $m\times n$ 矩阵

$$\boldsymbol{A}=\begin{pmatrix}a_{11}&a_{12}&\cdots&a_{1n}\\a_{21}&a_{22}&\cdots&a_{2n}\\\vdots&\vdots&&\vdots\\a_{m1}&a_{m2}&\cdots&a_{mn}\end{pmatrix}=\begin{pmatrix}\boldsymbol{\alpha}_1\\\boldsymbol{\alpha}_2\\\vdots\\\boldsymbol{\alpha}_m\end{pmatrix},$$

$\boldsymbol{A}$ 称为由向量组$\boldsymbol{\alpha}_1,\boldsymbol{\alpha}_2,\cdots,\boldsymbol{\alpha}_m$ 所构成的矩阵,$\boldsymbol{\alpha}_i$ 称为矩阵 $\boldsymbol{A}$ 的第 i 个行向量.

$m\times n$ 矩阵 $\boldsymbol{A}$ 的每一列$\boldsymbol{\beta}_j=\begin{pmatrix}a_{1j}\\a_{2j}\\\vdots\\a_{mj}\end{pmatrix}(j=1,2,\cdots,n)$都是 m 维列向量,从而 $\boldsymbol{A}$ 有 m 个 n

维行向量$\boldsymbol{\alpha}_i=(a_{i1},a_{i2},\cdots,a_{in})$,同时它又有 n 个 m 维列向量$\boldsymbol{\beta}_j=\begin{pmatrix}a_{1j}\\a_{2j}\\\vdots\\a_{mj}\end{pmatrix}$. $\boldsymbol{A}$ 可记为

$$\boldsymbol{A}=\begin{pmatrix}\boldsymbol{\alpha}_1\\\boldsymbol{\alpha}_2\\\vdots\\\boldsymbol{\alpha}_m\end{pmatrix}\text{或 }\boldsymbol{A}=(\boldsymbol{\beta}_1,\boldsymbol{\beta}_2,\cdots,\boldsymbol{\beta}_n).$$

总之,一个含有限个向量的向量组可构成矩阵. 相反,一个矩阵也可以看作由有限个行向量(或列向量)所构成的向量组. 可见矩阵与向量组在形式上能够互相转化,因此可用矩阵讨论向量组的有关问题.

两个向量之间最简单的关系是成比例. 所谓向量 $\boldsymbol{\alpha}$ 与 $\boldsymbol{\beta}$ 成比例,是说有一个数 k 存在,使得

$$\boldsymbol{\beta}=k\boldsymbol{\alpha}(\text{或者 }\boldsymbol{\alpha}=k\boldsymbol{\beta}),$$

即向量 $\boldsymbol{\beta}$ 可由向量 $\boldsymbol{\alpha}$ 经过线性运算得到(或 $\boldsymbol{\alpha}$ 可由向量 $\boldsymbol{\beta}$ 经过线性运算得到).

向量的加减及数乘运算统称为向量的线性运算.

多个向量之间的关系表现为线性组合. 如向量$\boldsymbol{\alpha}_1=(1,2,-1,1)$,$\boldsymbol{\alpha}_2=(2,-3,1,0)$,$\boldsymbol{\alpha}_3=(4,1,-1,2)$. 容易看出$\boldsymbol{\alpha}_3=2\boldsymbol{\alpha}_1+\boldsymbol{\alpha}_2$,这时我们称$\boldsymbol{\alpha}_3$ 是 $\boldsymbol{\alpha}_1,\boldsymbol{\alpha}_2$ 的线性组合.

定义 3.1.2 给定向量组 $\boldsymbol{A}:\boldsymbol{\alpha}_1,\boldsymbol{\alpha}_2,\cdots,\boldsymbol{\alpha}_m$ 和向量 $\boldsymbol{\beta}$,若存在一组数 $k_1,k_2,\cdots,k_m$,使得

$$\boldsymbol{\beta}=k_1\boldsymbol{\alpha}_1+k_2\boldsymbol{\alpha}_2+\cdots+k_m\boldsymbol{\alpha}_m$$

成立,则称向量 $\boldsymbol{\beta}$ 是向量组 $\boldsymbol{A}$ 的**线性组合**,或称向量 $\boldsymbol{\beta}$ 可由向量组$\boldsymbol{\alpha}_1,\boldsymbol{\alpha}_2,\cdots,\boldsymbol{\alpha}_m$ 线性表示. 其中 $k_1,k_2,\cdots,k_m$ 称为这个线性组合的系数或线性表示的系数.

给定向量 $\boldsymbol{\beta}$ 与向量组 $\boldsymbol{\alpha}_1,\boldsymbol{\alpha}_2,\cdots,\boldsymbol{\alpha}_m$,如何判断 $\boldsymbol{\beta}$ 能否由$\boldsymbol{\alpha}_1,\boldsymbol{\alpha}_2,\cdots,\boldsymbol{\alpha}_m$ 线性表示呢?

根据定义,这个问题取决于能否找到一组数 $k_1,k_2,\cdots,k_m$,使得 $\boldsymbol{\beta}=k_1\boldsymbol{\alpha}_1+k_2\boldsymbol{\alpha}_2+\cdots+k_m\boldsymbol{\alpha}_m$ 成立. 下面通过例子说明判定方法.

例 1 设向量$\boldsymbol{\beta}=(1,1)$和向量组$\boldsymbol{\alpha}_1=(1,-2)$,$\boldsymbol{\alpha}_2=(-2,4)$,问向量 $\boldsymbol{\beta}$ 能否由向量组 $\boldsymbol{\alpha}_1,\boldsymbol{\alpha}_2$ 线性表出.

解 设 k_1,k_2 为两个数,使 $\boldsymbol{\beta}=k_1\boldsymbol{\alpha}_1+k_2\boldsymbol{\alpha}_2$ 成立,比较等式两端的对应分量得

$$\begin{cases}k_1-2k_2=1,\\-2k_1+4k_2=1,\end{cases}$$

这一方程组无解,说明满足 $\boldsymbol{\beta}=k_1\boldsymbol{\alpha}_1+k_2\boldsymbol{\alpha}_2$ 的 k_1,k_2 不存在,所以 $\boldsymbol{\beta}$ 不能由$\boldsymbol{\alpha}_1,\boldsymbol{\alpha}_2$ 线性表示.

例 2 设

$$\boldsymbol{\beta}=\begin{pmatrix}0\\4\\2\end{pmatrix},\quad \boldsymbol{\alpha}_1=\begin{pmatrix}1\\2\\3\end{pmatrix},\quad \boldsymbol{\alpha}_2=\begin{pmatrix}2\\3\\1\end{pmatrix},\quad \boldsymbol{\alpha}_3=\begin{pmatrix}3\\1\\2\end{pmatrix},$$

问 $\boldsymbol{\beta}$ 是否能由 $\boldsymbol{\alpha}_1,\boldsymbol{\alpha}_2,\boldsymbol{\alpha}_3$ 线性表示?

解　设 $\boldsymbol{\beta}=k_1\boldsymbol{\alpha}_1+k_2\boldsymbol{\alpha}_2+k_3\boldsymbol{\alpha}_3$,其中 k_1,k_2,k_3 为一组数,则有

$$\begin{cases}k_1+2k_2+3k_3=0,\\2k_1+3k_2+k_3=4,\\3k_1+k_2+2k_3=2,\end{cases}$$

解之,得唯一解:$k_1=1,k_2=1,k_3=-1$,所以 $\boldsymbol{\beta}$ 能由 $\boldsymbol{\alpha}_1,\boldsymbol{\alpha}_2,\boldsymbol{\alpha}_3$ 唯一地线性表示,且

$$\boldsymbol{\beta}=\boldsymbol{\alpha}_1+\boldsymbol{\alpha}_2-\boldsymbol{\alpha}_3.$$

例 3　任一 n 维向量 $\boldsymbol{\alpha}=(a_1,a_2,\cdots,a_n)$ 都可由 n 维向量组 $\boldsymbol{\varepsilon}_1=(1,0,\cdots,0)$,$\boldsymbol{\varepsilon}_2=(0,1,\cdots,0),\cdots,\boldsymbol{\varepsilon}_n=(0,0,\cdots,1)$ 线性表示.

事实上,有一组数 $a_1,a_2,\cdots,a_n$,使得 $\boldsymbol{\alpha}=a_1\boldsymbol{\varepsilon}_1+a_2\boldsymbol{\varepsilon}_2+\cdots+a_n\boldsymbol{\varepsilon}_n$ 成立. 所以 $\boldsymbol{\alpha}$ 可以由 $\boldsymbol{\varepsilon}_1$,$\boldsymbol{\varepsilon}_2,\cdots,\boldsymbol{\varepsilon}_n$ 线性表示,且线性表示的系数是 $\boldsymbol{\alpha}$ 的分量.

$\boldsymbol{\varepsilon}_1,\boldsymbol{\varepsilon}_2,\cdots,\boldsymbol{\varepsilon}_n$ 称为 n 维**单位坐标向量组**.

例 4　向量组 $\boldsymbol{\alpha}_1,\boldsymbol{\alpha}_2,\cdots,\boldsymbol{\alpha}_m$ 中的每一个向量都可由该向量组线性表示.

事实上,有一组数 0,0,…,1,…,0,使得

$$\boldsymbol{\alpha}_i=0\boldsymbol{\alpha}_1+0\boldsymbol{\alpha}_2+\cdots+1\boldsymbol{\alpha}_i+\cdots+0\boldsymbol{\alpha}_m\ (i=1,2,\cdots,m)$$

成立. 所以向量组 $\boldsymbol{\alpha}_1,\boldsymbol{\alpha}_2,\cdots,\boldsymbol{\alpha}_m$ 中的每一个向量都可由该向量组线性表示.

一般地,向量 $\boldsymbol{\beta}$ 可由 $\boldsymbol{\alpha}_1,\boldsymbol{\alpha}_2,\cdots,\boldsymbol{\alpha}_m$ 线性表示,即线性方程组 $\boldsymbol{\alpha}_1x_1+\boldsymbol{\alpha}_2x_2+\cdots+\boldsymbol{\alpha}_mx_m=\boldsymbol{\beta}$ 有解. 于是可得以下定理.

定理 3.1.1　向量 $\boldsymbol{\beta}$ 可由向量组 $\boldsymbol{A}:\boldsymbol{\alpha}_1,\boldsymbol{\alpha}_2,\cdots,\boldsymbol{\alpha}_m$ 线性表示的充分必要条件是矩阵 $\boldsymbol{A}=(\boldsymbol{\alpha}_1,\boldsymbol{\alpha}_2,\cdots,\boldsymbol{\alpha}_m)$ 的秩等于矩阵 $\boldsymbol{B}=(\boldsymbol{\alpha}_1,\boldsymbol{\alpha}_2,\cdots,\boldsymbol{\alpha}_m,\boldsymbol{\beta})$ 的秩,即

$$r(\boldsymbol{\alpha}_1,\boldsymbol{\alpha}_2,\cdots,\boldsymbol{\alpha}_m)=r(\boldsymbol{\alpha}_1,\boldsymbol{\alpha}_2,\cdots,\boldsymbol{\alpha}_m,\boldsymbol{\beta}).$$

例 5　已知

$$\boldsymbol{\alpha}_1=\begin{pmatrix}1\\-2\\1\end{pmatrix},\quad \boldsymbol{\alpha}_2=\begin{pmatrix}2\\0\\3\end{pmatrix},\quad \boldsymbol{\alpha}_3=\begin{pmatrix}5\\-4\\-1\end{pmatrix},\quad \boldsymbol{\beta}=\begin{pmatrix}4\\-6\\-3\end{pmatrix},$$

试判断向量 $\boldsymbol{\beta}$ 能否由向量组 $\boldsymbol{\alpha}_1,\boldsymbol{\alpha}_2,\boldsymbol{\alpha}_3$ 线性表示,若能,写出表示式.

解　设 $\boldsymbol{\beta}=k_1\boldsymbol{\alpha}_1+k_2\boldsymbol{\alpha}_2+k_3\boldsymbol{\alpha}_3$,则

$$(\boldsymbol{\alpha}_1,\boldsymbol{\alpha}_2,\boldsymbol{\alpha}_3,\boldsymbol{\beta})=\begin{pmatrix}1&2&5&4\\-2&0&-4&-6\\1&3&-1&-3\end{pmatrix}\to\begin{pmatrix}1&2&5&4\\0&4&6&2\\0&1&-6&-7\end{pmatrix}$$

$$\to\begin{pmatrix}1&2&5&4\\0&1&-6&-7\\0&0&30&30\end{pmatrix}\to\begin{pmatrix}1&0&0&1\\0&1&0&-1\\0&0&1&1\end{pmatrix}.$$

因为 $r(\boldsymbol{\alpha}_1,\boldsymbol{\alpha}_2,\boldsymbol{\alpha}_3)=r(\boldsymbol{\alpha}_1,\boldsymbol{\alpha}_2,\boldsymbol{\alpha}_3,\boldsymbol{\beta})=3$,所以 $\boldsymbol{\beta}$ 可由向量组 $\boldsymbol{\alpha}_1,\boldsymbol{\alpha}_2,\boldsymbol{\alpha}_3$ 线性表示,表示式为

$$\boldsymbol{\beta}=\boldsymbol{\alpha}_1-\boldsymbol{\alpha}_2+\boldsymbol{\alpha}_3,$$

且表示式是唯一的.

例 6　已知向量组

$$A:\boldsymbol{\alpha}_1=\begin{pmatrix}0\\1\\2\\3\end{pmatrix},\quad \boldsymbol{\alpha}_2=\begin{pmatrix}3\\0\\1\\2\end{pmatrix},\quad \boldsymbol{\alpha}_3=\begin{pmatrix}2\\3\\0\\1\end{pmatrix}$$

及向量

$$\boldsymbol{\beta}_1=\begin{pmatrix}2\\1\\1\\2\end{pmatrix},\quad \boldsymbol{\beta}_2=\begin{pmatrix}0\\-2\\1\\1\end{pmatrix},\quad \boldsymbol{\beta}_3=\begin{pmatrix}4\\4\\1\\3\end{pmatrix}.$$

试分别判断向量$\boldsymbol{\beta}_1,\boldsymbol{\beta}_2,\boldsymbol{\beta}_3$能否由向量组$A$线性表示,若能,写出表示式.

解 对矩阵$(\boldsymbol{\alpha}_1,\boldsymbol{\alpha}_2,\boldsymbol{\alpha}_3,\boldsymbol{\beta}_1,\boldsymbol{\beta}_2,\boldsymbol{\beta}_3)$施以初等行变换:

$$(\boldsymbol{\alpha}_1,\boldsymbol{\alpha}_2,\boldsymbol{\alpha}_3,\boldsymbol{\beta}_1,\boldsymbol{\beta}_2,\boldsymbol{\beta}_3)=\begin{pmatrix}0&3&2&2&0&4\\1&0&3&1&-2&4\\2&1&0&1&1&1\\3&2&1&2&1&3\end{pmatrix}$$

$$\to\begin{pmatrix}1&0&3&1&-2&4\\0&3&2&2&0&4\\0&1&-6&-1&5&-7\\0&2&-8&-1&7&-9\end{pmatrix}\to\begin{pmatrix}1&0&3&1&-2&4\\0&1&-6&-1&5&-7\\0&0&4&1&-3&5\\0&0&4&1&-3&5\end{pmatrix}$$

$$\to\begin{pmatrix}1&0&3&1&-2&4\\0&1&-6&-1&5&-7\\0&0&4&1&-3&5\\0&0&0&0&0&0\end{pmatrix}\to\begin{pmatrix}1&0&0&\frac{1}{4}&\frac{1}{4}&\frac{1}{4}\\0&1&0&\frac{1}{2}&\frac{1}{2}&\frac{1}{2}\\0&0&1&\frac{1}{4}&-\frac{3}{4}&\frac{5}{4}\\0&0&0&0&0&0\end{pmatrix},$$

因为$r(\boldsymbol{\alpha}_1,\boldsymbol{\alpha}_2,\boldsymbol{\alpha}_3)=r(\boldsymbol{\alpha}_1,\boldsymbol{\alpha}_2,\boldsymbol{\alpha}_3,\boldsymbol{\beta}_i)=3(i=1,2,3)$,所以$\boldsymbol{\beta}_1,\boldsymbol{\beta}_2,\boldsymbol{\beta}_3$均可由向量组$\boldsymbol{\alpha}_1,\boldsymbol{\alpha}_2,\boldsymbol{\alpha}_3$线性表示,且

$$\boldsymbol{\beta}_1=\frac{1}{4}\boldsymbol{\alpha}_1+\frac{1}{2}\boldsymbol{\alpha}_2+\frac{1}{4}\boldsymbol{\alpha}_3,$$

$$\boldsymbol{\beta}_2=\frac{1}{4}\boldsymbol{\alpha}_1+\frac{1}{2}\boldsymbol{\alpha}_2-\frac{3}{4}\boldsymbol{\alpha}_3,$$

$$\boldsymbol{\beta}_3=\frac{1}{4}\boldsymbol{\alpha}_1+\frac{1}{2}\boldsymbol{\alpha}_2+\frac{5}{4}\boldsymbol{\alpha}_3.$$

例 7 已知向量组

$$A:\boldsymbol{\alpha}_1=\begin{pmatrix}1\\1\\2\\2\end{pmatrix},\quad \boldsymbol{\alpha}_2=\begin{pmatrix}1\\2\\1\\3\end{pmatrix},\quad \boldsymbol{\alpha}_3=\begin{pmatrix}1\\-1\\4\\0\end{pmatrix}\text{及向量}\ \boldsymbol{\beta}=\begin{pmatrix}1\\0\\3\\1\end{pmatrix},$$

试判断向量 $\boldsymbol{\beta}$ 能否由向量组 $\boldsymbol{A}$ 线性表示，若能，写出表示式.

解　设 $\boldsymbol{\beta}=k_1\boldsymbol{\alpha}_1+k_2\boldsymbol{\alpha}_2+k_3\boldsymbol{\alpha}_3$，对矩阵 $(\boldsymbol{\alpha}_1,\boldsymbol{\alpha}_2,\boldsymbol{\alpha}_3,\boldsymbol{\beta})$ 施以初等行变换：

$$(\boldsymbol{\alpha}_1,\boldsymbol{\alpha}_2,\boldsymbol{\alpha}_3,\boldsymbol{\beta})=\begin{pmatrix}1&1&1&1\\1&2&-1&0\\2&1&4&3\\2&3&0&1\end{pmatrix}\rightarrow\begin{pmatrix}1&1&1&1\\0&1&-2&-1\\0&-1&2&1\\0&1&-2&-1\end{pmatrix}\rightarrow\begin{pmatrix}1&0&3&2\\0&1&-2&-1\\0&0&0&0\\0&0&0&0\end{pmatrix},$$

因为 $r(\boldsymbol{\alpha}_1,\boldsymbol{\alpha}_2,\boldsymbol{\alpha}_3)=r(\boldsymbol{\alpha}_1,\boldsymbol{\alpha}_2,\boldsymbol{\alpha}_3,\boldsymbol{\beta})=2$，所以 $\boldsymbol{\beta}$ 可由向量组 $\boldsymbol{\alpha}_1,\boldsymbol{\alpha}_2,\boldsymbol{\alpha}_3$ 线性表出，且由上面的初等变换知，$k_1=2-3k_3$，$k_2=-1+2k_3$，因此表示式不唯一.

若令 $k_3=0$，得

$$\boldsymbol{\beta}=2\boldsymbol{\alpha}_1-\boldsymbol{\alpha}_2;$$

若令 $k_3=1$，得

$$\boldsymbol{\beta}=-\boldsymbol{\alpha}_1+\boldsymbol{\alpha}_2+\boldsymbol{\alpha}_3.$$

二、向量组的线性相关性

扫码查看
同步微课
备考干货
学习方法
复习妙招

对于向量组 $\boldsymbol{\alpha}_1=(1,2,-1,3)$，$\boldsymbol{\alpha}_2=(1,5,4,7)$，$\boldsymbol{\alpha}_3=(4,8,-4,12)$，显然有 $4\boldsymbol{\alpha}_1+0\boldsymbol{\alpha}_2+(-1)\boldsymbol{\alpha}_3=\boldsymbol{0}$. 即存在一组不全为零的数 $4,0,-1$，使得 $\boldsymbol{\alpha}_1,\boldsymbol{\alpha}_2,\boldsymbol{\alpha}_3$ 的线性组合是零向量. 具有这种性质的向量组称为线性相关向量组.

定义 3.1.3　设有 n 维向量组 $\boldsymbol{\alpha}_1,\boldsymbol{\alpha}_2,\cdots,\boldsymbol{\alpha}_m$，若存在不全为零的数 $k_1,k_2,\cdots,k_m$，使得

$$k_1\boldsymbol{\alpha}_1+k_2\boldsymbol{\alpha}_2+\cdots+k_m\boldsymbol{\alpha}_m=\boldsymbol{0}$$

成立，则称向量组 $\boldsymbol{\alpha}_1,\boldsymbol{\alpha}_2,\cdots,\boldsymbol{\alpha}_m$ **线性相关**，否则称向量组 $\boldsymbol{\alpha}_1,\boldsymbol{\alpha}_2,\cdots,\boldsymbol{\alpha}_m$ **线性无关**.

由定义可知，$\boldsymbol{\alpha}_1,\boldsymbol{\alpha}_2,\cdots,\boldsymbol{\alpha}_m$ 线性无关的充分必要条件是当且仅当 $k_1=k_2=\cdots=k_m=0$ 时，才有 $k_1\boldsymbol{\alpha}_1+k_2\boldsymbol{\alpha}_2+\cdots+k_m\boldsymbol{\alpha}_m=\boldsymbol{0}$ 成立.

换句话说，向量组 $\boldsymbol{\alpha}_1,\boldsymbol{\alpha}_2,\cdots,\boldsymbol{\alpha}_m$ 线性无关是指对任意一组不全为零的数 $k_1,k_2,\cdots,k_m$，都有

$$k_1\boldsymbol{\alpha}_1+k_2\boldsymbol{\alpha}_2+\cdots+k_m\boldsymbol{\alpha}_m\neq\boldsymbol{0}.$$

例 8　讨论向量组 $\boldsymbol{\alpha}_1=(1,1,1)$，$\boldsymbol{\alpha}_2=(0,2,5)$，$\boldsymbol{\alpha}_3=(1,3,6)$ 的线性相关性.

解　令　$k_1\boldsymbol{\alpha}_1+k_2\boldsymbol{\alpha}_2+k_3\boldsymbol{\alpha}_3=\boldsymbol{0}$，即

$$k_1(1,1,1)+k_2(0,2,5)+k_3(1,3,6)=\boldsymbol{0},$$

则

$$\begin{cases}k_1+k_3=0,\\k_1+2k_2+3k_3=0,\\k_1+5k_2+6k_3=0,\end{cases}$$

得方程组的解为 $\begin{cases}k_1=k_2,\\k_3=-k_2,\end{cases}$ 其中 k_2 为任意数，所以方程组有非零解，不妨取 $k_2=1$，即存在不全为零的数 $1,1,-1$，使得

$$\boldsymbol{\alpha}_1+\boldsymbol{\alpha}_2-\boldsymbol{\alpha}_3=\mathbf{0}.$$

由向量组线性相关的定义知,向量组$\boldsymbol{\alpha}_1,\boldsymbol{\alpha}_2,\boldsymbol{\alpha}_3$线性相关.

由定义和上面的例子可以看出,要判断一个向量组的线性关系,可以从定义出发,若能找到一组不全为零的数$k_1,k_2,\cdots,k_m$,使$k_1\boldsymbol{\alpha}_1+k_2\boldsymbol{\alpha}_2+\cdots+k_m\boldsymbol{\alpha}_m=\mathbf{0}$成立,则该向量组$\boldsymbol{\alpha}_1,\boldsymbol{\alpha}_2,\cdots,\boldsymbol{\alpha}_m$线性相关;若当$k_1\boldsymbol{\alpha}_1+k_2\boldsymbol{\alpha}_2+\cdots+k_m\boldsymbol{\alpha}_m=\mathbf{0}$成立时,能证明系数$k_1,k_2,\cdots,k_m$只能全取零,则该向量组$\boldsymbol{\alpha}_1,\boldsymbol{\alpha}_2,\cdots,\boldsymbol{\alpha}_m$是线性无关的.

例 9 证明:

(1) 一个零向量必线性相关,而一个非零向量必线性无关;

(2) 含有零向量的任意一个向量组必线性相关;

(3) n维单位坐标向量组$\boldsymbol{\varepsilon}_1,\boldsymbol{\varepsilon}_2,\cdots,\boldsymbol{\varepsilon}_n$线性无关;

(4) 若$\boldsymbol{\alpha}=(a_1,a_2,\cdots,a_n)$为任一$n$维向量,则$\boldsymbol{\varepsilon}_1,\boldsymbol{\varepsilon}_2,\cdots,\boldsymbol{\varepsilon}_n,\boldsymbol{\alpha}$线性相关.

证 (1) 若$\boldsymbol{\alpha}=\mathbf{0}$,则对任意$k\neq0$,都有$k\boldsymbol{\alpha}=\mathbf{0}$成立,即一个零向量线性相关;而当$\boldsymbol{\alpha}\neq\mathbf{0}$时,当且仅当$k=0$时,$k\boldsymbol{\alpha}=\mathbf{0}$才成立,故一个非零向量线性无关.

(2) 设向量组$\boldsymbol{\alpha}_1,\boldsymbol{\alpha}_2,\cdots,\boldsymbol{\alpha}_m$中$\boldsymbol{\alpha}_i=\mathbf{0}$, 显然有

$$0\boldsymbol{\alpha}_1+0\boldsymbol{\alpha}_2+\cdots+0\boldsymbol{\alpha}_{i-1}+1\boldsymbol{\alpha}_i+0\boldsymbol{\alpha}_{i+1}+\cdots+0\boldsymbol{\alpha}_m=\mathbf{0},$$

而$0,\cdots,0,1,0,\cdots,0$不全为零,所以含有零向量的向量组线性相关.

(3) 设有实数$k_1,k_2,\cdots,k_n$,使得

$$k_1\boldsymbol{\varepsilon}_1+k_2\boldsymbol{\varepsilon}_2+\cdots+k_n\boldsymbol{\varepsilon}_n=\mathbf{0},$$

即

$$k_1(1,0,\cdots,0)+k_2(0,1,\cdots,0)+\cdots+k_n(0,0,\cdots,1)=(0,0,\cdots,0),$$

根据向量运算有

$$(k_1,k_2,\cdots,k_n)=(0,0,\cdots,0),$$

于是只有$k_1=k_2=\cdots=k_n=0$, 故$\boldsymbol{\varepsilon}_1,\boldsymbol{\varepsilon}_2,\cdots,\boldsymbol{\varepsilon}_n$线性无关.

(4) 显然存在不全为零的实数$a_1,a_2,\cdots,a_n,-1$,使得

$$a_1\boldsymbol{\varepsilon}_1+a_2\boldsymbol{\varepsilon}_2+\cdots+a_n\boldsymbol{\varepsilon}_n+(-1)\boldsymbol{\alpha}=\mathbf{0},$$

因此$\boldsymbol{\varepsilon}_1,\boldsymbol{\varepsilon}_2,\cdots,\boldsymbol{\varepsilon}_n,\boldsymbol{\alpha}$线性相关.

例 10 设向量组$\boldsymbol{\alpha}_1,\boldsymbol{\alpha}_2,\boldsymbol{\alpha}_3$线性无关,$\boldsymbol{\beta}_1=\boldsymbol{\alpha}_1+\boldsymbol{\alpha}_2,\boldsymbol{\beta}_2=\boldsymbol{\alpha}_2+\boldsymbol{\alpha}_3,\boldsymbol{\beta}_3=\boldsymbol{\alpha}_3+\boldsymbol{\alpha}_1$,试证向量组$\boldsymbol{\beta}_1,\boldsymbol{\beta}_2,\boldsymbol{\beta}_3$也线性无关.

证 设有x_1,x_2,x_3,使

$$x_1\boldsymbol{\beta}_1+x_2\boldsymbol{\beta}_2+x_3\boldsymbol{\beta}_3=\mathbf{0},$$

即

$$x_1(\boldsymbol{\alpha}_1+\boldsymbol{\alpha}_2)+x_2(\boldsymbol{\alpha}_2+\boldsymbol{\alpha}_3)+x_3(\boldsymbol{\alpha}_3+\boldsymbol{\alpha}_1)=\mathbf{0},$$

整理得

$$(x_1+x_3)\boldsymbol{\alpha}_1+(x_1+x_2)\boldsymbol{\alpha}_2+(x_2+x_3)\boldsymbol{\alpha}_3=\mathbf{0}.$$

因$\boldsymbol{\alpha}_1,\boldsymbol{\alpha}_2,\boldsymbol{\alpha}_3$线性无关,有

$$\begin{cases}x_1+x_3=0,\\x_1+x_2=0,\\x_2+x_3=0.\end{cases}$$

方程组的系数行列式

$$\begin{vmatrix}1&0&1\\1&1&0\\0&1&1\end{vmatrix}=2\neq 0,$$

齐次方程组只有零解 $x_1=x_2=x_3=0$,所以$\boldsymbol{\beta}_1,\boldsymbol{\beta}_2,\boldsymbol{\beta}_3$ 线性无关.

由向量组的线性相关性,容易得到以下结论:

(1) 零向量是线性相关的.

(2) 任一非零向量线性无关.

(3) 包含零向量的向量组是线性相关的.

(4) 两个向量线性相关的充要条件是它们的对应分量成比例.

以下我们给出向量组线性相关的几个判别定理.

定理 3.1.2　向量组$\boldsymbol{\alpha}_1,\boldsymbol{\alpha}_2,\cdots,\boldsymbol{\alpha}_m$ 线性相关的充分必要条件是它所构成的矩阵 $\boldsymbol{A}=(\boldsymbol{\alpha}_1,\boldsymbol{\alpha}_2,\cdots,\boldsymbol{\alpha}_m)$的秩小于向量的个数 m;向量组线性无关的充分必要条件是它所构成的矩阵 $\boldsymbol{A}=(\boldsymbol{\alpha}_1,\boldsymbol{\alpha}_2,\cdots,\boldsymbol{\alpha}_m)$的秩等于向量的个数 m.

证　向量组$\boldsymbol{\alpha}_1,\boldsymbol{\alpha}_2,\cdots,\boldsymbol{\alpha}_m$ 线性相关⇔存在不全为零的数 $x_1,x_2,\cdots,x_m$,使得

$$x_1\boldsymbol{\alpha}_1+x_2\boldsymbol{\alpha}_2+\cdots+x_m\boldsymbol{\alpha}_m=\boldsymbol{0}$$

⇔方程组 $x_1\boldsymbol{\alpha}_1+x_2\boldsymbol{\alpha}_2+\cdots+x_m\boldsymbol{\alpha}_m=\boldsymbol{0}$ 有非零解

⇔ $r(\boldsymbol{\alpha}_1,\boldsymbol{\alpha}_2,\cdots,\boldsymbol{\alpha}_m)<m$.

线性无关的充分必要条件的证明留给同学们自己.

例如,在例 9(3)中,n 维单位向量组$\boldsymbol{\varepsilon}_1,\boldsymbol{\varepsilon}_2,\cdots,\boldsymbol{\varepsilon}_n$ 构成的矩阵

$$\boldsymbol{E}=(\boldsymbol{\varepsilon}_1,\boldsymbol{\varepsilon}_2,\cdots,\boldsymbol{\varepsilon}_n),$$

由于$|\boldsymbol{E}|=1\neq 0$,知 $r(\boldsymbol{E})=\boldsymbol{n}$,即 $r(\boldsymbol{E})$等于向量组中向量个数,根据定理 3.1.2,此向量组线性无关.

例 11　已知向量组$\boldsymbol{\alpha}_1=(3,1,2,-4)$,$\boldsymbol{\alpha}_2=(1,0,5,2)$,$\boldsymbol{\alpha}_3=(-1,2,0,3)$,试判断向量组$\boldsymbol{\alpha}_1,\boldsymbol{\alpha}_2,\boldsymbol{\alpha}_3$ 的线性相关性.

解　对矩阵$(\boldsymbol{\alpha}_1^{\mathrm{T}},\boldsymbol{\alpha}_2^{\mathrm{T}},\boldsymbol{\alpha}_3^{\mathrm{T}})$施以初等行变换化成行阶梯形矩阵:

$$(\boldsymbol{\alpha}_1^{\mathrm{T}},\boldsymbol{\alpha}_2^{\mathrm{T}},\boldsymbol{\alpha}_3^{\mathrm{T}})=\begin{pmatrix}3&1&-1\\1&0&2\\2&5&0\\-4&2&3\end{pmatrix}\rightarrow\begin{pmatrix}1&0&2\\0&1&-7\\0&5&-4\\0&2&11\end{pmatrix}$$

$$\rightarrow\begin{pmatrix}1&0&2\\0&1&-7\\0&0&31\\0&0&25\end{pmatrix}\rightarrow\begin{pmatrix}1&0&2\\0&1&-7\\0&0&1\\0&0&0\end{pmatrix},$$

因为 $r(\boldsymbol{\alpha}_2^{\mathrm{T}},\boldsymbol{\alpha}_2^{\mathrm{T}},\boldsymbol{\alpha}_3^{\mathrm{T}})=3$,即向量组的秩等于向量组中向量的个数,所以向量组$\boldsymbol{\alpha}_1,\boldsymbol{\alpha}_2,\boldsymbol{\alpha}_3$ 线性无关.

由定理 3.1.2 可得如下结论.

推论 1　若向量组中向量的个数大于向量的维数,则向量组线性相关. 特别地,$n+1$

个 n 维向量一定线性相关.

推论 2 n 个 n 维向量线性相关的充分必要条件是它们所构成的方阵行列式等于零，n 个 n 维向量线性无关的充分必要条件是它们所构成的方阵行列式不等于零.

定理 3.1.3 向量组 $\boldsymbol{\alpha}_1,\boldsymbol{\alpha}_2,\cdots,\boldsymbol{\alpha}_m(m\geqslant 2)$ 线性相关的充分必要条件是这个向量组中至少有一个向量可由其余 $m-1$ 个向量线性表示.

证 充分性. 设 $\boldsymbol{\alpha}_1,\boldsymbol{\alpha}_2,\cdots,\boldsymbol{\alpha}_m$ 中有一向量 $\boldsymbol{\alpha}_i$ 是其余向量的线性组合，即

$$\boldsymbol{\alpha}_i=k_1\boldsymbol{\alpha}_1+\cdots+k_{i-1}\boldsymbol{\alpha}_{i-1}+k_{i+1}\boldsymbol{\alpha}_{i+1}+\cdots+k_m\boldsymbol{\alpha}_m,$$

所以

$$k_1\boldsymbol{\alpha}_1+\cdots+k_{i-1}\boldsymbol{\alpha}_{i-1}-\boldsymbol{\alpha}_i+k_{i+1}\boldsymbol{\alpha}_{i+1}+\cdots+k_m\boldsymbol{\alpha}_m=\mathbf{0},$$

由于 $k_1,\cdots,k_{i-1},-1,k_{i+1},\cdots,k_m$ 不全为零，故 $\boldsymbol{\alpha}_1,\boldsymbol{\alpha}_2,\cdots,\boldsymbol{\alpha}_m$ 线性相关.

必要性. 若 $\boldsymbol{\alpha}_1,\boldsymbol{\alpha}_2,\cdots,\boldsymbol{\alpha}_m$ 线性相关，则有不全为零的数 $k_1,k_2,\cdots,k_m$ 使

$$k_1\boldsymbol{\alpha}_1+\cdots+k_{i-1}\boldsymbol{\alpha}_{i-1}+k_i\boldsymbol{\alpha}_i+k_{i+1}\boldsymbol{\alpha}_{i+1}+\cdots+k_m\boldsymbol{\alpha}_m=\mathbf{0}$$

成立. 因 $k_1,k_2,\cdots,k_m$ 不全为零，不妨设 $k_1\neq 0$，由上式可得

$$\boldsymbol{\alpha}_1=\left(-\frac{k_2}{k_1}\right)\boldsymbol{\alpha}_2+\left(-\frac{k_3}{k_1}\right)\boldsymbol{\alpha}_3+\cdots+\left(-\frac{k_m}{k_1}\right)\boldsymbol{\alpha}_m,$$

所以 $\boldsymbol{\alpha}_1$ 可由其余向量 $\boldsymbol{\alpha}_2,\cdots,\boldsymbol{\alpha}_m$ 线性表示.

由定理 3.1.3，向量组 $\boldsymbol{\alpha}_1,\boldsymbol{\alpha}_2,\cdots,\boldsymbol{\alpha}_m(m\geqslant 2)$ 线性无关的充分必要条件是其中任何一个向量都不能由其余 $m-1$ 个向量线性表示.

例 12 已知向量组 $\boldsymbol{\alpha}_1=(1,2,-1,4)$，$\boldsymbol{\alpha}_2=(2,-1,1,1)$，$\boldsymbol{\alpha}_3=(4,3,-1,9)$，判断向量组 $\boldsymbol{\alpha}_1,\boldsymbol{\alpha}_2,\boldsymbol{\alpha}_3$ 的线性相关性. 若相关，试将一个向量用其余向量线性表示.

解 对矩阵 $(\boldsymbol{\alpha}_1^{\mathrm T},\boldsymbol{\alpha}_2^{\mathrm T},\boldsymbol{\alpha}_3^{\mathrm T})$ 施以初等行变换化成行阶梯形矩阵：

$$(\boldsymbol{\alpha}_1^{\mathrm T},\boldsymbol{\alpha}_2^{\mathrm T},\boldsymbol{\alpha}_3^{\mathrm T})=\begin{pmatrix}1&2&4\\2&-1&3\\-1&1&-1\\4&1&9\end{pmatrix}\to\begin{pmatrix}1&2&4\\0&-5&-5\\0&3&3\\0&-7&-7\end{pmatrix}$$

$$\to\begin{pmatrix}1&2&4\\0&1&1\\0&0&0\\0&0&0\end{pmatrix}\to\begin{pmatrix}1&0&2\\0&1&1\\0&0&0\\0&0&0\end{pmatrix},$$

因为 $r(\boldsymbol{\alpha}_1^{\mathrm T},\boldsymbol{\alpha}_2^{\mathrm T},\boldsymbol{\alpha}_3^{\mathrm T})=2<3$，即向量组的秩小于向量组中向量的个数，所以向量组 $\boldsymbol{\alpha}_1,\boldsymbol{\alpha}_2,\boldsymbol{\alpha}_3$ 线性相关.

因为 $\begin{cases}x_1=-2x_3,\\x_2=-x_3,\end{cases}$ 取 $x_3=1$，得 $x_1=-2,x_2=-1,x_3=1$，所以 $-2\boldsymbol{\alpha}_1-\boldsymbol{\alpha}_2+\boldsymbol{\alpha}_3=\mathbf{0}$.

定理 3.1.4 设 $\boldsymbol{\alpha}_1,\boldsymbol{\alpha}_2,\cdots,\boldsymbol{\alpha}_m$ 线性无关，而 $\boldsymbol{\alpha}_1,\boldsymbol{\alpha}_2,\cdots,\boldsymbol{\alpha}_m,\boldsymbol{\beta}$ 线性相关，则 $\boldsymbol{\beta}$ 能由 $\boldsymbol{\alpha}_1,\boldsymbol{\alpha}_2,\cdots,\boldsymbol{\alpha}_m$ 线性表示，且表示法是唯一的.

证 因 $\boldsymbol{\alpha}_1,\boldsymbol{\alpha}_2,\cdots,\boldsymbol{\alpha}_m,\boldsymbol{\beta}$ 线性相关，故有不全为零的数 $k_1,k_2,\cdots,k_m,k$，使

$$k_1\boldsymbol{\alpha}_1+k_2\boldsymbol{\alpha}_2+\cdots+k_m\boldsymbol{\alpha}_m+k\boldsymbol{\beta}=\mathbf{0}$$

成立，这里必有 $k\neq 0$. 否则，若 $k=0$，则 $k_1,k_2,\cdots,k_m$ 不全为零，且有

$$k_1\boldsymbol{\alpha}_1+k_2\boldsymbol{\alpha}_2+\cdots+k_m\boldsymbol{\alpha}_m=\mathbf{0},$$

这与$\boldsymbol{\alpha}_1,\boldsymbol{\alpha}_2,\cdots,\boldsymbol{\alpha}_m$ 线性无关矛盾,所以 $k\neq0$. 故

$$\boldsymbol{\beta}=-\frac{k_1}{k}\boldsymbol{\alpha}_1-\frac{k_2}{k}\boldsymbol{\alpha}_2-\cdots-\frac{k_m}{k}\boldsymbol{\alpha}_m,$$

即 $\boldsymbol{\beta}$ 可由 $\boldsymbol{\alpha}_1,\boldsymbol{\alpha}_2,\cdots,\boldsymbol{\alpha}_m$ 线性表示.

再证唯一性. 设有两个表示式

$$\boldsymbol{\beta}=\lambda_1\boldsymbol{\alpha}_1+\lambda_2\boldsymbol{\alpha}_2+\cdots+\lambda_m\boldsymbol{\alpha}_m$$

及

$$\boldsymbol{\beta}=l_1\boldsymbol{\alpha}_1+l_2\boldsymbol{\alpha}_2+\cdots+l_m\boldsymbol{\alpha}_m,$$

则有

$$(\lambda_1-l_1)\boldsymbol{\alpha}_1+(\lambda_2-l_2)\boldsymbol{\alpha}_2+\cdots+(\lambda_m-l_m)\boldsymbol{\alpha}_m=\mathbf{0},$$

因$\boldsymbol{\alpha}_1,\boldsymbol{\alpha}_2,\cdots,\boldsymbol{\alpha}_m$ 线性无关,所以 $\lambda_i-l_i=0$,即

$$\lambda_i=l_i(i=1,2,\cdots,m).$$

所以表示法是唯一的.

定理 3.1.5　若向量组中有一部分向量(称为部分组)线性相关,则整个向量组线性相关.

证　设向量组$\boldsymbol{\alpha}_1,\boldsymbol{\alpha}_2,\cdots,\boldsymbol{\alpha}_s$ 中有 $r(r<s)$ 个向量$\boldsymbol{\alpha}_1,\boldsymbol{\alpha}_2,\cdots,\boldsymbol{\alpha}_r$ 线性相关,即存在不全为零的数 $k_1,k_2,\cdots,k_r$,使得

$$k_1\boldsymbol{\alpha}_1+k_2\boldsymbol{\alpha}_2+\cdots+k_r\boldsymbol{\alpha}_r=\mathbf{0}$$

成立,因此有不全为零的数 $k_1,k_2,\cdots,k_r,0,0,\cdots,0$,使得

$$k_1\boldsymbol{\alpha}_1+k_2\boldsymbol{\alpha}_2+\cdots+k_r\boldsymbol{\alpha}_r+0\boldsymbol{\alpha}_{r+1}+0\boldsymbol{\alpha}_{r+2}+\cdots+0\boldsymbol{\alpha}_s=\mathbf{0}$$

成立,故整个向量组$\boldsymbol{\alpha}_1,\boldsymbol{\alpha}_2,\cdots,\boldsymbol{\alpha}_s$ 线性相关.

此定理也可表述为:

若向量组线性无关,则其中的部分组也线性无关.

定理 3.1.6　若 r 维向量组$\boldsymbol{\alpha}_1,\boldsymbol{\alpha}_2,\cdots,\boldsymbol{\alpha}_m$ 线性无关,则把每个向量添加 $n-r$ 个分量后所得 n 维向量组$\boldsymbol{\alpha}'_1,\boldsymbol{\alpha}'_2,\cdots,\boldsymbol{\alpha}'_m$ 仍线性无关,即线性无关向量组加长分量后仍线性无关.

反之,线性相关向量组截短分量后仍线性相关.

§3.2　向量组的最大无关组和秩

一、向量组的最大无关组与秩

例如向量组$\boldsymbol{\alpha}_1=(1,2,-1,3)$,$\boldsymbol{\alpha}_2=(1,5,4,7)$,$\boldsymbol{\alpha}_3=(4,8,-4,12)$,由于 $4\boldsymbol{\alpha}_1+0\boldsymbol{\alpha}_2-1\boldsymbol{\alpha}_3=\mathbf{0}$,所以向量组是线性相关的,但是其部分组 $\boldsymbol{\alpha}_1$ 是线性无关的,$\boldsymbol{\alpha}_1,\boldsymbol{\alpha}_2$ 也是线性无关的.

可以看出,上例中 $\boldsymbol{\alpha}_1,\boldsymbol{\alpha}_2,\boldsymbol{\alpha}_3$ 的线性无关的部分组中最多含有两个向量,如果再添加一个向量进去,就变成线性相关了. 为了确切地说明这一问题,我们引入最大线性无关组

的概念.

定义 3.2.1 设有向量组 $\boldsymbol{A}$,若

(1) 在 $\boldsymbol{A}$ 中有 r 个向量 $\boldsymbol{\alpha}_1,\boldsymbol{\alpha}_2,\cdots,\boldsymbol{\alpha}_r$ 线性无关;

(2) $\boldsymbol{A}$ 中任意 $r+1$ 个向量(如果 $\boldsymbol{A}$ 中有 $r+1$ 个向量的话)都线性相关.

则称 $\boldsymbol{\alpha}_1,\boldsymbol{\alpha}_2,\cdots,\boldsymbol{\alpha}_r$ 是向量组 $\boldsymbol{A}$ 的一个**最大线性无关向量组**,简称**最大无关组**.最大无关组所含向量的个数 r,称为该向量组 $\boldsymbol{A}$ 的**秩**.

向量组 $\boldsymbol{\alpha}_1,\boldsymbol{\alpha}_2,\cdots,\boldsymbol{\alpha}_s$ 的秩为 r,记作 $r(\boldsymbol{\alpha}_1,\boldsymbol{\alpha}_2,\cdots,\boldsymbol{\alpha}_s)=r$.

例 1 设有向量组 $\boldsymbol{\alpha}_1=(1,0,0)$,$\boldsymbol{\alpha}_2=(0,1,0)$,$\boldsymbol{\alpha}_3=(0,0,1)$,$\boldsymbol{\alpha}_4=(1,0,1)$,$\boldsymbol{\alpha}_5=(1,1,0)$,$\boldsymbol{\alpha}_6=(1,0,-1)$,$\boldsymbol{\alpha}_7=(-2,3,4)$,求向量组的最大无关组和秩.

解 显然,$\boldsymbol{\alpha}_1,\boldsymbol{\alpha}_2,\boldsymbol{\alpha}_3$ 线性无关,且 $\boldsymbol{\alpha}_4,\boldsymbol{\alpha}_5,\boldsymbol{\alpha}_6,\boldsymbol{\alpha}_7$ 都可由 $\boldsymbol{\alpha}_1,\boldsymbol{\alpha}_2,\boldsymbol{\alpha}_3$ 线性表出,因此 $\boldsymbol{\alpha}_1$,$\boldsymbol{\alpha}_2,\boldsymbol{\alpha}_3$ 是它的一个最大无关组,这个向量组的秩是 3.

在上例中还容易证明:$\boldsymbol{\alpha}_1,\boldsymbol{\alpha}_2,\boldsymbol{\alpha}_4$ 或 $\boldsymbol{\alpha}_2,\boldsymbol{\alpha}_3,\boldsymbol{\alpha}_5$ 或 $\boldsymbol{\alpha}_4,\boldsymbol{\alpha}_5,\boldsymbol{\alpha}_7$ 都是它的最大无关组.可见,向量组的最大无关组一般不唯一.但任意两个最大无关组所含向量的个数相同,这说明最大无关组所含向量的个数反映了向量组本身的性质.

从定义可看出,一个线性无关的向量组的最大无关组就是这个向量组本身,这个向量组的秩是向量组中向量的个数.例如,n 维单位坐标向量组 $\boldsymbol{\varepsilon}_1,\boldsymbol{\varepsilon}_2,\cdots,\boldsymbol{\varepsilon}_n$ 是线性无关的,它的最大无关组就是它本身,因此,$r(\boldsymbol{\varepsilon}_1,\boldsymbol{\varepsilon}_2,\cdots,\boldsymbol{\varepsilon}_n)=n$.

显然,仅有零向量组成的向量组没有最大无关组,规定它的秩为 0.

例 2 全体 n 维向量构成的向量组记为 $\mathbf{R}^n$,求 $\mathbf{R}^n$ 的一个最大无关组及 $\mathbf{R}^n$ 的秩.

解 在上节中,我们证明了 n 维单位坐标向量组

$$\boldsymbol{E}:\boldsymbol{\varepsilon}_1,\boldsymbol{\varepsilon}_2,\cdots,\boldsymbol{\varepsilon}_n$$

是线性无关的,且对任一 n 维向量 $\boldsymbol{\alpha}$,$\boldsymbol{\varepsilon}_1,\boldsymbol{\varepsilon}_2,\cdots,\boldsymbol{\varepsilon}_n,\boldsymbol{\alpha}$ 线性相关,因此,向量组 $\boldsymbol{E}$ 是 $\mathbf{R}^n$ 的一个最大无关组,且 $\mathbf{R}^n$ 的秩为 n.

显然,任何 n 个线性无关的 n 维向量都是 $\mathbf{R}^n$ 的最大无关组.

定义 3.2.1′ 设在向量组 $\boldsymbol{A}$ 中有 r 个向量 $\boldsymbol{\alpha}_1,\boldsymbol{\alpha}_2,\cdots,\boldsymbol{\alpha}_r$,满足

(1) $\boldsymbol{\alpha}_1,\boldsymbol{\alpha}_2,\cdots,\boldsymbol{\alpha}_r$ 线性无关;

(2) 向量组 $\boldsymbol{A}$ 中任一向量 $\boldsymbol{\alpha}$ 都能由 $\boldsymbol{\alpha}_1,\boldsymbol{\alpha}_2,\cdots,\boldsymbol{\alpha}_r$ 线性表示.

则 $\boldsymbol{\alpha}_1,\boldsymbol{\alpha}_2,\cdots,\boldsymbol{\alpha}_r$ 是向量组 $\boldsymbol{A}$ 的一个最大无关组,数 r 是向量组 $\boldsymbol{A}$ 的秩.

定理 3.2.1 矩阵 $\boldsymbol{A}$ 的秩等于 $\boldsymbol{A}$ 的列向量组的秩(列秩),也等于 $\boldsymbol{A}$ 的行向量组的秩(行秩).

证 设 $\boldsymbol{A}=(\boldsymbol{\alpha}_1,\boldsymbol{\alpha}_2,\cdots,\boldsymbol{\alpha}_m)$,$r(\boldsymbol{A})=r$,并设 r 阶子式 $D_r\neq 0$.根据定理 3.1.2,由 $D_r\neq 0$ 知 D_r 所在的 r 列线性无关;又由 $r(\boldsymbol{A})=r$,$\boldsymbol{A}$ 中所有 $r+1$ 阶子式均为零,知 $\boldsymbol{A}$ 中任意 $r+1$ 个列向量都线性相关.因此,D_r 所在的 r 列是 $\boldsymbol{A}$ 的列向量组的一个最大无关组,所以列向量组的秩等于 r.

用类似的方法可证矩阵 $\boldsymbol{A}$ 的行向量组的秩也等于 r.

用矩阵的初等变换我们不仅可求出矩阵的秩,同时可求得矩阵行(或列)向量组的最大无关组,即向量组的秩可通过相应的矩阵的秩求得.

例 3 求向量组 $\boldsymbol{\alpha}_1=(-1,5,3,-2,1)$,$\boldsymbol{\alpha}_2=(4,1,-2,9,7)$,$\boldsymbol{\alpha}_3=(0,3,4,-5,-1)$,$\boldsymbol{\alpha}_4=$

(2,0,-1,4,3)的秩.

解 以$\boldsymbol{\alpha}_1,\boldsymbol{\alpha}_2,\boldsymbol{\alpha}_3,\boldsymbol{\alpha}_4$ 为列向量构造矩阵 $\boldsymbol{A}$,用初等行变换把 $\boldsymbol{A}$ 化为阶梯形

$$\boldsymbol{A}=\begin{pmatrix}-1&4&0&2\\5&1&3&0\\3&-2&4&-1\\-2&9&-5&4\\1&7&-1&3\end{pmatrix}\rightarrow\begin{pmatrix}-1&4&0&2\\0&1&-5&0\\0&0&54&5\\0&0&0&0\\0&0&0&0\end{pmatrix}.$$

因为 $r(\boldsymbol{A})=3$,所以向量组$\boldsymbol{\alpha}_1,\boldsymbol{\alpha}_2,\boldsymbol{\alpha}_3,\boldsymbol{\alpha}_4$ 的秩 $r(\boldsymbol{\alpha}_1,\boldsymbol{\alpha}_2,\boldsymbol{\alpha}_3,\boldsymbol{\alpha}_4)=3$.

接下来我们给出一个求向量组的最大无关组的方法.

具体做法是:先将向量组作为列向量构成矩阵 $\boldsymbol{A}$,然后对 $\boldsymbol{A}$ 实行初等行变换,将其列向量尽可能地化为简单形式,则由简化后的矩阵列之间的线性关系,就可以确定原向量组间的线性关系,从而确定其最大无关组.

例 4 求向量组$\boldsymbol{\alpha}_1=(2,1,4,3)$,$\boldsymbol{\alpha}_2=(-1,1,-6,6)$,$\boldsymbol{\alpha}_3=(-1,-2,2,-9)$,$\boldsymbol{\alpha}_4=(1,1,-2,7)$,$\boldsymbol{\alpha}_5=(2,4,4,9)$的秩和一个最大无关组,并把其余向量用最大无关组线性表示出来.

解 设

$$\boldsymbol{A}=(\boldsymbol{\alpha}_1^{\mathrm{T}},\boldsymbol{\alpha}_2^{\mathrm{T}},\boldsymbol{\alpha}_3^{\mathrm{T}},\boldsymbol{\alpha}_4^{\mathrm{T}},\boldsymbol{\alpha}_5^{\mathrm{T}})=\begin{pmatrix}2&-1&-1&1&2\\1&1&-2&1&4\\4&-6&2&-2&4\\3&6&-9&7&9\end{pmatrix}\rightarrow\begin{pmatrix}1&1&-2&1&4\\0&1&-1&1&0\\0&0&0&1&-3\\0&0&0&0&0\end{pmatrix},$$

知 $r(\boldsymbol{A})=3$,$\boldsymbol{A}$ 的列向量组的秩为 3,即向量组$\boldsymbol{\alpha}_1,\boldsymbol{\alpha}_2,\boldsymbol{\alpha}_3,\boldsymbol{\alpha}_4,\boldsymbol{\alpha}_5$ 的秩为 3,最大无关组中有 3 个向量,取非零行第一个非零元所在的 1,2,4 列对应的向量 $\boldsymbol{\alpha}_1,\boldsymbol{\alpha}_2,\boldsymbol{\alpha}_4$ 为向量组的一个最大无关组. 为了将 $\boldsymbol{\alpha}_3,\boldsymbol{\alpha}_5$ 用 $\boldsymbol{\alpha}_1,\boldsymbol{\alpha}_2,\boldsymbol{\alpha}_4$ 线性表示出来,继续将 $\boldsymbol{A}$ 变成行最简形

$$\boldsymbol{A}\rightarrow\begin{pmatrix}1&0&-1&0&4\\0&1&-1&0&3\\0&0&0&1&-3\\0&0&0&0&0\end{pmatrix},$$

因此有

$$\boldsymbol{\alpha}_3=-\boldsymbol{\alpha}_1-\boldsymbol{\alpha}_2,$$
$$\boldsymbol{\alpha}_5=4\boldsymbol{\alpha}_1+3\boldsymbol{\alpha}_2-3\boldsymbol{\alpha}_4.$$

二、两个向量组之间的关系

为了更深入地讨论向量组的最大无关组的性质,下面我们来讨论两个向量组之间的关系.

定义 3.2.2 设两个向量组

$$\boldsymbol{A}:\boldsymbol{\alpha}_1,\boldsymbol{\alpha}_2,\cdots,\boldsymbol{\alpha}_s;$$
$$\boldsymbol{B}:\boldsymbol{\beta}_1,\boldsymbol{\beta}_2,\cdots,\boldsymbol{\beta}_t.$$

若向量组 $\boldsymbol{B}$ 的每个向量都可由向量组 $\boldsymbol{A}$ 线性表示,则称向量组 $\boldsymbol{B}$ 可由向量组 $\boldsymbol{A}$ 线性表示;除此之外,若向量组 $\boldsymbol{A}$ 也可由向量组 $\boldsymbol{B}$ 线性表示,则称向量组 $\boldsymbol{A}$ 与向量组 $\boldsymbol{B}$ 等价.

容易证明,等价向量组有如下性质.

(1) 反身性:任一向量组与它自身等价.

(2) 对称性:若 $\boldsymbol{A}$ 组与 $\boldsymbol{B}$ 组等价,则 $\boldsymbol{B}$ 组与 $\boldsymbol{A}$ 组等价.

(3) 传递性:若 $\boldsymbol{A}$ 组与 $\boldsymbol{B}$ 组等价,$\boldsymbol{B}$ 组与 $\boldsymbol{C}$ 组等价,则 $\boldsymbol{A}$ 组与 $\boldsymbol{C}$ 组等价.

显然,最大线性无关组有如下性质.

性质 3.2.1 一个向量组的最大无关组与向量组本身等价.

性质 3.2.2 向量组的任意两个最大无关组等价.

定理 3.2.2 若向量组$\boldsymbol{\alpha}_1,\boldsymbol{\alpha}_2,\cdots,\boldsymbol{\alpha}_r$ 可由向量组$\boldsymbol{\beta}_1,\boldsymbol{\beta}_2,\cdots,\boldsymbol{\beta}_s$ 线性表示,且 $r>s$,则向量组$\boldsymbol{\alpha}_1,\boldsymbol{\alpha}_2,\cdots,\boldsymbol{\alpha}_r$ 线性相关.

证 为了证$\boldsymbol{\alpha}_1,\boldsymbol{\alpha}_2,\cdots,\boldsymbol{\alpha}_r$ 线性相关,就要找到一组不全为零的数 $k_1,k_2,\cdots,k_r$,使得

$$k_1\boldsymbol{\alpha}_1+k_2\boldsymbol{\alpha}_2+\cdots+k_r\boldsymbol{\alpha}_r=\boldsymbol{0}. \tag{3.2.1}$$

已知$\boldsymbol{\alpha}_1,\boldsymbol{\alpha}_2,\cdots,\boldsymbol{\alpha}_r$ 可由向量组$\boldsymbol{\beta}_1,\boldsymbol{\beta}_2,\cdots,\boldsymbol{\beta}_s$ 线性表示,故可设

$$\begin{cases}\boldsymbol{\alpha}_1=l_{11}\boldsymbol{\beta}_1+l_{12}\boldsymbol{\beta}_2+\cdots+l_{1s}\boldsymbol{\beta}_s,\\ \boldsymbol{\alpha}_2=l_{21}\boldsymbol{\beta}_1+l_{22}\boldsymbol{\beta}_2+\cdots+l_{2s}\boldsymbol{\beta}_s,\\ \cdots\cdots\\ \boldsymbol{\alpha}_r=l_{r1}\boldsymbol{\beta}_1+l_{r2}\boldsymbol{\beta}_2+\cdots+l_{rs}\boldsymbol{\beta}_s.\end{cases} \tag{3.2.2}$$

将式(3.2.2)代入式(3.2.1),得

$$\begin{aligned}&k_1\boldsymbol{\alpha}_1+k_2\boldsymbol{\alpha}_2+\cdots+k_r\boldsymbol{\alpha}_r\\ &=k_1(l_{11}\boldsymbol{\beta}_1+l_{12}\boldsymbol{\beta}_2+\cdots+l_{1s}\boldsymbol{\beta}_s)+k_2(l_{21}\boldsymbol{\beta}_1+l_{22}\boldsymbol{\beta}_2+\cdots+l_{2s}\boldsymbol{\beta}_s)+\cdots+k_r(l_{r1}\boldsymbol{\beta}_1+l_{r2}\boldsymbol{\beta}_2+\cdots+l_{rs}\boldsymbol{\beta}_s)\\ &=(k_1l_{11}+k_2l_{21}+\cdots+k_rl_{r1})\boldsymbol{\beta}_1+(k_1l_{12}+k_2l_{22}+\cdots+k_rl_{r2})\boldsymbol{\beta}_2+\cdots+(k_1l_{1s}+k_2l_{2s}+\cdots+k_rl_{rs})\boldsymbol{\beta}_s\\ &=\boldsymbol{0}.\end{aligned} \tag{3.2.3}$$

显然,当$\boldsymbol{\beta}_i$ 的系数全为零时,式(3.2.3)成立,即

$$\begin{cases}k_1l_{11}+k_2l_{21}+\cdots+k_rl_{r1}=0,\\ k_1l_{12}+k_2l_{22}+\cdots+k_rl_{r2}=0,\\ \cdots\cdots\\ k_1l_{1s}+k_2l_{2s}+\cdots+k_rl_{rs}=0\end{cases} \tag{3.2.4}$$

时,式(3.2.3)恒成立.方程组(3.2.4)是含有 r 个未知量 $k_1,k_2,\cdots,k_r$,s 个方程的齐次线性方程组,已知 $r>s$,所以方程组(3.2.4)一定有非零解,因此存在一组非零解 $k_1,k_2,\cdots,k_r$ 使得

$$k_1\boldsymbol{\alpha}_1+k_2\boldsymbol{\alpha}_2+\cdots+k_r\boldsymbol{\alpha}_r=\boldsymbol{0}$$

成立,所以$\boldsymbol{\alpha}_1,\boldsymbol{\alpha}_2,\cdots,\boldsymbol{\alpha}_r$ 线性相关.

推论 1 若向量组$\boldsymbol{\alpha}_1,\boldsymbol{\alpha}_2,\cdots,\boldsymbol{\alpha}_r$ 线性无关,且可由向量组$\boldsymbol{\beta}_1,\boldsymbol{\beta}_2,\cdots,\boldsymbol{\beta}_s$ 线性表示,则 $r\leqslant s$.

推论 2 两个等价的线性无关的向量组所含向量的个数相同.

证　设$\boldsymbol{\alpha}_1,\boldsymbol{\alpha}_2,\cdots,\boldsymbol{\alpha}_r$与$\boldsymbol{\beta}_1,\boldsymbol{\beta}_2,\cdots,\boldsymbol{\beta}_s$满足命题的条件,则$\boldsymbol{\alpha}_1,\boldsymbol{\alpha}_2,\cdots,\boldsymbol{\alpha}_r$线性无关且可由$\boldsymbol{\beta}_1,\boldsymbol{\beta}_2,\cdots,\boldsymbol{\beta}_s$线性表示,由推论 1 知 $r\leqslant s$. 同理,$\boldsymbol{\beta}_1,\boldsymbol{\beta}_2,\cdots,\boldsymbol{\beta}_s$线性无关可由$\boldsymbol{\alpha}_1,\boldsymbol{\alpha}_2,\cdots,\boldsymbol{\alpha}_r$线性表示,则 $s\leqslant r$,于是 $r=s$.

由等价向量组的最大无关组的性质和推论 2,即得:

定理 3.2.3　等价的向量组的秩相等.

定理 3.2.3 的逆定理并不成立. 即两个向量组的秩相等时,它们未必是等价的.

例如,向量组$\boldsymbol{\alpha}_1=(1,0,0,0),\boldsymbol{\alpha}_2=(0,1,0,0)$,向量组$\boldsymbol{\beta}_1=(0,0,1,0),\boldsymbol{\beta}_2=(0,0,0,1)$,有$r(\boldsymbol{\alpha}_1,\boldsymbol{\alpha}_2)=r(\boldsymbol{\beta}_1,\boldsymbol{\beta}_2)=2$,而这两个向量组显然不是等价的.

定理 3.2.4　若两个向量组的秩相等且其中一个向量组可由另一个线性表示,则这两个向量组等价.

证明留作习题.

§3.3　线性方程组解的结构

一、齐次线性方程组

齐次线性方程组

$$\begin{cases}a_{11}x_1+a_{12}x_2+\cdots+a_{1n}x_n=0,\\ a_{21}x_1+a_{22}x_2+\cdots+a_{2n}x_n=0,\\ \cdots\cdots\\ a_{m1}x_1+a_{m2}x_2+\cdots+a_{mn}x_n=0\end{cases}$$

的矩阵形式为

$$\boldsymbol{A}\boldsymbol{x}=\boldsymbol{0},$$

其中 $\boldsymbol{A}=(a_{ij})_{m\times n},\boldsymbol{x}=(x_1,x_2,\cdots,x_n)^{\mathrm{T}}$.

由于齐次线性方程组总是有解的,在第 2 章中我们已经介绍了 n 元齐次线性方程组 $\boldsymbol{A}\boldsymbol{x}=\boldsymbol{0}$ 存在非零解的充分必要条件是系数矩阵 $\boldsymbol{A}$ 的秩 $r(\boldsymbol{A})<n$,以及 $\boldsymbol{A}\boldsymbol{x}=\boldsymbol{0}$ 只有零解的充分必要条件是 $r(\boldsymbol{A})=n$. 本节我们讨论其解的结构.

定理 3.3.1　若 $\boldsymbol{x}=\boldsymbol{\xi}_1,\boldsymbol{x}=\boldsymbol{\xi}_2$ 为齐次线性方程组 $\boldsymbol{A}\boldsymbol{x}=\boldsymbol{0}$ 的两个解,则 $\boldsymbol{x}=\boldsymbol{\xi}_1+\boldsymbol{\xi}_2$ 也是齐次线性方程组 $\boldsymbol{A}\boldsymbol{x}=\boldsymbol{0}$ 的解,即齐次线性方程组的任意两个解之和还是它的解.

证　$\boldsymbol{A}(\boldsymbol{\xi}_1+\boldsymbol{\xi}_2)=\boldsymbol{A}\boldsymbol{\xi}_1+\boldsymbol{A}\boldsymbol{\xi}_2=\boldsymbol{0}+\boldsymbol{0}=\boldsymbol{0}$.

定理 3.3.2　若 $\boldsymbol{x}=\boldsymbol{\xi}$ 是齐次线性方程组 $\boldsymbol{A}\boldsymbol{x}=\boldsymbol{0}$ 的一个解,k 为任意常数,则 $\boldsymbol{x}=k\boldsymbol{\xi}$ 也是齐次线性方程组 $\boldsymbol{A}\boldsymbol{x}=\boldsymbol{0}$ 的解,即齐次线性方程组的解的任意倍数还是它的解.

证　$\boldsymbol{A}(k\boldsymbol{\xi})=k(\boldsymbol{A}\boldsymbol{\xi})=k\boldsymbol{0}=\boldsymbol{0}$.

容易将它推广为:齐次线性方程组的解的线性组合 $k_1\boldsymbol{\xi}_1+k_2\boldsymbol{\xi}_2+\cdots+k_r\boldsymbol{\xi}_r$ 也是它的解,其中$\boldsymbol{\xi}_i$ 为方程组的解,k_i 为任意常数$(i=1,2,\cdots,r)$.

若$\boldsymbol{\xi}_1,\boldsymbol{\xi}_2,\cdots,\boldsymbol{\xi}_r$是齐次线性方程组$\boldsymbol{Ax}=\boldsymbol{0}$解集的最大无关组，则最大无关组的线性组合

$$\boldsymbol{x}=k_1\boldsymbol{\xi}_1+k_2\boldsymbol{\xi}_2+\cdots+k_r\boldsymbol{\xi}_r$$

称为方程组$\boldsymbol{Ax}=\boldsymbol{0}$的**通解**或**一般解**，其中$k_1,k_2,\cdots,k_r$为任意常数.

齐次线性方程组解集的最大无关组称为该齐次线性方程组的**基础解系**.

定理 3.3.3 对于n元齐次线性方程组$\boldsymbol{Ax}=\boldsymbol{0}$，若$r(\boldsymbol{A})=r<n$，则方程组的基础解系存在，且含$n-r$个解向量.

证 不失一般性，不妨设对$\boldsymbol{A}$施行初等行变换后，将$\boldsymbol{A}$化成如下的行最简形阶梯矩阵

$$\boldsymbol{A}\to\begin{pmatrix}1 & 0 & \cdots & 0 & c_{11} & \cdots & c_{1,n-r}\\ 0 & 1 & \cdots & 0 & c_{21} & \cdots & c_{2,n-r}\\ \vdots & \vdots & & \vdots & \vdots & & \vdots\\ 0 & 0 & \cdots & 1 & c_{r1} & \cdots & c_{r,n-r}\\ 0 & 0 & \cdots & 0 & 0 & \cdots & 0\\ 0 & 0 & \cdots & 0 & 0 & \cdots & 0\\ \vdots & \vdots & & \vdots & \vdots & & \vdots\\ 0 & 0 & \cdots & 0 & 0 & \cdots & 0\end{pmatrix},$$

对应

$$\begin{cases}x_1=-c_{11}x_{r+1}-\cdots-c_{1,n-r}x_n,\\ x_2=-c_{21}x_{r+1}-\cdots-c_{2,n-r}x_n,\\ \cdots\cdots\\ x_r=-c_{r1}x_{r+1}-\cdots-c_{r,n-r}x_n.\end{cases}\tag{3.3.1}$$

对$x_{r+1},x_{r+2},\cdots,x_n$这$n-r$个自由未知量分别取

$$\begin{pmatrix}x_{r+1}\\ x_{r+2}\\ \vdots\\ x_n\end{pmatrix}=\begin{pmatrix}1\\ 0\\ \vdots\\ 0\end{pmatrix},\quad\begin{pmatrix}0\\ 1\\ \vdots\\ 0\end{pmatrix},\quad\cdots,\quad\begin{pmatrix}0\\ 0\\ \vdots\\ 1\end{pmatrix},$$

由式(3.3.1)依次可得

$$\begin{pmatrix}x_1\\ x_2\\ \vdots\\ x_r\end{pmatrix}=\begin{pmatrix}-c_{11}\\ -c_{21}\\ \vdots\\ -c_{r1}\end{pmatrix},\quad\begin{pmatrix}-c_{12}\\ -c_{22}\\ \vdots\\ -c_{r2}\end{pmatrix},\quad\cdots,\quad\begin{pmatrix}-c_{1,n-r}\\ -c_{2,n-r}\\ \vdots\\ -c_{r,n-r}\end{pmatrix}.$$

这样得到$\boldsymbol{Ax}=\boldsymbol{0}$的$n-r$个解向量：

$$\boldsymbol{\xi}_1=\begin{pmatrix}-c_{11}\\-c_{21}\\\vdots\\-c_{r1}\\1\\0\\\vdots\\0\end{pmatrix},\quad \boldsymbol{\xi}_2=\begin{pmatrix}-c_{12}\\-c_{22}\\\vdots\\-c_{r2}\\0\\1\\\vdots\\0\end{pmatrix},\quad \cdots,\quad \boldsymbol{\xi}_{n-r}=\begin{pmatrix}-c_{1,n-r}\\-c_{2,n-r}\\\vdots\\-c_{r,n-r}\\0\\0\\\vdots\\1\end{pmatrix}.$$

下面证明$\boldsymbol{\xi}_1,\boldsymbol{\xi}_2,\cdots,\boldsymbol{\xi}_{n-r}$ 构成方程组 $\boldsymbol{Ax}=\boldsymbol{0}$ 的一个基础解系.

首先,由于矩阵$(\boldsymbol{\xi}_1,\boldsymbol{\xi}_2,\cdots,\boldsymbol{\xi}_{n-r})$中有 $n-r$ 阶子式

$$\begin{vmatrix}1&0&\cdots&0\\0&1&\cdots&0\\\vdots&\vdots&&\vdots\\0&0&\cdots&1\end{vmatrix}\neq 0,$$

故 $r(\boldsymbol{\xi}_1,\boldsymbol{\xi}_2,\cdots,\boldsymbol{\xi}_{n-r})=n-r$,所以$\boldsymbol{\xi}_1,\boldsymbol{\xi}_2,\cdots,\boldsymbol{\xi}_{n-r}$ 线性无关.

再证 $\boldsymbol{Ax}=\boldsymbol{0}$ 的任一解都可由$\boldsymbol{\xi}_1,\boldsymbol{\xi}_2,\cdots,\boldsymbol{\xi}_{n-r}$ 线性表出. 设任一解

$$\boldsymbol{\xi}=(\lambda_1,\lambda_2,\cdots,\lambda_r,\lambda_{r+1},\cdots,\lambda_n)^{\mathrm{T}},$$

做向量

$$\boldsymbol{\eta}=\lambda_{r+1}\boldsymbol{\xi}_1+\lambda_{r+2}\boldsymbol{\xi}_2+\cdots+\lambda_n\boldsymbol{\xi}_{n-r},$$

由于$\boldsymbol{\xi}_1,\boldsymbol{\xi}_2,\cdots,\boldsymbol{\xi}_{n-r}$ 是 $\boldsymbol{Ax}=\boldsymbol{0}$ 的解,则 $\boldsymbol{\eta}$ 也是 $\boldsymbol{Ax}=\boldsymbol{0}$ 的解. 比较 $\boldsymbol{\eta}$ 与 $\boldsymbol{\xi}$,知它们后面的 $n-r$ 个分量对应相等,又由于它们都满足方程组(3. 3. 1),从而知它们前面的 r 个分量亦对应相等,因此 $\boldsymbol{\eta}=\boldsymbol{\xi}$,即

$$\boldsymbol{\xi}=\lambda_{r+1}\boldsymbol{\xi}_1+\lambda_{r+2}\boldsymbol{\xi}_2+\cdots+\lambda_n\boldsymbol{\xi}_{n-r},$$

这样就证明了$\boldsymbol{\xi}_1,\boldsymbol{\xi}_2,\cdots,\boldsymbol{\xi}_{n-r}$ 是 $\boldsymbol{Ax}=\boldsymbol{0}$ 的一个基础解系.

注:(1) 定理的证明过程提供了求 $\boldsymbol{Ax}=\boldsymbol{0}$ 的基础解系的方法.

(2) 自由未知量的选取不是唯一的.

(3) $n-r$ 个自由未知量的取值也不是唯一的.

由此可知齐次线性方程组的基础解系不是唯一的,从而它的通解的形式也不是唯一的.

例 1　求齐次线性方程组

$$\begin{cases}x_1+2x_2+3x_3+x_4=0,\\2x_1+4x_2-\qquad x_4=0,\\-x_1-2x_2+3x_3+2x_4=0,\\x_1+2x_2-9x_3-5x_4=0\end{cases}$$

的一个基础解系与通解.

解

$$A=\begin{pmatrix}1&2&3&1\\2&4&0&-1\\-1&-2&3&2\\1&2&-9&-5\end{pmatrix}\to\begin{pmatrix}1&2&3&1\\0&0&-6&-3\\0&0&6&3\\0&0&-12&-6\end{pmatrix}$$

$$\to\begin{pmatrix}1&2&3&1\\0&0&1&\frac{1}{2}\\0&0&0&0\\0&0&0&0\end{pmatrix}\to\begin{pmatrix}1&2&0&-\frac{1}{2}\\0&0&1&\frac{1}{2}\\0&0&0&0\\0&0&0&0\end{pmatrix},$$

由此得

$$\begin{cases}x_1=-2x_2+\frac{1}{2}x_4,\\x_3=-\frac{1}{2}x_4.\end{cases}$$

写成

$$\begin{cases}x_1=-2x_2+\frac{1}{2}x_4,\\x_2=x_2,\\x_3=-\frac{1}{2}x_4,\\x_4=x_4.\end{cases}$$

记 $x_2=c_1,x_4=c_2$,则方程组的通解写成向量形式

$$\begin{pmatrix}x_1\\x_2\\x_3\\x_4\end{pmatrix}=c_1\begin{pmatrix}-2\\1\\0\\0\end{pmatrix}+c_2\begin{pmatrix}\frac{1}{2}\\0\\-\frac{1}{2}\\1\end{pmatrix},$$

其中 c_1,c_2 为任意常数,原方程组的一个基础解系为

$$\boldsymbol{\xi}_1=\begin{pmatrix}-2\\1\\0\\0\end{pmatrix},\quad\boldsymbol{\xi}_2=\begin{pmatrix}\frac{1}{2}\\0\\-\frac{1}{2}\\1\end{pmatrix}.$$

例 2 设$\boldsymbol{\xi}_1,\boldsymbol{\xi}_2,\boldsymbol{\xi}_3$ 是齐次线性方程组 $\boldsymbol{A}\boldsymbol{x}=\boldsymbol{0}$ 的一个基础解系,$\boldsymbol{\eta}_1=\boldsymbol{\xi}_1+\boldsymbol{\xi}_2+\boldsymbol{\xi}_3,\boldsymbol{\eta}_2=\boldsymbol{\xi}_2-$

$\boldsymbol{\xi}_3,\boldsymbol{\eta}_3=\boldsymbol{\xi}_2+\boldsymbol{\xi}_3$，判定 $\boldsymbol{\eta}_1,\boldsymbol{\eta}_2,\boldsymbol{\eta}_3$ 是否也是 $\boldsymbol{Ax}=\boldsymbol{0}$ 的基础解系.

解　$\boldsymbol{\eta}_1,\boldsymbol{\eta}_2,\boldsymbol{\eta}_3$ 显然是 $\boldsymbol{Ax}=\boldsymbol{0}$ 的解，故只需判定 $\boldsymbol{\eta}_1,\boldsymbol{\eta}_2,\boldsymbol{\eta}_3$ 是否线性无关.

设有 x_1,x_2,x_3，使

$$x_1\boldsymbol{\eta}_1+x_2\boldsymbol{\eta}_2+x_3\boldsymbol{\eta}_3=\boldsymbol{0},$$

即

$$x_1(\boldsymbol{\xi}_1+\boldsymbol{\xi}_2+\boldsymbol{\xi}_3)+x_2(\boldsymbol{\xi}_2-\boldsymbol{\xi}_3)+x_3(\boldsymbol{\xi}_2+\boldsymbol{\xi}_3)=\boldsymbol{0},$$

亦即

$$x_1\boldsymbol{\xi}_1+(x_1+x_2+x_3)\boldsymbol{\xi}_2+(x_1-x_2+x_3)\boldsymbol{\xi}_3=\boldsymbol{0}.$$

因为 $\boldsymbol{\xi}_1,\boldsymbol{\xi}_2,\boldsymbol{\xi}_3$ 线性无关，所以

$$\begin{cases} x_1 = 0, \\ x_1+x_2+x_3=0, \\ x_1-x_2+x_3=0. \end{cases}$$

因为此方程组的系数行列式不等于 0，方程组只有零解，所以 $\boldsymbol{\eta}_1,\boldsymbol{\eta}_2,\boldsymbol{\eta}_3$ 线性无关，且也是方程组 $\boldsymbol{Ax}=\boldsymbol{0}$ 的基础解系.

二、非齐次线性方程组

设有非齐次线性方程组

$$\begin{cases} a_{11}x_1+a_{12}x_2+\cdots+a_{1n}x_n=b_1, \\ a_{21}x_1+a_{22}x_2+\cdots+a_{2n}x_n=b_2, \\ \cdots\cdots \\ a_{m1}x_1+a_{m2}x_2+\cdots+a_{mn}x_n=b_m, \end{cases}$$

其矩阵形式为

$$\boldsymbol{Ax}=\boldsymbol{b},$$

$$\boldsymbol{A}=(a_{ij})_{m\times n},\quad \boldsymbol{x}=(x_1,x_2,\cdots,x_n)^{\mathrm{T}},\quad \boldsymbol{b}=(b_1,b_2,\cdots,b_m)^{\mathrm{T}}.$$

其向量形式

$$x_1\boldsymbol{\alpha}_1+x_2\boldsymbol{\alpha}_2+\cdots+x_n\boldsymbol{\alpha}_n=\boldsymbol{b},$$

其中 $\boldsymbol{\alpha}_1,\boldsymbol{\alpha}_2,\cdots,\boldsymbol{\alpha}_n$ 是 $\boldsymbol{A}$ 的 n 个列向量，故方程组 $\boldsymbol{Ax}=\boldsymbol{b}$ 有解的充分必要条件是 $\boldsymbol{b}$ 能由 $\boldsymbol{\alpha}_1,\boldsymbol{\alpha}_2,\cdots,\boldsymbol{\alpha}_n$ 线性表示，从而

$$r(\boldsymbol{\alpha}_1,\boldsymbol{\alpha}_2,\cdots,\boldsymbol{\alpha}_n)=r(\boldsymbol{\alpha}_1,\boldsymbol{\alpha}_2,\cdots,\boldsymbol{\alpha}_n,\boldsymbol{b}),$$

即

$$r(\boldsymbol{A})=r(\boldsymbol{A},\boldsymbol{b}).$$

下面讨论非齐次线性方程组的解的结构.

定理 3.3.4　设 $\boldsymbol{\eta}_1,\boldsymbol{\eta}_2$ 是非齐次线性方程组 $\boldsymbol{Ax}=\boldsymbol{b}$ 的解，则 $\boldsymbol{\eta}_1-\boldsymbol{\eta}_2$ 是对应的齐次线性方程组（也称导出组）$\boldsymbol{Ax}=\boldsymbol{0}$ 的解.

证　因为

$$\boldsymbol{A}(\boldsymbol{\eta}_1-\boldsymbol{\eta}_2)=\boldsymbol{A\eta}_1-\boldsymbol{A\eta}_2=\boldsymbol{b}-\boldsymbol{b}=\boldsymbol{0},$$

所以$\boldsymbol{\eta}_1-\boldsymbol{\eta}_2$是$\boldsymbol{Ax}=\mathbf{0}$的解.

定理 3.3.5 若$\boldsymbol{\eta}$是非齐次线性方程组$\boldsymbol{Ax}=\boldsymbol{b}$的解,$\boldsymbol{\xi}$是其导出组$\boldsymbol{Ax}=\mathbf{0}$的解,则$\boldsymbol{\xi}+\boldsymbol{\eta}$仍是$\boldsymbol{Ax}=\boldsymbol{b}$的解.

证 因为

$$\boldsymbol{A}(\boldsymbol{\xi}+\boldsymbol{\eta})=\boldsymbol{A\xi}+\boldsymbol{A\eta}=\mathbf{0}+\boldsymbol{b}=\boldsymbol{b},$$

所以$\boldsymbol{\xi}+\boldsymbol{\eta}$是$\boldsymbol{Ax}=\boldsymbol{b}$的解.

由定理 3.3.5 可知,若非齐次线性方程组$\boldsymbol{Ax}=\boldsymbol{b}$有解,则其通解为

$$\boldsymbol{x}=\boldsymbol{\xi}+\boldsymbol{\eta}^*,$$

其中$\boldsymbol{\xi}$是导出组$\boldsymbol{Ax}=\mathbf{0}$的通解,$\boldsymbol{\eta}^*$是$\boldsymbol{Ax}=\boldsymbol{b}$的一个特解.

设$\boldsymbol{\xi}_1,\boldsymbol{\xi}_2,\cdots,\boldsymbol{\xi}_{n-r}$是导出组$\boldsymbol{Ax}=\mathbf{0}$的基础解系,则导出组$\boldsymbol{Ax}=\mathbf{0}$的通解为

$$\boldsymbol{\xi}=k_1\boldsymbol{\xi}_1+k_2\boldsymbol{\xi}_2+\cdots+k_{n-r}\boldsymbol{\xi}_{n-r}\ (k_1,k_2,\cdots,k_{n-r}\text{ 为任意常数}),$$

于是方程组$\boldsymbol{Ax}=\boldsymbol{b}$的通解为

$$\boldsymbol{x}=k_1\boldsymbol{\xi}_1+k_2\boldsymbol{\xi}_2+\cdots+k_{n-r}\boldsymbol{\xi}_{n-r}+\boldsymbol{\eta}^*\ (k_1,k_2,\cdots,k_{n-r}\text{ 为任意常数}),$$

其中$\boldsymbol{\xi}_1,\boldsymbol{\xi}_2,\cdots,\boldsymbol{\xi}_{n-r}$是导出组$\boldsymbol{Ax}=\mathbf{0}$的基础解系,$\boldsymbol{\eta}^*$是$\boldsymbol{Ax}=\boldsymbol{b}$的一个特解.

例 3 求解方程组

$$\begin{cases} x_1+x_2-3x_3-x_4=1, \\ 3x_1-x_2-3x_3+4x_4=4, \\ x_1+5x_2-9x_3-8x_4=0. \end{cases}$$

解 对增广矩阵$\tilde{\boldsymbol{A}}$施行初等行变换

$$\tilde{\boldsymbol{A}}=\begin{pmatrix} 1 & 1 & -3 & -1 & 1 \\ 3 & -1 & -3 & 4 & 4 \\ 1 & 5 & -9 & -8 & 0 \end{pmatrix}\to\begin{pmatrix} 1 & 1 & -3 & -1 & 1 \\ 0 & -4 & 6 & 7 & 1 \\ 0 & 4 & -6 & -7 & -1 \end{pmatrix}$$

$$\to\begin{pmatrix} 1 & 1 & -3 & -1 & 1 \\ 0 & 1 & -\frac{3}{2} & -\frac{7}{4} & -\frac{1}{4} \\ 0 & 0 & 0 & 0 & 0 \end{pmatrix}\to\begin{pmatrix} 1 & 0 & -\frac{3}{2} & \frac{3}{4} & \frac{5}{4} \\ 0 & 1 & -\frac{3}{2} & -\frac{7}{4} & -\frac{1}{4} \\ 0 & 0 & 0 & 0 & 0 \end{pmatrix},$$

可见$r(\tilde{\boldsymbol{A}})=2$,方程组有解,并有

$$\begin{cases} x_1=\frac{3}{2}x_3-\frac{3}{4}x_4+\frac{5}{4}, \\ x_2=\frac{3}{2}x_3+\frac{7}{4}x_4-\frac{1}{4}, \\ x_3=x_3, \\ x_4=x_4. \end{cases}$$

记$x_3=c_1,x_4=c_2$,于是所求通解为

$$\begin{pmatrix} x_1 \\ x_2 \\ x_3 \\ x_4 \end{pmatrix} = c_1 \begin{pmatrix} \frac{3}{2} \\ \frac{3}{2} \\ 1 \\ 0 \end{pmatrix} + c_2 \begin{pmatrix} -\frac{3}{4} \\ \frac{7}{4} \\ 0 \\ 1 \end{pmatrix} + \begin{pmatrix} \frac{5}{4} \\ -\frac{1}{4} \\ 0 \\ 0 \end{pmatrix} \ (c_1, c_2 \in \mathbf{R}).$$

例 4　已知 $\boldsymbol{\alpha}_1=(1,0,2,3)^{\mathrm{T}}$, $\boldsymbol{\alpha}_2=(1,1,3,5)^{\mathrm{T}}$, $\boldsymbol{\alpha}_3=(1,-1,a+2,1)^{\mathrm{T}}$, $\boldsymbol{\alpha}_4=(1,2,4,a+8)^{\mathrm{T}}$ 及 $\boldsymbol{\beta}=(1,1,b+3,5)^{\mathrm{T}}$.

(1) a,b 为何值时，$\boldsymbol{\beta}$ 不能表示成 $\boldsymbol{\alpha}_1,\boldsymbol{\alpha}_2,\boldsymbol{\alpha}_3,\boldsymbol{\alpha}_4$ 的线性组合？

(2) a,b 为何值时，$\boldsymbol{\beta}$ 有 $\boldsymbol{\alpha}_1,\boldsymbol{\alpha}_2,\boldsymbol{\alpha}_3,\boldsymbol{\alpha}_4$ 的唯一线性表示式？并写出该表示式.

解　设 $\boldsymbol{\beta}=x_1\boldsymbol{\alpha}_1+x_2\boldsymbol{\alpha}_2+x_3\boldsymbol{\alpha}_3+x_4\boldsymbol{\alpha}_4$，则得方程组，其增广矩阵为

$$\tilde{\boldsymbol{A}} = \begin{pmatrix} 1 & 1 & 1 & 1 & 1 \\ 0 & 1 & -1 & 2 & 1 \\ 2 & 3 & a+2 & 4 & b+3 \\ 3 & 5 & 1 & a+8 & 5 \end{pmatrix} \rightarrow \begin{pmatrix} 1 & 1 & 1 & 1 & 1 \\ 0 & 1 & -1 & 2 & 1 \\ 0 & 1 & a & 2 & b+1 \\ 0 & 2 & -2 & a+5 & 2 \end{pmatrix}$$

$$\rightarrow \begin{pmatrix} 1 & 1 & 1 & 1 & 1 \\ 0 & 1 & -1 & 2 & 1 \\ 0 & 0 & a+1 & 0 & b \\ 0 & 0 & 0 & a+1 & 0 \end{pmatrix}.$$

当 $a+1=0, b\neq 0$，方程组无解，即 $a=-1, b\neq 0$ 时，$\boldsymbol{\beta}$ 不能表示成 $\boldsymbol{\alpha}_1,\boldsymbol{\alpha}_2,\boldsymbol{\alpha}_3,\boldsymbol{\alpha}_4$ 的线性组合.

当 $a+1\neq 0$，即 $a\neq -1$ 时，$\boldsymbol{\beta}$ 有 $\boldsymbol{\alpha}_1,\boldsymbol{\alpha}_2,\boldsymbol{\alpha}_3,\boldsymbol{\alpha}_4$ 的唯一表示式. 此时

$$\tilde{\boldsymbol{A}} \rightarrow \begin{pmatrix} 1 & 0 & 2 & -1 & 0 \\ 0 & 1 & -1 & 2 & 1 \\ 0 & 0 & 1 & 0 & \frac{b}{a+1} \\ 0 & 0 & 0 & 1 & 0 \end{pmatrix} \rightarrow \begin{pmatrix} 1 & 0 & 0 & 0 & \frac{-2b}{a+1} \\ 0 & 1 & 0 & 0 & \frac{a+b+1}{a+1} \\ 0 & 0 & 1 & 0 & \frac{b}{a+1} \\ 0 & 0 & 0 & 1 & 0 \end{pmatrix}$$

有唯一表示式

$$\boldsymbol{\beta} = -\frac{2b}{a+1}\boldsymbol{\alpha}_1 + \frac{a+b+1}{a+1}\boldsymbol{\alpha}_2 + \frac{b}{a+1}\boldsymbol{\alpha}_3.$$

§3.4 向量空间

一、向量空间与子空间

定义 3.4.1 设 $\boldsymbol{V}$ 是非空的 n 维向量的集合,若 $\boldsymbol{V}$ 对向量的加法及向量的数乘这两种运算封闭,则称 $\boldsymbol{V}$ 是一个**向量空间**.

所谓对运算"封闭"是指,对任何 $\boldsymbol{\alpha}\in\boldsymbol{V},\boldsymbol{\beta}\in\boldsymbol{V}$,有 $\boldsymbol{\alpha}+\boldsymbol{\beta}\in\boldsymbol{V}$;对任何 $\boldsymbol{\alpha}\in\boldsymbol{V},\lambda\in\mathbf{R}$,有 $\lambda\boldsymbol{\alpha}\in\boldsymbol{V}$.

例 1 所有 n 维向量的全体组成的集合 $\mathbf{R}^n$ 是一个向量空间,它是 $\mathbf{R}^2$ 和 $\mathbf{R}^3$ 的推广.

例 2 集合

$$\boldsymbol{V}=\{(0,x_2,\cdots,x_n)\mid x_2,\cdots,x_n\in\mathbf{R}\}$$

是一个向量空间. 因为对任意 $\boldsymbol{\alpha}=(0,x_2,\cdots,x_n)\in\boldsymbol{V},\boldsymbol{\beta}=(0,y_2,\cdots,y_n)\in\boldsymbol{V}$,有 $\boldsymbol{\alpha}+\boldsymbol{\beta}=(0,x_2+y_2,\cdots,x_n+y_n)\in\boldsymbol{V}$;对数 $\lambda\in\mathbf{R}$,有 $\lambda\boldsymbol{\alpha}=(0,\lambda x_2,\cdots,\lambda x_n)\in\boldsymbol{V}$.

例 3 集合

$$\boldsymbol{V}=\{(1,x_2,\cdots,x_n)\mid x_2,\cdots,x_n\in\mathbf{R}\}$$

不是向量空间. 因为对任意 $\boldsymbol{\alpha}=(1,x_2,\cdots,x_n)\in\boldsymbol{V}$,而 $2\boldsymbol{\alpha}=(2,2x_2,\cdots,2x_n)\notin\boldsymbol{V}$.

例 4 设 $\boldsymbol{\alpha}_1,\boldsymbol{\alpha}_2,\cdots,\boldsymbol{\alpha}_m$ 是 n 维向量,

$$\boldsymbol{V}=\{\boldsymbol{x}=\lambda_1\boldsymbol{\alpha}_1+\lambda_2\boldsymbol{\alpha}_2+\cdots+\lambda_m\boldsymbol{\alpha}_m\mid\lambda_1,\lambda_2,\cdots,\lambda_m\in\mathbf{R}\},$$

证明 $\boldsymbol{V}$ 是向量空间.

证 设 $\boldsymbol{\alpha},\boldsymbol{\beta}\in\boldsymbol{V}$,则存在 $\lambda_i,\mu_i(i=1,2,\cdots,m)$,使得

$$\boldsymbol{\alpha}=\lambda_1\boldsymbol{\alpha}_1+\lambda_2\boldsymbol{\alpha}_2+\cdots+\lambda_m\boldsymbol{\alpha}_m,$$
$$\boldsymbol{\beta}=\mu_1\boldsymbol{\alpha}_1+\mu_2\boldsymbol{\alpha}_2+\cdots+\mu_m\boldsymbol{\alpha}_m,$$

于是

$$\boldsymbol{\alpha}+\boldsymbol{\beta}=(\lambda_1+\mu_1)\boldsymbol{\alpha}_1+(\lambda_2+\mu_2)\boldsymbol{\alpha}_2+\cdots+(\lambda_m+\mu_m)\boldsymbol{\alpha}_m\in\boldsymbol{V};$$

又对任意实数 k,有

$$k\boldsymbol{\alpha}=(k\lambda_1)\boldsymbol{\alpha}_1+(k\lambda_2)\boldsymbol{\alpha}_2+\cdots+(k\lambda_m)\boldsymbol{\alpha}_m\in\boldsymbol{V}.$$

因此 $\boldsymbol{V}$ 是向量空间.

设有 n 维向量 $\boldsymbol{\alpha}_1,\boldsymbol{\alpha}_2,\cdots,\boldsymbol{\alpha}_m$,它们的所有线性组合所成的集合

$$\boldsymbol{V}=\{\boldsymbol{x}=\lambda_1\boldsymbol{\alpha}_1+\lambda_2\boldsymbol{\alpha}_2+\cdots+\lambda_m\boldsymbol{\alpha}_m\mid\lambda_1,\lambda_2,\cdots,\lambda_m\in\mathbf{R}\}$$

称为由向量 $\boldsymbol{\alpha}_1,\boldsymbol{\alpha}_2,\cdots,\boldsymbol{\alpha}_m$ 所生成的向量空间,记为 $\boldsymbol{L}(\boldsymbol{\alpha}_1,\boldsymbol{\alpha}_2,\cdots,\boldsymbol{\alpha}_m)$,即

$$\boldsymbol{L}(\boldsymbol{\alpha}_1,\boldsymbol{\alpha}_2,\cdots,\boldsymbol{\alpha}_m)=\{\boldsymbol{x}=\lambda_1\boldsymbol{\alpha}_1+\lambda_2\boldsymbol{\alpha}_2+\cdots+\lambda_m\boldsymbol{\alpha}_m\mid\lambda_1,\lambda_2,\cdots,\lambda_m\in\mathbf{R}\}.$$

定义 3.4.2 设有向量空间 $\boldsymbol{V}_1,\boldsymbol{V}_2$,若 $\boldsymbol{V}_1\subset\boldsymbol{V}_2$,则称 $\boldsymbol{V}_1$ 是 $\boldsymbol{V}_2$ 的**子空间**.

任何 n 维向量所构成的向量空间都是 $\mathbf{R}^n$ 的子空间. 特别地,n 维向量空间 $\mathbf{R}^n$ 和单个零向量构成的零空间都是 $\mathbf{R}^n$ 的子空间,称为**平凡子空间**.

例 5　n 元齐次线性方程组的解集

$$\boldsymbol{V}=\{\boldsymbol{x}\mid \boldsymbol{A}\boldsymbol{x}=\boldsymbol{0}\}$$

是一个向量空间，也是$\mathbf{R}^n$ 的一个子空间. 这个子空间叫作齐次线性方程组的**解空间**.

二、向量空间的基、维数与坐标

由向量空间的定义可知，向量空间也是一个向量组. 在讨论了向量组的最大无关组和秩以后，下面给出向量空间的基、维数与坐标的定义.

定义 3.4.3　设 $\boldsymbol{V}$ 为向量空间，$\boldsymbol{\alpha}_1,\boldsymbol{\alpha}_2,\cdots,\boldsymbol{\alpha}_r\in\boldsymbol{V}$，并满足

(1) $\boldsymbol{\alpha}_1,\boldsymbol{\alpha}_2,\cdots,\boldsymbol{\alpha}_r$ 线性无关；

(2) $\boldsymbol{V}$ 中任一向量 $\boldsymbol{\alpha}$ 都可由 $\boldsymbol{\alpha}_1,\boldsymbol{\alpha}_2,\cdots,\boldsymbol{\alpha}_r$ 线性表示，则称向量组$\boldsymbol{\alpha}_1,\boldsymbol{\alpha}_2,\cdots,\boldsymbol{\alpha}_r$ 为向量空间 $\boldsymbol{V}$ 的一个**基**.

r 称为向量空间 $\boldsymbol{V}$ 的**维数**，并称 $\boldsymbol{V}$ 为 r 维向量空间.

若把向量空间 $\boldsymbol{V}$ 视为一个向量组，则向量空间的基就是向量组的一个最大无关组，其维数就是向量组的秩. 因此，向量空间的基不是唯一的，但维数却是唯一确定的.

在$\mathbf{R}^n$ 中，任意 n 个线性无关的向量都可以作为向量空间$\mathbf{R}^n$ 的一个基. 特别地，n 个单位坐标向量$\boldsymbol{\varepsilon}_1=(1,0,\cdots,0),\boldsymbol{\varepsilon}_2=(0,1,\cdots,0),\cdots,\boldsymbol{\varepsilon}_n=(0,0,\cdots,1)$是$\mathbf{R}^n$ 的一个基，称为标准基. 因此$\mathbf{R}^n$ 称为 n 维向量空间.

只含零向量的向量空间，没有基，故其维数为 0，即为 0 维向量空间.

定义 3.4.4　若$\boldsymbol{\alpha}_1,\boldsymbol{\alpha}_2,\cdots,\boldsymbol{\alpha}_r$ 是向量空间的一个基，则对 $\forall\boldsymbol{\alpha}\in\boldsymbol{V}$，存在唯一一组有序数组 $x_1,x_2,\cdots,x_r$，使

$$\boldsymbol{\alpha}=x_1\boldsymbol{\alpha}_1+x_2\boldsymbol{\alpha}_2+\cdots+x_r\boldsymbol{\alpha}_r$$

称数组 $x_1,x_2,\cdots,x_r$ 为向量 $\boldsymbol{\alpha}$ 在基 $\boldsymbol{\alpha}_1,\boldsymbol{\alpha}_2,\cdots,\boldsymbol{\alpha}_r$ 下的坐标.

显然，任一 n 维向量 $\boldsymbol{\alpha}=(a_1,a_2,\cdots,a_n)\in\mathbf{R}^n$ 在标准基$\boldsymbol{\varepsilon}_1,\boldsymbol{\varepsilon}_2,\cdots,\boldsymbol{\varepsilon}_n$ 下的坐标为 $a_1,a_2,\cdots,a_n$.

例 6　设$\boldsymbol{\alpha}_1=(1,-1,1),\boldsymbol{\alpha}_2=(1,2,0),\boldsymbol{\alpha}_3=(1,0,3),\boldsymbol{\alpha}_4=(2,-3,7)$，证明$\boldsymbol{\alpha}_1,\boldsymbol{\alpha}_2,\boldsymbol{\alpha}_3$ 是$\mathbf{R}^3$ 的一个基，并求 $\boldsymbol{\alpha}_4$ 在基 $\boldsymbol{\alpha}_1,\boldsymbol{\alpha}_2,\boldsymbol{\alpha}_3$ 下的坐标.

解

$$\boldsymbol{A}=(\boldsymbol{\alpha}_1^{\mathrm{T}},\boldsymbol{\alpha}_2^{\mathrm{T}},\boldsymbol{\alpha}_3^{\mathrm{T}},\boldsymbol{\alpha}_4^{\mathrm{T}})=\begin{pmatrix}1&1&1&2\\-1&2&0&-3\\1&0&3&7\end{pmatrix}$$

$$\rightarrow\begin{pmatrix}1&1&1&2\\0&3&1&-1\\0&-1&2&5\end{pmatrix}\rightarrow\begin{pmatrix}1&1&1&2\\0&-1&2&5\\0&0&7&14\end{pmatrix}.$$

由行阶梯矩阵知 $r(\boldsymbol{A})=3$，且$\boldsymbol{\alpha}_1,\boldsymbol{\alpha}_2,\boldsymbol{\alpha}_3$ 线性无关，则 $\boldsymbol{\alpha}_1,\boldsymbol{\alpha}_2,\boldsymbol{\alpha}_3$ 是$\mathbf{R}^3$ 的一个基. 继续将 $\boldsymbol{A}$ 变成行最简形有

$$\boldsymbol{A}\rightarrow\begin{pmatrix}1&1&1&2\\0&1&-2&-5\\0&0&1&2\end{pmatrix}\rightarrow\begin{pmatrix}1&0&0&1\\0&1&0&-1\\0&0&1&2\end{pmatrix},$$

所以$\boldsymbol{\alpha}_4=1\cdot\boldsymbol{\alpha}_1+(-1)\boldsymbol{\alpha}_2+2\boldsymbol{\alpha}_3$,因此$\boldsymbol{\alpha}_4$在基$\boldsymbol{\alpha}_1,\boldsymbol{\alpha}_2,\boldsymbol{\alpha}_3$下的坐标为1,-1,2.

由于向量空间中的基不唯一,而同一向量在不同的基下,其坐标一般是不同的.下面来讨论随着基的改变,向量的坐标之间的关系.

设$\boldsymbol{e}_1,\boldsymbol{e}_2,\cdots,\boldsymbol{e}_n$与$\boldsymbol{e}_1',\boldsymbol{e}_2',\cdots,\boldsymbol{e}_n'$是$n$维向量空间$\mathbf{R}^n$的两组基,则后一组基可用前一组基唯一线性表示为

$$\begin{cases}\boldsymbol{e}_1'=p_{11}\boldsymbol{e}_1+p_{21}\boldsymbol{e}_2+\cdots+p_{n1}\boldsymbol{e}_n,\\ \boldsymbol{e}_2'=p_{12}\boldsymbol{e}_1+p_{22}\boldsymbol{e}_2+\cdots+p_{n2}\boldsymbol{e}_n,\\ \cdots\cdots\\ \boldsymbol{e}_n'=p_{1n}\boldsymbol{e}_1+p_{2n}\boldsymbol{e}_2+\cdots+p_{nn}\boldsymbol{e}_n.\end{cases}$$

上式称为两组基之间的**变换公式**,写成矩阵形式,即

$$(\boldsymbol{e}_1',\boldsymbol{e}_2',\cdots,\boldsymbol{e}_n')=(\boldsymbol{e}_1,\boldsymbol{e}_2,\cdots,\boldsymbol{e}_n)\begin{pmatrix}p_{11}&p_{12}&\cdots&p_{1n}\\p_{21}&p_{22}&\cdots&p_{2n}\\\vdots&\vdots&&\vdots\\p_{n1}&p_{n2}&\cdots&p_{nn}\end{pmatrix},\tag{3.4.1}$$

其中矩阵

$$\boldsymbol{P}=\begin{pmatrix}p_{11}&p_{12}&\cdots&p_{1n}\\p_{21}&p_{22}&\cdots&p_{2n}\\\vdots&\vdots&&\vdots\\p_{n1}&p_{n2}&\cdots&p_{nn}\end{pmatrix}$$

称为由基$\boldsymbol{e}_1,\boldsymbol{e}_2,\cdots,\boldsymbol{e}_n$到基$\boldsymbol{e}_1',\boldsymbol{e}_2',\cdots,\boldsymbol{e}_n'$的过渡矩阵.

设向量$\boldsymbol{\alpha}$在上述两组基下的坐标分别为$x_1,x_2,\cdots,x_n$和$x_1',x_2',\cdots,x_n'$,即

$$\boldsymbol{\alpha}=x_1\boldsymbol{e}_1+x_2\boldsymbol{e}_2+\cdots+x_n\boldsymbol{e}_n=x_1'\boldsymbol{e}_1'+x_2'\boldsymbol{e}_2'+\cdots+x_n'\boldsymbol{e}_n'$$

或

$$\boldsymbol{\alpha}=(\boldsymbol{e}_1,\boldsymbol{e}_2,\cdots,\boldsymbol{e}_n)\begin{pmatrix}x_1\\x_2\\\vdots\\x_n\end{pmatrix}=(\boldsymbol{e}_1',\boldsymbol{e}_2',\cdots,\boldsymbol{e}_n')\begin{pmatrix}x_1'\\x_2'\\\vdots\\x_n'\end{pmatrix},$$

以式(3.4.1)代入得

$$\boldsymbol{\alpha}=(\boldsymbol{e}_1,\boldsymbol{e}_2,\cdots,\boldsymbol{e}_n)\begin{pmatrix}x_1\\x_2\\\vdots\\x_n\end{pmatrix}=(\boldsymbol{e}_1,\boldsymbol{e}_2,\cdots,\boldsymbol{e}_n)\begin{pmatrix}p_{11}&p_{12}&\cdots&p_{1n}\\p_{21}&p_{22}&\cdots&p_{2n}\\\vdots&\vdots&&\vdots\\p_{n1}&p_{n2}&\cdots&p_{nn}\end{pmatrix}\begin{pmatrix}x_1'\\x_2'\\\vdots\\x_n'\end{pmatrix}.$$

由基向量的线性无关性,比较上式的两端,得

$$\begin{pmatrix} x_1 \\ x_2 \\ \vdots \\ x_n \end{pmatrix} = \boldsymbol{P}\begin{pmatrix} x_1' \\ x_2' \\ \vdots \\ x_n' \end{pmatrix} \text{或} \begin{pmatrix} x_1' \\ x_2' \\ \vdots \\ x_n' \end{pmatrix} = \boldsymbol{P}^{-1}\begin{pmatrix} x_1 \\ x_2 \\ \vdots \\ x_n \end{pmatrix}. \tag{3.4.2}$$

式(3.4.2)就是向量在两组基下的坐标变换公式.

例 7　设$\mathbf{R}^4$ 中的两组基:

$$(\text{I})\begin{cases} \boldsymbol{\alpha}_1 = (1,2,-1,0)^{\mathrm{T}}, \\ \boldsymbol{\alpha}_2 = (1,-1,1,1)^{\mathrm{T}}, \\ \boldsymbol{\alpha}_3 = (-1,2,1,1)^{\mathrm{T}}, \\ \boldsymbol{\alpha}_4 = (-1,-1,0,1)^{\mathrm{T}}; \end{cases} \qquad (\text{II})\begin{cases} \boldsymbol{\beta}_1 = (2,1,0,1)^{\mathrm{T}}, \\ \boldsymbol{\beta}_2 = (0,1,2,2)^{\mathrm{T}}, \\ \boldsymbol{\beta}_3 = (-2,1,1,2)^{\mathrm{T}}, \\ \boldsymbol{\beta}_4 = (1,3,1,2)^{\mathrm{T}}. \end{cases}$$

求基(Ⅰ)到基(Ⅱ)的过渡矩阵,并求坐标变换公式.

解　设$\mathbf{R}^4$ 的标准基为$\boldsymbol{\varepsilon}_1,\boldsymbol{\varepsilon}_2,\boldsymbol{\varepsilon}_3,\boldsymbol{\varepsilon}_4$,则有

$$(\boldsymbol{\alpha}_1,\boldsymbol{\alpha}_2,\boldsymbol{\alpha}_3,\boldsymbol{\alpha}_4) = (\boldsymbol{\varepsilon}_1,\boldsymbol{\varepsilon}_2,\boldsymbol{\varepsilon}_3,\boldsymbol{\varepsilon}_4)\boldsymbol{A},$$

$$(\boldsymbol{\beta}_1,\boldsymbol{\beta}_2,\boldsymbol{\beta}_3,\boldsymbol{\beta}_4) = (\boldsymbol{\varepsilon}_1,\boldsymbol{\varepsilon}_2,\boldsymbol{\varepsilon}_3,\boldsymbol{\varepsilon}_4)\boldsymbol{B}.$$

其中

$$\boldsymbol{A} = \begin{pmatrix} 1 & 1 & -1 & -1 \\ 2 & -1 & 2 & -1 \\ -1 & 1 & 1 & 0 \\ 0 & 1 & 1 & 1 \end{pmatrix}, \boldsymbol{B} = \begin{pmatrix} 2 & 0 & -2 & 1 \\ 1 & 1 & 1 & 3 \\ 0 & 2 & 1 & 1 \\ 1 & 2 & 2 & 2 \end{pmatrix}.$$

由

$$(\boldsymbol{\varepsilon}_1,\boldsymbol{\varepsilon}_2,\boldsymbol{\varepsilon}_3,\boldsymbol{\varepsilon}_4) = (\boldsymbol{\alpha}_1,\boldsymbol{\alpha}_2,\boldsymbol{\alpha}_3,\boldsymbol{\alpha}_4)\boldsymbol{A}^{-1},$$

有

$$(\boldsymbol{\beta}_1,\boldsymbol{\beta}_2,\boldsymbol{\beta}_3,\boldsymbol{\beta}_4) = (\boldsymbol{\alpha}_1,\boldsymbol{\alpha}_2,\boldsymbol{\alpha}_3,\boldsymbol{\alpha}_4)\boldsymbol{A}^{-1}\boldsymbol{B},$$

所以过渡矩阵 $\boldsymbol{P}=\boldsymbol{A}^{-1}\boldsymbol{B}$. 计算得

$$\boldsymbol{P} = \begin{pmatrix} 1 & 0 & 0 & 1 \\ 1 & 1 & 0 & 1 \\ 0 & 1 & 1 & 1 \\ 0 & 0 & 1 & 0 \end{pmatrix},$$

从而

$$\boldsymbol{P}^{-1} = \begin{pmatrix} 0 & 1 & -1 & 1 \\ -1 & 1 & 0 & 0 \\ 0 & 0 & 0 & 1 \\ 1 & -1 & 1 & -1 \end{pmatrix}.$$

若 $\boldsymbol{\alpha}$ 在基(Ⅰ)下的坐标为 x_1,x_2,x_3,x_4,在基(Ⅱ)下的坐标为 y_1,y_2,y_3,y_4,则由坐标变换公式有

$$\begin{pmatrix} y_1 \\ y_2 \\ y_3 \\ y_4 \end{pmatrix} = \boldsymbol{P}^{-1} \begin{pmatrix} x_1 \\ x_2 \\ x_3 \\ x_4 \end{pmatrix},$$

即

$$\begin{cases} y_1 = x_2 - x_3 + x_4, \\ y_2 = -x_1 + x_2, \\ y_3 = x_4, \\ y_4 = x_1 - x_2 + x_3 - x_4. \end{cases}$$

习 题 3

1. 判断向量 $\boldsymbol{\beta}$ 能否由向量组 $\boldsymbol{\alpha}_1, \boldsymbol{\alpha}_2, \boldsymbol{\alpha}_3$ 线性表示,若能,写出它的一种表示式.

(1) $\boldsymbol{\beta} = \begin{pmatrix} 8 \\ 3 \\ -1 \\ -5 \end{pmatrix}, \boldsymbol{\alpha}_1 = \begin{pmatrix} -1 \\ 3 \\ 0 \\ 5 \end{pmatrix}, \boldsymbol{\alpha}_2 = \begin{pmatrix} 2 \\ 0 \\ 7 \\ -3 \end{pmatrix}, \boldsymbol{\alpha}_3 = \begin{pmatrix} -4 \\ 1 \\ -2 \\ 6 \end{pmatrix}$;

(2) $\boldsymbol{\beta} = (0,2,0,-1), \boldsymbol{\alpha}_1 = (1,1,1,1), \boldsymbol{\alpha}_2 = (1,1,1,0), \boldsymbol{\alpha}_3 = (1,1,0,0), \boldsymbol{\alpha}_4 = (1,0,0,0)$;

(3) $\boldsymbol{\beta} = (0,1,0,1,0), \boldsymbol{\alpha}_1 = (1,1,1,1,1), \boldsymbol{\alpha}_2 = (1,2,1,3,1), \boldsymbol{\alpha}_3 = (1,1,0,1,0), \boldsymbol{\alpha}_4 = (2,2,0,0,0)$.

2. 设 3 维向量

$$\boldsymbol{\alpha}_1 = \begin{pmatrix} 1+\lambda \\ 1 \\ 1 \end{pmatrix}, \boldsymbol{\alpha}_2 = \begin{pmatrix} 1 \\ 1+\lambda \\ 1 \end{pmatrix}, \boldsymbol{\alpha}_3 = \begin{pmatrix} 1 \\ 1 \\ 1+\lambda \end{pmatrix}, \boldsymbol{\beta} = \begin{pmatrix} 0 \\ \lambda \\ \lambda^2 \end{pmatrix}.$$

问:当 $\boldsymbol{\lambda}$ 取何值时,

(1) $\boldsymbol{\beta}$ 可由 $\boldsymbol{\alpha}_1, \boldsymbol{\alpha}_2, \boldsymbol{\alpha}_3$ 线性表示,且表示唯一?

(2) $\boldsymbol{\beta}$ 可由 $\boldsymbol{\alpha}_1, \boldsymbol{\alpha}_2, \boldsymbol{\alpha}_3$ 线性表示,但表示不唯一?

3. 判断下列向量组的线性相关性,若相关,试将一个向量用其余向量线性表出.

(1) $\boldsymbol{\alpha}_1 = (2,1,-1), \boldsymbol{\alpha}_2 = (1,-1,1), \boldsymbol{\alpha}_3 = (-1,1,2)$;

(2) $\boldsymbol{\alpha}_1 = (3,-1,2)^{\mathrm{T}}, \boldsymbol{\alpha}_2 = (1,5,-7)^{\mathrm{T}}, \boldsymbol{\alpha}_3 = (7,-13,20)^{\mathrm{T}}, \boldsymbol{\alpha}_4 = (-2,6,1)^{\mathrm{T}}$;

(3) $\boldsymbol{\alpha}_1 = (1,1,1,1)^{\mathrm{T}}, \boldsymbol{\alpha}_2 = (1,1,-1,-1)^{\mathrm{T}}, \boldsymbol{\alpha}_3 = (1,-1,1,-1)^{\mathrm{T}}$;

(4) $\boldsymbol{\alpha}_1 = (3,1,0,2), \boldsymbol{\alpha}_2 = (1,-1,2,-1), \boldsymbol{\alpha}_3 = (1,3,-4,4)$.

4. 设 $\boldsymbol{\beta}_1 = \boldsymbol{\alpha}_1 + \boldsymbol{\alpha}_2, \boldsymbol{\beta}_2 = \boldsymbol{\alpha}_2 + \boldsymbol{\alpha}_3, \boldsymbol{\beta}_3 = \boldsymbol{\alpha}_3 + \boldsymbol{\alpha}_4, \boldsymbol{\beta}_4 = \boldsymbol{\alpha}_4 + \boldsymbol{\alpha}_1$,证明向量组 $\boldsymbol{\beta}_1, \boldsymbol{\beta}_2, \boldsymbol{\beta}_3, \boldsymbol{\beta}_4$ 线性相关.

5. 设向量组 $\boldsymbol{\alpha}_1, \boldsymbol{\alpha}_2, \boldsymbol{\alpha}_3$ 线性无关,试确定向量组 $\boldsymbol{\beta}_1, \boldsymbol{\beta}_2, \boldsymbol{\beta}_3$ 的线性相关性.

（1）$\boldsymbol{\beta}_1=\boldsymbol{\alpha}_1-\boldsymbol{\alpha}_2,\boldsymbol{\beta}_2=2\boldsymbol{\alpha}_2+\boldsymbol{\alpha}_3,\boldsymbol{\beta}_3=\boldsymbol{\alpha}_1+\boldsymbol{\alpha}_2+\boldsymbol{\alpha}_3$；

（2）$\boldsymbol{\beta}_1=\boldsymbol{\alpha}_1+\boldsymbol{\alpha}_2,\boldsymbol{\beta}_2=2\boldsymbol{\alpha}_2+3\boldsymbol{\alpha}_3,\boldsymbol{\beta}_3=5\boldsymbol{\alpha}_1+3\boldsymbol{\alpha}_2$；

（3）$\boldsymbol{\beta}_1=-\boldsymbol{\alpha}_1+\boldsymbol{\alpha}_3,\boldsymbol{\beta}_2=2\boldsymbol{\alpha}_2-2\boldsymbol{\alpha}_3,\boldsymbol{\beta}_3=2\boldsymbol{\alpha}_1-5\boldsymbol{\alpha}_2+3\boldsymbol{\alpha}_3$；

（4）$\boldsymbol{\beta}_1=\boldsymbol{\alpha}_1+2\boldsymbol{\alpha}_2+3\boldsymbol{\alpha}_3,\boldsymbol{\beta}_2=2\boldsymbol{\alpha}_1+2\boldsymbol{\alpha}_2+4\boldsymbol{\alpha}_3,\boldsymbol{\beta}_3=3\boldsymbol{\alpha}_1+\boldsymbol{\alpha}_2+3\boldsymbol{\alpha}_3$.

6. 问 a 取何值时，下列向量组线性相关？

$$\boldsymbol{\alpha}_1=\begin{pmatrix}a\\1\\1\end{pmatrix},\boldsymbol{\alpha}_2=\begin{pmatrix}1\\a\\-1\end{pmatrix},\boldsymbol{\alpha}_3=\begin{pmatrix}1\\-1\\a\end{pmatrix}.$$

7. 设向量组 $\boldsymbol{\alpha}_1=\begin{pmatrix}t\\2\\1\end{pmatrix},\boldsymbol{\alpha}_2=\begin{pmatrix}2\\t\\0\end{pmatrix},\boldsymbol{\alpha}_3=\begin{pmatrix}1\\-1\\1\end{pmatrix}$，问 t 取何值时：

（1）向量组 $\boldsymbol{\alpha}_1,\boldsymbol{\alpha}_2,\boldsymbol{\alpha}_3$ 线性相关；

（2）向量组 $\boldsymbol{\alpha}_1,\boldsymbol{\alpha}_2,\boldsymbol{\alpha}_3$ 线性无关.

8. 设 $\boldsymbol{\alpha}_1=(6,a+1,3),\boldsymbol{\alpha}_2=(a,2,-2),\boldsymbol{\alpha}_3=(a,1,0),\boldsymbol{\alpha}_4=(0,1,a)$，试问 a 为何值时：

（1）向量组 $\boldsymbol{\alpha}_1,\boldsymbol{\alpha}_2$ 线性相关？线性无关？

（2）向量组 $\boldsymbol{\alpha}_1,\boldsymbol{\alpha}_2,\boldsymbol{\alpha}_3$ 线性相关？线性无关？

（3）向量组 $\boldsymbol{\alpha}_1,\boldsymbol{\alpha}_2,\boldsymbol{\alpha}_3,\boldsymbol{\alpha}_4$ 线性相关？线性无关？

9. 求下列向量组的秩，并求一个最大无关组：

（1）$\boldsymbol{\alpha}_1=\begin{pmatrix}1\\2\\1\\3\end{pmatrix},\boldsymbol{\alpha}_2=\begin{pmatrix}4\\-1\\-5\\-6\end{pmatrix},\boldsymbol{\alpha}_3=\begin{pmatrix}1\\-3\\-4\\-7\end{pmatrix}$；

（2）$\boldsymbol{\alpha}_1=\begin{pmatrix}1\\2\\1\\2\end{pmatrix},\boldsymbol{\alpha}_2=\begin{pmatrix}1\\0\\3\\1\end{pmatrix},\boldsymbol{\alpha}_3=\begin{pmatrix}2\\-1\\0\\1\end{pmatrix},\boldsymbol{\alpha}_4=\begin{pmatrix}2\\1\\-2\\2\end{pmatrix},\boldsymbol{\alpha}_5=\begin{pmatrix}2\\2\\4\\3\end{pmatrix}$.

10. 求向量组 $\boldsymbol{\alpha}_1=(1,-1,0,0),\boldsymbol{\alpha}_2=(-1,2,1,-1),\boldsymbol{\alpha}_3=(0,1,1,-1),\boldsymbol{\alpha}_4=(-1,3,2,1),\boldsymbol{\alpha}_5=(-2,6,4,1)$ 的一个极大无关组，并将其余的向量用该向量组的极大无关组表示出来.

11. 设向量组 $\boldsymbol{\alpha}_1=(a,3,1),\boldsymbol{\alpha}_2=(2,b,3),\boldsymbol{\alpha}_3=(1,2,1),\boldsymbol{\alpha}_4=(2,3,1)$ 的秩为 2，求 a,b.

12. 设有向量组 $\boldsymbol{\alpha}_1=(a+1,1,1,1)^{\mathrm{T}},\boldsymbol{\alpha}_2=(2,a+2,2,2)^{\mathrm{T}},\boldsymbol{\alpha}_3=(3,3,a+3,3)^{\mathrm{T}},\boldsymbol{\alpha}_4=(4,4,4,a+4)^{\mathrm{T}}$，问 a 为何值时，向量组 $\boldsymbol{\alpha}_1,\boldsymbol{\alpha}_2,\boldsymbol{\alpha}_3,\boldsymbol{\alpha}_4$ 线性相关，并求此时的一个极大线性无关组.

13. 证明向量组 $\boldsymbol{\alpha}_1=(0,1,1)^{\mathrm{T}},\boldsymbol{\alpha}_2=(1,1,0)^{\mathrm{T}}$ 与向量组 $\boldsymbol{\beta}_1=(-1,0,1)^{\mathrm{T}},\boldsymbol{\beta}_2=(1,2,1)^{\mathrm{T}},\boldsymbol{\beta}_3=(3,2,-1)^{\mathrm{T}}$ 等价.

14. 设向量组 $\boldsymbol{\alpha}_1=(1,0,1)^{\mathrm{T}},\boldsymbol{\alpha}_2=(0,1,1)^{\mathrm{T}},\boldsymbol{\alpha}_3=(1,3,5)^{\mathrm{T}}$ 不能由向量组 $\boldsymbol{\beta}_1=(1,1,1)^{\mathrm{T}},\boldsymbol{\beta}_2=(1,2,3)^{\mathrm{T}},\boldsymbol{\beta}_3=(3,4,a)^{\mathrm{T}}$ 线性表示.

(1) 求 a 的值;

(2) 将 $\boldsymbol{\beta}_1,\boldsymbol{\beta}_2,\boldsymbol{\beta}_3$ 用 $\boldsymbol{\alpha}_1,\boldsymbol{\alpha}_2,\boldsymbol{\alpha}_3$ 线性表示.

15. 设两向量组:

(Ⅰ) $\boldsymbol{\alpha}_1=(1,2,-3)^{\mathrm{T}},\boldsymbol{\alpha}_2=(3,0,1)^{\mathrm{T}},\boldsymbol{\alpha}_3=(9,6,-7)^{\mathrm{T}}$;

(Ⅱ) $\boldsymbol{\beta}_1=(0,1,1)^{\mathrm{T}},\boldsymbol{\beta}_2=(a,2,1)^{\mathrm{T}},\boldsymbol{\beta}_3=(b,1,0)^{\mathrm{T}}$.

已知两向量组的秩相等,且$\boldsymbol{\beta}_3$ 能由$\boldsymbol{\alpha}_1,\boldsymbol{\alpha}_2,\boldsymbol{\alpha}_3$ 线性表示,求 a,b.

16. 证明:

(1) $\max\{r(\boldsymbol{A}),r(\boldsymbol{B})\}\leqslant r(\boldsymbol{A},\boldsymbol{B})\leqslant r(\boldsymbol{A})+r(\boldsymbol{B})$;

(2) $r(\boldsymbol{A}+\boldsymbol{B})\leqslant r(\boldsymbol{A})+r(\boldsymbol{B})$;

(3) $r(\boldsymbol{AB})\leqslant\min\{r(\boldsymbol{A}),r(\boldsymbol{B})\}$.

17. 求下列齐次线性方程组的一个基础解系:

(1) $\begin{cases}x_1+x_2+2x_3-x_4=0,\\2x_1+x_2+x_3-x_4=0,\\2x_1+2x_2+x_3+2x_4=0;\end{cases}$　　(2) $\begin{cases}x_1+2x_2+x_3-x_4=0,\\3x_1+6x_2-x_3-3x_4=0,\\5x_1+10x_2+x_3-5x_4=0;\end{cases}$

(3) $3x_1+2x_2+x_3=0$.

18. 若$\boldsymbol{A}_{m\times n}\boldsymbol{B}_{n\times l}=\boldsymbol{0}$,则 $r(\boldsymbol{A})+r(\boldsymbol{B})\leqslant n$.

19. 求非齐次方程组的一个解及对应的齐次方程组的基础解系.

(1) $\begin{cases}x_1-x_2-x_3+x_4=0,\\x_1-x_2+x_3-3x_4=1,\\x_1-x_2-2x_3+3x_4=-\dfrac{1}{2};\end{cases}$　　(2) $\begin{cases}x_1+x_2=5,\\2x_1+x_2+x_3+2x_4=1,\\5x_1+3x_2+2x_3+2x_4=3.\end{cases}$

20. 设非齐次方程组$\begin{cases}x_1+x_2+\lambda x_3=4,\\-x_1+\lambda x_2+x_3=\lambda^2,\\x_1-x_2+2x_3=-4,\end{cases}$当 λ 取何值时方程组无解?有唯一解?有无穷多解?并求有无穷多解时的通解.

21. 已知 4 元线性方程组 $\boldsymbol{Ax}=\boldsymbol{b}$ 的系数矩阵 $\boldsymbol{A}$ 的秩为 3,又$\boldsymbol{\alpha}_1=(1,2,3,4)^{\mathrm{T}},\boldsymbol{\alpha}_2=(2,3,4,5)^{\mathrm{T}}$ 是 $\boldsymbol{Ax}=\boldsymbol{b}$ 的两个解,求 $\boldsymbol{Ax}=\boldsymbol{b}$ 的通解.

22. 已知四阶方阵 $\boldsymbol{A}=(\boldsymbol{\alpha}_1,\boldsymbol{\alpha}_2,\boldsymbol{\alpha}_3,\boldsymbol{\alpha}_4)$,$\boldsymbol{\alpha}_i(i=1,2,3,4)$均为四维列向量,其中 $\boldsymbol{\alpha}_2,\boldsymbol{\alpha}_3,\boldsymbol{\alpha}_4$ 线性无关,$\boldsymbol{\alpha}_1=2\boldsymbol{\alpha}_2-3\boldsymbol{\alpha}_3$. 若 $\boldsymbol{\beta}=\boldsymbol{\alpha}_1+\boldsymbol{\alpha}_2+\boldsymbol{\alpha}_3+\boldsymbol{\alpha}_4$,求线性方程组 $\boldsymbol{Ax}=\boldsymbol{\beta}$ 的通解.

23. 设矩阵 $\boldsymbol{A}=\begin{pmatrix}1&1&1-a\\1&0&a\\a+1&1&a+1\end{pmatrix},\boldsymbol{\beta}=\begin{pmatrix}0\\1\\2a-2\end{pmatrix}$,且方程组 $\boldsymbol{Ax}=\boldsymbol{\beta}$ 无解.

(1) 求 a 的值;

(2) 求方程组$\boldsymbol{A}^{\mathrm{T}}\boldsymbol{Ax}=\boldsymbol{A}^{\mathrm{T}}\boldsymbol{\beta}$ 的通解.

24. 设 $\boldsymbol{A}=\begin{pmatrix}\lambda&1&1\\0&\lambda-1&0\\1&1&\lambda\end{pmatrix},\boldsymbol{b}=\begin{pmatrix}a\\1\\1\end{pmatrix}$,已知方程组 $\boldsymbol{Ax}=\boldsymbol{\beta}$ 存在两个不同的解.

（1）求 λ, a；

（2）求方程组 $\boldsymbol{A}\boldsymbol{x}=\boldsymbol{b}$ 的通解.

25. 已知三阶非零矩阵 $\boldsymbol{B}$ 的每一列向量均是以下方程组的解：

$$\begin{cases} x_1+2x_2-2x_3=0, \\ 2x_1-x_2+\lambda x_3=0, \\ 3x_1+x_2-x_3=0. \end{cases}$$

（1）求 λ 的值；

（2）证明 $|\boldsymbol{B}|=0$.

26. 已知向量 $\boldsymbol{\alpha}_1=(1,-1,0)^{\mathrm{T}}, \boldsymbol{\alpha}_2=(2,1,3)^{\mathrm{T}}, \boldsymbol{\alpha}_3=(3,1,2)^{\mathrm{T}}$，证明向量组 $\boldsymbol{\alpha}_1, \boldsymbol{\alpha}_2, \boldsymbol{\alpha}_3$ 是 $\mathbf{R}^3$ 的一个基，并求 $\alpha=(5,0,7)^{\mathrm{T}}$ 在基 $\boldsymbol{\alpha}_1, \boldsymbol{\alpha}_2, \boldsymbol{\alpha}_3$ 下的坐标.

27. 已知 $\mathbf{R}^3$ 的两个基为

$$\boldsymbol{\alpha}_1=\begin{pmatrix}1\\1\\1\end{pmatrix}, \boldsymbol{\alpha}_2=\begin{pmatrix}1\\0\\-1\end{pmatrix}, \boldsymbol{\alpha}_3=\begin{pmatrix}1\\0\\1\end{pmatrix} \text{及 } \boldsymbol{\beta}_1=\begin{pmatrix}1\\2\\1\end{pmatrix}, \boldsymbol{\beta}_2=\begin{pmatrix}2\\3\\4\end{pmatrix}, \boldsymbol{\beta}_3=\begin{pmatrix}3\\4\\3\end{pmatrix}.$$

（1）求由基 $\boldsymbol{\alpha}_1, \boldsymbol{\alpha}_2, \boldsymbol{\alpha}_3$ 到基 $\boldsymbol{\beta}_1, \boldsymbol{\beta}_2, \boldsymbol{\beta}_3$ 的过度矩阵 $\boldsymbol{P}$；

（2）设向量 $\boldsymbol{\gamma}$ 在前一基中的坐标为 $(1,1,3)^{\mathrm{T}}$，求它在后一基中的坐标.

第 4 章　矩阵对角化

这一章主要讨论方阵的特征值与特征向量,相似矩阵和矩阵的对角化,以及实对称矩阵的对角化.

§4.1　特征值与特征向量

一、特征值与特征向量的基本概念

定义 4.1.1　设 $\boldsymbol{A}$ 是一个 n 阶方阵,若存在一个数 λ 和一个非零列向量 $\boldsymbol{x}$ 使得关系式

$$\boldsymbol{A}\boldsymbol{x}=\lambda\boldsymbol{x}$$

成立,则称数 λ 为方阵 $\boldsymbol{A}$ 的**特征值**,非零向量 $\boldsymbol{x}$ 称为 $\boldsymbol{A}$ 的对应于特征值 λ 的**特征向量**.

注:(1) 特征值问题只是对方阵而言的;

(2) 特征向量必须是非零向量.

显然,方阵 $\boldsymbol{A}$ 的特征值对应于无穷多个特征向量,这是因为若 $\boldsymbol{x}$ 是属于 λ 的特征向量,由

$$\boldsymbol{A}(k\boldsymbol{x})=k(\boldsymbol{A}\boldsymbol{x})=k(\lambda\boldsymbol{x})=\lambda(k\boldsymbol{x}),$$

则 $k\boldsymbol{x}$ 也是属于 λ 的特征向量($k\neq 0$).

假若$\boldsymbol{x}_1$和$\boldsymbol{x}_2$ 是 $\boldsymbol{A}$ 的属于 λ 的特征向量,由

$$\boldsymbol{A}(\boldsymbol{x}_1+\boldsymbol{x}_2)=\boldsymbol{A}\boldsymbol{x}_1+\boldsymbol{A}\boldsymbol{x}_2=\lambda\boldsymbol{x}_1+\lambda\boldsymbol{x}_2=\lambda(\boldsymbol{x}_1+\boldsymbol{x}_2),$$

则当$\boldsymbol{x}_1+\boldsymbol{x}_2\neq\boldsymbol{0}$ 时,$\boldsymbol{x}_1+\boldsymbol{x}_2$ 也是属于 λ 的特征向量.

综上所述,可知属于同一特征值的特征向量的任意非零线性组合也是属于此特征值的特征向量.

下面讨论特征值与特征向量的求法.

显然,式 $\boldsymbol{A}\boldsymbol{x}=\lambda\boldsymbol{x}$ 也可以写成

$$(\boldsymbol{A}-\lambda\boldsymbol{E})\boldsymbol{x}=\boldsymbol{0},$$

这是含 n 个未知量 n 个方程的齐次线性方程组,它有非零解的充分必要条件是系数行列式

$$|\boldsymbol{A}-\lambda\boldsymbol{E}|=0,$$

即

$$\begin{vmatrix} a_{11}-\lambda & a_{12} & \cdots & a_{1n} \\ a_{21} & a_{22}-\lambda & \cdots & a_{2n} \\ \vdots & \vdots & & \vdots \\ a_{n1} & a_{n2} & \cdots & a_{nn}-\lambda \end{vmatrix}=0.$$

上式是以 λ 为未知量的一元 n 次方程,称为方阵 $\boldsymbol{A}$ 的特征方程. 其左端 $|\boldsymbol{A}-\lambda\boldsymbol{E}|$ 是 λ 的 n 次多项式,称为方阵 $\boldsymbol{A}$ 的特征多项式,记为 $f(\lambda)$. 显然,$\boldsymbol{A}$ 的特征值就是特征方程的根,在复数范围内,n 阶方阵有 n 个特征值(重根按重数计算).

对所求得的每个特征值 $\lambda=\lambda_i$,由方程

$$(\boldsymbol{A}-\lambda_i\boldsymbol{E})\boldsymbol{x}=\boldsymbol{0},$$

可求得其全部非零解,这些非零解便是 $\boldsymbol{A}$ 的对应于 λ_i 的全部特征向量.

例 1　求矩阵 $\boldsymbol{A}=\begin{pmatrix}3 & 1\\ 5 & -1\end{pmatrix}$ 的特征值与对应的特征向量.

解　$\boldsymbol{A}$ 的特征多项式为

$$|\boldsymbol{A}-\lambda\boldsymbol{E}|=\begin{vmatrix}3-\lambda & 1\\ 5 & -1-\lambda\end{vmatrix}=(\lambda-4)(\lambda+2),$$

令 $|\boldsymbol{A}-\lambda\boldsymbol{E}|=0$,得 $\boldsymbol{A}$ 的特征值为 $\lambda_1=4,\lambda_2=-2$.

当 $\lambda_1=4$ 时,解方程组 $(\boldsymbol{A}-4\boldsymbol{E})\boldsymbol{x}=\boldsymbol{0}$,即

$$\begin{cases}-x_1+x_2=0,\\ 5x_1-5x_2=0.\end{cases}$$

它的基础解系是 $\begin{pmatrix}1\\1\end{pmatrix}$,所以 $\boldsymbol{A}$ 对应于 $\lambda_1=4$ 的全部特征向量是 $c_1\begin{pmatrix}1\\1\end{pmatrix}$($c_1$ 是任意的非零常数).

当 $\lambda_2=-2$ 时,解方程组 $(\boldsymbol{A}+2\boldsymbol{E})\boldsymbol{x}=\boldsymbol{0}$,即

$$\begin{cases}5x_1+x_2=0,\\ 5x_1+x_2=0.\end{cases}$$

它的基础解系是 $\begin{pmatrix}1\\-5\end{pmatrix}$,所以 $\boldsymbol{A}$ 对应于 $\lambda_2=-2$ 的全部特征向量是 $c_2\begin{pmatrix}1\\-5\end{pmatrix}$($c_2$ 是任意的非零常数).

例 2　求矩阵 $\boldsymbol{A}=\begin{pmatrix}-1 & 1 & 0\\ -4 & 3 & 0\\ 1 & 0 & 2\end{pmatrix}$ 的特征值与对应的特征向量.

解　$\boldsymbol{A}$ 的特征多项式为

$$|\boldsymbol{A}-\lambda\boldsymbol{E}|=\begin{vmatrix}-1-\lambda & 1 & 0\\ -4 & 3-\lambda & 0\\ 1 & 0 & 2-\lambda\end{vmatrix}=(2-\lambda)(\lambda-1)^2,$$

得 $\boldsymbol{A}$ 的特征值 $\lambda_1=2,\lambda_2=\lambda_3=1$.

当 $\lambda_1=2$ 时,解方程组 $(\boldsymbol{A}-2\boldsymbol{E})\boldsymbol{x}=\boldsymbol{0}$,由

$$A-2E=\begin{pmatrix}-3&1&0\\-4&1&0\\1&0&0\end{pmatrix}\to\begin{pmatrix}1&0&0\\0&1&0\\0&0&0\end{pmatrix},$$

得基础解系

$$\boldsymbol{\eta}_1=\begin{pmatrix}0\\0\\1\end{pmatrix},$$

所以对应于 $\lambda_1=2$ 的全部特征向量为 $k_1\boldsymbol{\eta}_1=k_1\begin{pmatrix}0\\0\\1\end{pmatrix}(k_1\neq0)$.

当 $\lambda_2=\lambda_3=1$ 时,解方程组 $(A-E)x=\mathbf{0}$,由

$$A-E=\begin{pmatrix}-2&1&0\\-4&2&0\\1&0&1\end{pmatrix}\to\begin{pmatrix}1&0&1\\0&1&2\\0&0&0\end{pmatrix},$$

得基础解系

$$\boldsymbol{\eta}_2=\begin{pmatrix}-1\\-2\\1\end{pmatrix},$$

所以对应于 $\lambda_2=\lambda_3=1$ 的全部特征向量为 $k_2\boldsymbol{\eta}_2=k_2\begin{pmatrix}-1\\-2\\1\end{pmatrix}(k_2\neq0)$.

例 3 求矩阵 $A=\begin{pmatrix}4&6&0\\-3&-5&0\\-3&-6&1\end{pmatrix}$ 的特征值和对应的特征向量.

解 A 的特征多项式

$$|A-\lambda E|=\begin{vmatrix}4-\lambda&6&0\\-3&-5-\lambda&0\\-3&-6&1-\lambda\end{vmatrix}=-(\lambda+2)(\lambda-1)^2,$$

所以 A 的特征值 $\lambda_1=-2,\lambda_2=\lambda_3=1$.

当 $\lambda_1=-2$ 时,解方程组 $(A+2E)x=\mathbf{0}$,由

$$A+2E=\begin{pmatrix}6&6&0\\-3&-3&0\\-3&-6&3\end{pmatrix}\to\begin{pmatrix}1&0&1\\0&1&-1\\0&0&0\end{pmatrix},$$

得基础解系

$$\boldsymbol{\eta}_1=\begin{pmatrix}-1\\1\\1\end{pmatrix},$$

所以对应于 $\lambda_1=-2$ 的全部特征向量为 $k_1\boldsymbol{\eta}_1=k_1\begin{pmatrix}-1\\1\\1\end{pmatrix}(k_1\neq 0)$.

当 $\lambda_2=\lambda_3=1$ 时,解方程组 $(\boldsymbol{A}-\boldsymbol{E})\boldsymbol{x}=\boldsymbol{0}$,由

$$\boldsymbol{A}-\boldsymbol{E}=\begin{pmatrix}3&6&0\\-3&-6&0\\-3&-6&0\end{pmatrix}\rightarrow\begin{pmatrix}1&2&0\\0&0&0\\0&0&0\end{pmatrix},$$

得基础解系

$$\boldsymbol{\eta}_2=\begin{pmatrix}-2\\1\\0\end{pmatrix},\quad \boldsymbol{\eta}_3=\begin{pmatrix}0\\0\\1\end{pmatrix}.$$

所以对应于 $\lambda_2=\lambda_3=1$ 的全部特征向量是

$$k_2\boldsymbol{\eta}_2+k_3\boldsymbol{\eta}_3=k_2\begin{pmatrix}-2\\1\\0\end{pmatrix}+k_3\begin{pmatrix}0\\0\\1\end{pmatrix}(k_2,k_3\text{ 不同时为 }0).$$

例 4 设三阶矩阵 $\boldsymbol{A}$ 的特征值为 $\lambda_1=-1,\lambda_2=1,\lambda_3=3$,对应的特征向量依次为:$\boldsymbol{\xi}_1=(1,-1,0)^{\mathrm{T}},\boldsymbol{\xi}_2=(1,-1,1)^{\mathrm{T}},\boldsymbol{\xi}_3=(0,1,-1)^{\mathrm{T}}$, 求矩阵 $\boldsymbol{A}$.

解 由定义 $\boldsymbol{A}\boldsymbol{\xi}_1=\lambda_1\boldsymbol{\xi}_1,\boldsymbol{A}\boldsymbol{\xi}_2=\lambda_2\boldsymbol{\xi}_2,\boldsymbol{A}\boldsymbol{\xi}_3=\lambda_3\boldsymbol{\xi}_3$, 于是

$$\boldsymbol{A}(\boldsymbol{\xi}_1,\boldsymbol{\xi}_2,\boldsymbol{\xi}_3)=(\boldsymbol{A}\boldsymbol{\xi}_1,\boldsymbol{A}\boldsymbol{\xi}_2,\boldsymbol{A}\boldsymbol{\xi}_3)=(\lambda_1\boldsymbol{\xi}_1,\lambda_2\boldsymbol{\xi}_2,\lambda_3\boldsymbol{\xi}_3),$$

即有

$$\boldsymbol{A}\begin{pmatrix}1&1&0\\-1&-1&1\\0&1&-1\end{pmatrix}=\begin{pmatrix}-1&1&0\\1&-1&3\\0&1&-3\end{pmatrix},$$

故所求

$$\boldsymbol{A}=\begin{pmatrix}-1&1&0\\1&-1&3\\0&1&-3\end{pmatrix}\begin{pmatrix}1&1&0\\-1&-1&1\\0&1&-1\end{pmatrix}^{-1}=\begin{pmatrix}1&2&2\\2&1&-2\\-2&-2&1\end{pmatrix}.$$

二、特征值与特征向量的基本性质

性质 4.1.1 n 阶矩阵 $\boldsymbol{A}$ 与它的转置矩阵 $\boldsymbol{A}^{\mathrm{T}}$ 有相同的特征值.

证 因为

$$|\boldsymbol{A}-\lambda\boldsymbol{E}|=|(\boldsymbol{A}-\lambda\boldsymbol{E})^{\mathrm{T}}|=|\boldsymbol{A}^{\mathrm{T}}-\lambda\boldsymbol{E}|,$$

即 $\boldsymbol{A}$ 与 $\boldsymbol{A}^{\mathrm{T}}$ 有相同的特征多项式,从而特征值相同.

性质 4.1.2 若 λ 是方阵 $\boldsymbol{A}$ 的特征值,$\boldsymbol{x}$ 是对应于 λ 的特征向量,则

(1) $\mu\lambda$ 是 $\mu\boldsymbol{A}$ 的特征值,$\boldsymbol{x}$ 是对应于 $\mu\lambda$ 的特征向量(μ 是常数);

(2) λ^m 是 $\boldsymbol{A}^m$ 的特征值,$\boldsymbol{x}$ 是对应于 λ^m 的特征向量(m 是自然数);

(3) 当 $\boldsymbol{A}$ 可逆时,λ^{-1} 是 $\boldsymbol{A}^{-1}$ 的特征值,$\lambda^{-1}|\boldsymbol{A}|$ 为 $\boldsymbol{A}^*$ 的特征值,且 $\boldsymbol{x}$ 为对应的特

征向量.

证 由 $\boldsymbol{A}\boldsymbol{x}=\lambda\boldsymbol{x}$ 可得

(1) $(\mu\boldsymbol{A})\boldsymbol{x}=\mu(\boldsymbol{A}\boldsymbol{x})=\mu(\lambda\boldsymbol{x})=(\mu\lambda)\boldsymbol{x}$,所以 $\mu\lambda$ 是 $\mu\boldsymbol{A}$ 的特征值,$\boldsymbol{x}$ 是对应于 $\mu\lambda$ 的特征向量(μ 是常数).

(2) $\boldsymbol{A}^2\boldsymbol{x}=\boldsymbol{A}(\boldsymbol{A}\boldsymbol{x})=\boldsymbol{A}(\lambda\boldsymbol{x})=\lambda(\boldsymbol{A}\boldsymbol{x})=\lambda^2\boldsymbol{x}$,由归纳法即得

$$\boldsymbol{A}^m\boldsymbol{x}=\lambda^m\boldsymbol{x}(m\text{ 是自然数}),$$

所以 λ^m 是$\boldsymbol{A}^m$ 的特征值,$\boldsymbol{x}$ 是对应于 λ^m 的特征向量(m 是自然数).

(3) 当 $\boldsymbol{A}$ 可逆时,$\boldsymbol{A}^{-1}(\boldsymbol{A}\boldsymbol{x})=\boldsymbol{A}^{-1}(\lambda\boldsymbol{x})$,即 $\boldsymbol{x}=\lambda\boldsymbol{A}^{-1}\boldsymbol{x}$,因为 $\boldsymbol{x}\neq\boldsymbol{0}$,则 $\lambda\neq 0$,于是

$$\boldsymbol{A}^{-1}\boldsymbol{x}=\lambda^{-1}\boldsymbol{x},$$

且

$$\boldsymbol{A}^*\boldsymbol{x}=(|\boldsymbol{A}|\boldsymbol{A}^{-1})\boldsymbol{x}=|\boldsymbol{A}|\boldsymbol{A}^{-1}\boldsymbol{x}=\lambda^{-1}|\boldsymbol{A}|\boldsymbol{x},$$

所以 λ^{-1}是 $\boldsymbol{A}^{-1}$ 的特征值,$\lambda^{-1}|\boldsymbol{A}|$为$\boldsymbol{A}^*$ 的特征值,且 $\boldsymbol{x}$ 为对应的特征向量.

性质 4.1.3 设 n 阶矩阵 $\boldsymbol{A}=(a_{ij})_{n\times n}$ 的 n 个特征值为 $\lambda_1,\lambda_2,\cdots,\lambda_n$,则

(1) $\lambda_1+\lambda_2+\cdots+\lambda_n=a_{11}+a_{22}+\cdots+a_{nn}=\operatorname{tr}\boldsymbol{A}$;

(2) $\lambda_1\lambda_2\cdots\lambda_n=|\boldsymbol{A}|$.

其中,$\boldsymbol{A}$ 的主对角线元素之和 $a_{11}+a_{22}+\cdots+a_{nn}$ 称为 $\boldsymbol{A}$ 的迹,记作 $\operatorname{tr}\boldsymbol{A}$.

证 $\boldsymbol{A}$ 的特征多项式

$$|\boldsymbol{A}-\lambda\boldsymbol{E}|=\begin{vmatrix} a_{11}-\lambda & a_{12} & \cdots & a_{1n} \\ a_{21} & a_{22}-\lambda & \cdots & a_{2n} \\ \vdots & \vdots & & \vdots \\ a_{n1} & a_{n2} & \cdots & a_{nn}-\lambda \end{vmatrix},$$

考虑特征方程 $f(\lambda)=|\lambda\boldsymbol{E}-\boldsymbol{A}|=0$,而

$$f(\lambda)=\lambda^n-(a_{11}+a_{22}+\cdots+a_{nn})\lambda^{n-1}+\cdots+(-1)^n|\boldsymbol{A}|,$$

由根与系数关系即得.

注:由性质 4.1.3 可知,$\boldsymbol{A}$ 可逆当且仅当 $\boldsymbol{A}$ 的特征值都不为零.

性质 4.1.4 n 阶矩阵 $\boldsymbol{A}$ 属于互不相同的特征值 $\lambda_1,\lambda_2,\cdots,\lambda_m$ 的特征向量$\boldsymbol{\alpha}_1,\boldsymbol{\alpha}_2,\cdots,\boldsymbol{\alpha}_m$ 线性无关.

证 用反证法.

设$\boldsymbol{\alpha}_1,\boldsymbol{\alpha}_2,\cdots,\boldsymbol{\alpha}_m$ 线性相关. 不妨设$\boldsymbol{\alpha}_1,\boldsymbol{\alpha}_2,\cdots,\boldsymbol{\alpha}_m$ 的最大无关组为$\boldsymbol{\alpha}_1,\boldsymbol{\alpha}_2,\cdots,\boldsymbol{\alpha}_r$ $(1\leqslant r\leqslant m-1)$,我们来证明$\boldsymbol{\alpha}_1,\boldsymbol{\alpha}_2,\cdots,\boldsymbol{\alpha}_r,\boldsymbol{\alpha}_{r+1}$ 线性无关,从而导致矛盾.

令

$$k_1\boldsymbol{\alpha}_1+k_2\boldsymbol{\alpha}_2+\cdots+k_r\boldsymbol{\alpha}_r+k_{r+1}\boldsymbol{\alpha}_{r+1}=\boldsymbol{0}, \tag{4.1.1}$$

用 $\boldsymbol{A}$ 左乘式(4.1.1),得

$$k_1\boldsymbol{A}\boldsymbol{\alpha}_1+k_2\boldsymbol{A}\boldsymbol{\alpha}_2+\cdots+k_r\boldsymbol{A}\boldsymbol{\alpha}_r+k_{r+1}\boldsymbol{A}\boldsymbol{\alpha}_{r+1}=\boldsymbol{0},$$

$$k_1\lambda_1\boldsymbol{\alpha}_1+k_2\lambda_2\boldsymbol{\alpha}_2+\cdots+k_r\lambda_r\boldsymbol{\alpha}_r+k_{r+1}\lambda_{r+1}\boldsymbol{\alpha}_{r+1}=\boldsymbol{0}, \tag{4.1.2}$$

式(4.1.1)两边同乘以 λ_{r+1},得

$$k_1\lambda_{r+1}\boldsymbol{\alpha}_1+k_2\lambda_{r+1}\boldsymbol{\alpha}_2+\cdots+k_r\lambda_{r+1}\boldsymbol{\alpha}_r+k_{r+1}\lambda_{r+1}\boldsymbol{\alpha}_{r+1}=\mathbf{0},\tag{4.1.3}$$

由式(4.1.3)减式(4.1.2),得

$$k_1(\lambda_{r+1}-\lambda_1)\boldsymbol{\alpha}_1+k_2(\lambda_{r+1}-\lambda_2)\boldsymbol{\alpha}_2+\cdots+k_r(\lambda_{r+1}-\lambda_r)\boldsymbol{\alpha}_r=\mathbf{0}.$$

由于$\boldsymbol{\alpha}_1,\boldsymbol{\alpha}_2,\cdots,\boldsymbol{\alpha}_r$ 线性无关,且 $\lambda_i\neq\lambda_j(i\neq j)$,因此 $k_1=k_2=\cdots=k_r=0$.

由式(4.1.1)可知,$k_{r+1}\boldsymbol{\alpha}_{r+1}=\mathbf{0}$,但$\boldsymbol{\alpha}_{r+1}\neq\mathbf{0}$,从而 $k_{r+1}=0$,则$\boldsymbol{\alpha}_1,\boldsymbol{\alpha}_2,\cdots,\boldsymbol{\alpha}_r,\boldsymbol{\alpha}_{r+1}$ 线性无关,与假设矛盾,所以$\boldsymbol{\alpha}_1,\boldsymbol{\alpha}_2,\cdots,\boldsymbol{\alpha}_m$ 线性无关.

例 5 设方阵

$$\boldsymbol{A}=\begin{pmatrix}3&2&-2\\-5&-1&5\\4&2&-3\end{pmatrix},$$

求:

(1) $\boldsymbol{A}$ 的特征值;

(2) $2\boldsymbol{E}+\boldsymbol{A}^{-1}$ 的特征值.

解 (1) 由特征方程

$$|\lambda\boldsymbol{E}-\boldsymbol{A}|=\begin{vmatrix}\lambda-3&-2&2\\5&\lambda+1&-5\\-4&-2&\lambda+3\end{vmatrix}=\begin{vmatrix}\lambda-1&-2&2\\0&\lambda+1&-5\\\lambda-1&-2&\lambda+3\end{vmatrix}$$

$$=\begin{vmatrix}\lambda-1&-2&2\\0&\lambda+1&-5\\0&0&\lambda+1\end{vmatrix}=(\lambda+1)^2(\lambda-1)=0,$$

得 $\boldsymbol{A}$ 的特征值 $\lambda_1=\lambda_2=-1,\lambda_3=1$.

(2) 由 $\boldsymbol{A}$ 的特征值不为零,则 $\boldsymbol{A}$ 可逆,且$\boldsymbol{A}^{-1}$ 的特征值为 $\lambda_1^{-1}=\lambda_2^{-1}=-1,\lambda_3^{-1}=1$.

由$\boldsymbol{A}^{-1}\boldsymbol{x}=\lambda\boldsymbol{x}$,得

$$2\boldsymbol{E}\boldsymbol{x}+\boldsymbol{A}^{-1}\boldsymbol{x}=2\boldsymbol{x}+\lambda^{-1}\boldsymbol{x},$$

即

$$(2\boldsymbol{E}+\boldsymbol{A}^{-1})\boldsymbol{x}=(2+\lambda^{-1})\boldsymbol{x},$$

则 $2\boldsymbol{E}+\boldsymbol{A}^{-1}$ 有特征值 $2+\lambda^{-1}$,因此 $2\boldsymbol{E}+\boldsymbol{A}^{-1}$ 的特征值为 1,1,3.

例 6 设$\boldsymbol{x}_1$ 是方阵 $\boldsymbol{A}$ 的属于特征值 λ_1的特征向量,$\boldsymbol{x}_2$ 是属于特征值 λ_2 的特征向量,若 $\lambda_1\neq\lambda_2$,则$\boldsymbol{x}_1+\boldsymbol{x}_2$ 不是 $\boldsymbol{A}$ 的特征向量.

证 假设$\boldsymbol{x}_1+\boldsymbol{x}_2$ 是 $\boldsymbol{A}$ 的属于特征值 λ 的特征向量,则

$$\boldsymbol{A}(\boldsymbol{x}_1+\boldsymbol{x}_2)=\lambda(\boldsymbol{x}_1+\boldsymbol{x}_2),$$

而

$$\boldsymbol{A}(\boldsymbol{x}_1+\boldsymbol{x}_2)=\boldsymbol{A}\boldsymbol{x}_1+\boldsymbol{A}\boldsymbol{x}_2=\lambda_1\boldsymbol{x}_1+\lambda_2\boldsymbol{x}_2,$$

所以

$$(\lambda-\lambda_1)\boldsymbol{x}_1+(\lambda-\lambda_2)\boldsymbol{x}_2=\mathbf{0}.$$

因为$\boldsymbol{x}_1$ 和$\boldsymbol{x}_2$ 是属于不同特征值的特征向量,所以$\boldsymbol{x}_1$ 和$\boldsymbol{x}_2$ 线性无关,则

$$\lambda-\lambda_1=0,\lambda-\lambda_2=0,$$

即 $\lambda=\lambda_1=\lambda_2$,与假设矛盾,所以 $\boldsymbol{x}_1+\boldsymbol{x}_2$ 不是 $\boldsymbol{A}$ 的特征向量.

§4.2 相似矩阵和矩阵的对角化

扫码查看
☑同步微课
☑备考干货
☑学习方法
☑复习妙招

一、相似矩阵的概念与性质

定义 4.2.1 设 $\boldsymbol{A},\boldsymbol{B}$ 都是 n 阶方阵,若存在一个可逆矩阵 $\boldsymbol{P}$,使

$$\boldsymbol{P}^{-1}\boldsymbol{A}\boldsymbol{P}=\boldsymbol{B},$$

则称 $\boldsymbol{A}$ 与 $\boldsymbol{B}$ 相似.

由定义可知,若 $\boldsymbol{A}$ 与 $\boldsymbol{B}$ 相似,则 $\boldsymbol{B}$ 与 $\boldsymbol{A}$ 也相似. 矩阵的"相似"关系满足:

(1) 反身性:$\boldsymbol{A}$ 与 $\boldsymbol{A}$ 相似;

(2) 对称性:若 $\boldsymbol{A}$ 与 $\boldsymbol{B}$ 相似,则 $\boldsymbol{B}$ 与 $\boldsymbol{A}$ 相似;

(3) 传递性:若 $\boldsymbol{A}$ 与 $\boldsymbol{B}$ 相似,$\boldsymbol{B}$ 与 $\boldsymbol{C}$ 相似,则 $\boldsymbol{A}$ 与 $\boldsymbol{C}$ 相似.

相似矩阵具有如下性质:

性质 4.2.1 相似矩阵具有相同的秩及相同的行列式.

证 若 $\boldsymbol{A}$ 与 $\boldsymbol{B}$ 相似,则存在可逆矩阵 $\boldsymbol{P}$,使 $\boldsymbol{P}^{-1}\boldsymbol{A}\boldsymbol{P}=\boldsymbol{B}$, 则 $r(\boldsymbol{A})=r(\boldsymbol{B})$,且

$$|\boldsymbol{B}|=|\boldsymbol{P}^{-1}\boldsymbol{A}\boldsymbol{P}|=|\boldsymbol{P}^{-1}||\boldsymbol{A}||\boldsymbol{P}|=|\boldsymbol{A}|.$$

性质 4.2.2 相似矩阵若可逆,则逆矩阵也相似.

证 若 $\boldsymbol{A}$ 与 $\boldsymbol{B}$ 相似,则存在可逆矩阵 $\boldsymbol{P}$,使

$$\boldsymbol{P}^{-1}\boldsymbol{A}\boldsymbol{P}=\boldsymbol{B}.$$

若 $\boldsymbol{A},\boldsymbol{B}$ 可逆,则

$$(\boldsymbol{P}^{-1}\boldsymbol{A}\boldsymbol{P})^{-1}=\boldsymbol{B}^{-1},\text{即}\boldsymbol{P}^{-1}\boldsymbol{A}^{-1}\boldsymbol{P}=\boldsymbol{B}^{-1},$$

所以 $\boldsymbol{A}^{-1}$ 与 $\boldsymbol{B}^{-1}$ 相似.

性质 4.2.3 若 $\boldsymbol{A}$ 与 $\boldsymbol{B}$ 相似,则 $\boldsymbol{A}^k$ 与 $\boldsymbol{B}^k$ 相似,其中 k 为整数.

证 若 $\boldsymbol{A}$ 与 $\boldsymbol{B}$ 相似,则存在可逆矩阵 $\boldsymbol{P}$,使

$$\boldsymbol{P}^{-1}\boldsymbol{A}\boldsymbol{P}=\boldsymbol{B},$$

则

$$(\boldsymbol{P}^{-1}\boldsymbol{A}\boldsymbol{P})^k=\boldsymbol{B}^k.$$

而

$$\boldsymbol{B}^k=(\boldsymbol{P}^{-1}\boldsymbol{A}\boldsymbol{P})^k=(\boldsymbol{P}^{-1}\boldsymbol{A}\boldsymbol{P})(\boldsymbol{P}^{-1}\boldsymbol{A}\boldsymbol{P})\cdots(\boldsymbol{P}^{-1}\boldsymbol{A}\boldsymbol{P})=\boldsymbol{P}^{-1}\boldsymbol{A}^k\boldsymbol{P},$$

所以 $\boldsymbol{A}^k$ 与 $\boldsymbol{B}^k$ 相似.

注:此性质常用于计算 $\boldsymbol{A}^k$.

性质 4.2.4 相似矩阵有相同的特征多项式及相同的特征值.

证 设 $\boldsymbol{A}$ 与 $\boldsymbol{B}$ 相似，则存在可逆矩阵 $\boldsymbol{P}$，使

$$\boldsymbol{P}^{-1}\boldsymbol{A}\boldsymbol{P}=\boldsymbol{B},$$

则

$$\begin{aligned}|\boldsymbol{B}-\lambda\boldsymbol{E}| &= |\boldsymbol{P}^{-1}\boldsymbol{A}\boldsymbol{P}-\lambda\boldsymbol{E}| = |\boldsymbol{P}^{-1}\boldsymbol{A}\boldsymbol{P}-\boldsymbol{P}^{-1}(\lambda\boldsymbol{E})\boldsymbol{P}| \\ &= |\boldsymbol{P}^{-1}(\boldsymbol{A}-\lambda\boldsymbol{E})\boldsymbol{P}| = |\boldsymbol{P}^{-1}|\,|\boldsymbol{A}-\lambda\boldsymbol{E}|\,|\boldsymbol{P}| \\ &= |\boldsymbol{A}-\lambda\boldsymbol{E}|,\end{aligned}$$

即 $\boldsymbol{A}$ 与 $\boldsymbol{B}$ 具有相同的特征多项式，从而也具有相同的特征值.

注：(1) 上述性质都是矩阵相似的必要条件而非充分条件，如特征多项式相同的矩阵不一定相似. 例如

$$\boldsymbol{A}=\begin{pmatrix}1 & 1\\ 0 & 1\end{pmatrix},\ \boldsymbol{E}=\begin{pmatrix}1 & 0\\ 0 & 1\end{pmatrix},$$

$\boldsymbol{A}$ 与 $\boldsymbol{E}$ 的特征多项式相同，但 $\boldsymbol{A}$ 与 $\boldsymbol{E}$ 不相似，因为单位矩阵只能与自身相似.

(2) 从性质易知，若 $\boldsymbol{A}$ 与一个对角矩阵相似，则对角矩阵的对角线元素即为 $\boldsymbol{A}$ 的特征值.

下面讨论的主要问题是：对 n 阶方阵 $\boldsymbol{A}$，在什么条件下能与一个对角矩阵相似？即寻求相似变换矩阵 $\boldsymbol{P}$，使 $\boldsymbol{P}^{-1}\boldsymbol{A}\boldsymbol{P}=\boldsymbol{\Lambda}$ 为对角阵，这称为把方阵 $\boldsymbol{A}$ 对角化.

二、方阵对角化

定理 4.2.1 n 阶方阵 $\boldsymbol{A}$ 与对角矩阵相似(即 $\boldsymbol{A}$ 能对角化)的充分必要条件是 $\boldsymbol{A}$ 有 n 个线性无关的特征向量.

证 必要性. 设 n 阶方阵 $\boldsymbol{A}$ 与对角矩阵 $\boldsymbol{\Lambda}$ 相似，记

$$\boldsymbol{\Lambda}=\begin{pmatrix}\lambda_1 & & & \\ & \lambda_2 & & \\ & & \ddots & \\ & & & \lambda_n\end{pmatrix},\ \lambda_1,\lambda_2,\cdots,\lambda_n \text{ 为 } \boldsymbol{\Lambda} \text{ 的 } n \text{ 个特征值},$$

则存在可逆矩阵 $\boldsymbol{P}$，使 $\boldsymbol{P}^{-1}\boldsymbol{A}\boldsymbol{P}=\boldsymbol{\Lambda}$，即 $\boldsymbol{A}\boldsymbol{P}=\boldsymbol{P}\boldsymbol{\Lambda}$.

将 $\boldsymbol{P}$ 按列分块，记 $\boldsymbol{P}=(\boldsymbol{p}_1,\boldsymbol{p}_2,\cdots,\boldsymbol{p}_n)$，则上式成为

$$\boldsymbol{A}(\boldsymbol{p}_1,\boldsymbol{p}_2,\cdots,\boldsymbol{p}_n)=(\lambda_1\boldsymbol{p}_1,\lambda_2\boldsymbol{p}_2,\cdots,\lambda_n\boldsymbol{p}_n),$$

于是

$$\boldsymbol{A}\boldsymbol{p}_1=\lambda_1\boldsymbol{p}_1,\boldsymbol{A}\boldsymbol{p}_2=\lambda_2\boldsymbol{p}_2,\cdots,\boldsymbol{A}\boldsymbol{p}_n=\lambda_n\boldsymbol{p}_n.$$

因为 $\boldsymbol{P}$ 可逆，所以 $\boldsymbol{p}_1,\boldsymbol{p}_2,\cdots,\boldsymbol{p}_n$ 都是非零向量且线性无关. 根据特征值和特征向量的定义可知，$\boldsymbol{p}_1,\boldsymbol{p}_2,\cdots,\boldsymbol{p}_n$ 为 $\boldsymbol{A}$ 的 n 个线性无关的特征向量.

充分性. 若 $\boldsymbol{A}$ 有 n 个线性无关的特征向量 $\boldsymbol{p}_1,\boldsymbol{p}_2,\cdots,\boldsymbol{p}_n$，假设它们对应的特征值分别为 $\lambda_1,\lambda_2,\cdots,\lambda_n$，则

$$\boldsymbol{A}\boldsymbol{p}_i=\lambda_i\boldsymbol{p}_i\,(i=1,2,\cdots,n),$$

$$\boldsymbol{A}(\boldsymbol{p}_1,\boldsymbol{p}_2,\cdots,\boldsymbol{p}_n)=(\boldsymbol{A}\boldsymbol{p}_1,\boldsymbol{A}\boldsymbol{p}_2,\cdots,\boldsymbol{A}\boldsymbol{p}_n)=(\lambda_1\boldsymbol{p}_1,\lambda_2\boldsymbol{p}_2,\cdots,\lambda_n\boldsymbol{p}_n)$$

$$=(\boldsymbol{p}_1,\boldsymbol{p}_2,\cdots,\boldsymbol{p}_n)\begin{pmatrix}\lambda_1 & & & \\ & \lambda_2 & & \\ & & \ddots & \\ & & & \lambda_n\end{pmatrix}.$$

因为$\boldsymbol{p}_1,\boldsymbol{p}_2,\cdots,\boldsymbol{p}_n$ 线性无关,则 $\boldsymbol{P}=(\boldsymbol{p}_1,\boldsymbol{p}_2,\cdots,\boldsymbol{p}_n)$为可逆矩阵,从而

$$\boldsymbol{P}^{-1}\boldsymbol{A}\boldsymbol{P}=\begin{pmatrix}\lambda_1 & & & \\ & \lambda_2 & & \\ & & \ddots & \\ & & & \lambda_n\end{pmatrix}=\boldsymbol{\Lambda},$$

所以方阵 $\boldsymbol{A}$ 与对角矩阵相似.

注:(1) 方阵 $\boldsymbol{A}$ 若能够对角化,则对角矩阵 $\boldsymbol{\Lambda}$ 在不计 λ_k 的排列顺序时,$\boldsymbol{\Lambda}$ 是唯一的,称为 $\boldsymbol{A}$ 的相似标准形.

(2) 相似变换矩阵 $\boldsymbol{P}$ 就是以 $\boldsymbol{A}$ 的 n 个线性无关的特征向量作为列向量排列而成的.

推论 1 n 阶方阵 $\boldsymbol{A}$ 如有 n 个不同特征值,则 $\boldsymbol{A}$ 可对角化.

推论 2 若对于 n 阶方阵 $\boldsymbol{A}$ 的任一 k 重特征值 λ,有 $r(\boldsymbol{A}-\lambda\boldsymbol{E})=n-k$,则 $\boldsymbol{A}$ 可对角化.

证 对 $\boldsymbol{A}$ 的任一 k 重特征值,$r(\boldsymbol{A}-\lambda\boldsymbol{E})=n-k$,则齐次线性方程组$(\boldsymbol{A}-\lambda\boldsymbol{E})\boldsymbol{x}=\boldsymbol{0}$ 的解空间的维数为 k,必对应 k 个线性无关的特征向量,$\boldsymbol{A}$ 必有 n 个线性无关的特征向量.

由定理 4.2.1 可得判定一个矩阵 $\boldsymbol{A}$ 是否可对角化的方法:

第一步 求出 $\boldsymbol{A}$ 的所有不同的特征值 $\lambda_1,\lambda_2,\cdots,\lambda_s$;

第二步 求出$(\boldsymbol{A}-\lambda_i\boldsymbol{E})\boldsymbol{x}=\boldsymbol{0}(i=1,2,\cdots,s)$的基础解系,设依次为$\boldsymbol{\alpha}_1,\boldsymbol{\alpha}_2,\cdots,\boldsymbol{\alpha}_{t_1},\boldsymbol{\beta}_1,\boldsymbol{\beta}_2,\cdots,\boldsymbol{\beta}_{t_2},\cdots,\boldsymbol{\nu}_1,\boldsymbol{\nu}_2,\cdots,\boldsymbol{\nu}_{t_k}$;

若 $t_1+t_2+\cdots+t_k=n$,则 $\boldsymbol{A}$ 可对角化;

若 $t_1+t_2+\cdots+t_k<n$,则 $\boldsymbol{A}$ 不能对角化.

显然 $t_1+t_2+\cdots+t_k\leqslant n$ 恒成立.

例 1 设矩阵 $\boldsymbol{A}$ 与 $\boldsymbol{B}$ 相似,其中

$$\boldsymbol{A}=\begin{pmatrix}-2 & 0 & 0\\ 2 & x & 2\\ 3 & 1 & 1\end{pmatrix},\boldsymbol{B}=\begin{pmatrix}-1 & 0 & 0\\ 0 & -2 & 0\\ 0 & 0 & y\end{pmatrix},$$

求 x 与 y 的值.

解 $\boldsymbol{A}$ 的特征多项式为

$$|\boldsymbol{A}-\lambda\boldsymbol{E}|=\begin{vmatrix}-2-\lambda & 0 & 0\\ 2 & x-\lambda & 2\\ 3 & 1 & 1-\lambda\end{vmatrix}=(-\lambda-2)[\lambda^2-(x+1)\lambda+x-2],$$

显然,$\boldsymbol{B}$ 的特征值为$-1,-2,y$. 因为 $\boldsymbol{A}$ 与 $\boldsymbol{B}$ 相似,所以$-1,-2,y$ 必定为 $\boldsymbol{A}$ 的特征值,将 $\lambda=-1$ 代入 $\boldsymbol{A}$ 的特征方程得 $x=0$,则 $\boldsymbol{A}$ 的特征多项式为

$$(-\lambda-2)(\lambda^2-\lambda-2),$$

特征值为$-1,-2,2$,所以 $y=2$.

例 2　已知 $\boldsymbol{\xi}=\begin{pmatrix}1\\1\\-1\end{pmatrix}$ 是矩阵 $\boldsymbol{A}=\begin{pmatrix}2&-1&2\\5&a&3\\-1&b&-2\end{pmatrix}$ 的一个特征向量.

(1) 试确定参数 a,b 及 $\boldsymbol{\xi}$ 所对应的特征值；

(2) $\boldsymbol{A}$ 能否对角化?

解　(1) 由 $\boldsymbol{A\xi}=\lambda\boldsymbol{\xi}$，即

$$(\boldsymbol{A}-\lambda\boldsymbol{E})\boldsymbol{\xi}=\begin{pmatrix}2-\lambda&-1&2\\5&a-\lambda&3\\-1&b&-2-\lambda\end{pmatrix}\begin{pmatrix}1\\1\\-1\end{pmatrix}=\begin{pmatrix}0\\0\\0\end{pmatrix},$$

解得 $a=-3,b=0,\lambda=-1$ 为 $\boldsymbol{\xi}$ 所对应的特征值.

(2)
$$\boldsymbol{A}=\begin{pmatrix}2&-1&2\\5&-3&3\\-1&0&-2\end{pmatrix},$$

则

$$|\boldsymbol{A}-\lambda\boldsymbol{E}|=\begin{vmatrix}2-\lambda&-1&2\\5&-3-\lambda&3\\-1&0&-2-\lambda\end{vmatrix}=-(\lambda+1)^3,$$

因此 $\boldsymbol{A}$ 的特征值 $\lambda_1=\lambda_2=\lambda_3=-1$.

解方程组 $(\boldsymbol{A}+\boldsymbol{E})\boldsymbol{x}=\boldsymbol{0}$，由

$$\boldsymbol{A}+\boldsymbol{E}=\begin{pmatrix}3&-1&2\\5&-2&3\\-1&0&-1\end{pmatrix}\to\begin{pmatrix}1&0&1\\0&1&1\\0&0&0\end{pmatrix},$$

得线性无关的特征向量只有一个，故 $\boldsymbol{A}$ 不能相似于对角矩阵.

例 3　设 $\boldsymbol{A}=\begin{pmatrix}1&4&2\\0&-3&4\\0&4&3\end{pmatrix}$，求 $\boldsymbol{A}^n(n\in\mathbf{N})$.

解　$$|\boldsymbol{A}-\lambda\boldsymbol{E}|=\begin{vmatrix}1-\lambda&4&2\\0&-3-\lambda&4\\0&4&3-\lambda\end{vmatrix}=(1-\lambda)(\lambda-5)(\lambda+5),$$

即 $\boldsymbol{A}$ 的特征值为 $\lambda_1=1,\lambda_2=5,\lambda_3=-5$，它们对应的特征向量分别为

$$\boldsymbol{\xi}_1=\begin{pmatrix}1\\0\\0\end{pmatrix},\boldsymbol{\xi}_2=\begin{pmatrix}2\\1\\2\end{pmatrix},\boldsymbol{\xi}_3=\begin{pmatrix}1\\-2\\1\end{pmatrix}.$$

令

$$\boldsymbol{P}=(\boldsymbol{\xi}_1,\boldsymbol{\xi}_2,\boldsymbol{\xi}_3)=\begin{pmatrix}1&2&1\\0&1&-2\\0&2&1\end{pmatrix},$$

则 $\boldsymbol{P}^{-1}\boldsymbol{AP}=\begin{pmatrix}1&0&0\\0&5&0\\0&0&-5\end{pmatrix}=\boldsymbol{\Lambda}$，所以 $\boldsymbol{A}=\boldsymbol{P\Lambda P}^{-1}$，因此 $\boldsymbol{A}^n=\boldsymbol{P\Lambda}^n\boldsymbol{P}^{-1}$. 易求得

$$P^{-1}=\begin{pmatrix}1 & 0 & -1\\ 0 & \frac{1}{5} & \frac{2}{5}\\ 0 & -\frac{2}{5} & \frac{1}{5}\end{pmatrix},$$

所以

$$A^n=\begin{pmatrix}1 & 2 & 1\\ 0 & 1 & -2\\ 0 & 2 & 1\end{pmatrix}\begin{pmatrix}1 & 0 & 0\\ 0 & 5^n & 0\\ 0 & 0 & (-5)^n\end{pmatrix}\begin{pmatrix}1 & 0 & -1\\ 0 & \frac{1}{5} & \frac{2}{5}\\ 0 & -\frac{2}{5} & \frac{1}{5}\end{pmatrix}$$

$$=\begin{pmatrix}1 & 2\times5^{n-1}(1+(-1)^{n+1}) & 5^{n-1}(4+(-1)^n)-1\\ 0 & 5^{n-1}(1+4(-1)^n) & 2\times5^{n-1}(1+(-1)^{n+1})\\ 0 & 2\times5^{n-1}(1+(-1)^{n+1}) & 5^{n-1}(4+(-1)^n)\end{pmatrix}.$$

例 4 设 $A=\begin{pmatrix}0 & 0 & 1\\ 1 & 1 & a\\ 1 & 0 & 0\end{pmatrix}$,问 a 为何值时,矩阵 A 能对角化?

解 $|\lambda E-A|=\begin{vmatrix}\lambda & 0 & -1\\ -1 & \lambda-1 & -a\\ -1 & 0 & \lambda\end{vmatrix}=(\lambda-1)\begin{vmatrix}\lambda & -1\\ -1 & \lambda\end{vmatrix}=(\lambda+1)(\lambda-1)^2.$

得 $\lambda_1=-1,\lambda_2=\lambda_3=1$.

若矩阵 A 可对角化,则 A 有 3 个线性无关的特征向量. 可知对 $\lambda_1=-1$,求得线性无关的特征向量有 1 个;而对重根 $\lambda_2=\lambda_3=1$,应有 2 个线性无关的特征向量,即方程组 $(E-A)x=0$ 有 2 个线性无关的解,亦即系数矩阵 $E-A$ 的秩 $r(E-A)=1$.

由

$$E-A=\begin{pmatrix}1 & 0 & -1\\ -1 & 0 & -a\\ -1 & 0 & 1\end{pmatrix}\to\begin{pmatrix}1 & 0 & -1\\ 0 & 0 & a+1\\ 0 & 0 & 0\end{pmatrix},$$

要使 $r(E-A)=1$,必须 $a+1=0$,由此得 $a=-1$. 因此,当 $a=-1$ 时,矩阵 A 能对角化.

§4.3 实对称矩阵的对角化

一、向量的内积

内积概念是三维几何空间中向量的数量积概念的直接推广.

定义 4.3.1 设有 n 维向量

$$\boldsymbol{x}=\begin{pmatrix}x_1\\x_2\\\vdots\\x_n\end{pmatrix},\boldsymbol{y}=\begin{pmatrix}y_1\\y_2\\\vdots\\y_n\end{pmatrix},$$

向量 $\boldsymbol{x}$ 与 $\boldsymbol{y}$ 的**内积** $[\boldsymbol{x},\boldsymbol{y}]$ 定义为

$$[\boldsymbol{x},\boldsymbol{y}]=x_1y_1+x_2y_2+\cdots+x_ny_n=\boldsymbol{x}^{\mathrm{T}}\boldsymbol{y}.$$

内积具有下列性质(其中 $\boldsymbol{x},\boldsymbol{y},\boldsymbol{z}$ 为 n 维向量,λ 为实数):

(1) $[\boldsymbol{x},\boldsymbol{y}]=[\boldsymbol{y},\boldsymbol{x}]$;

(2) $[\lambda\boldsymbol{x},\boldsymbol{y}]=\lambda[\boldsymbol{x},\boldsymbol{y}]$;

(3) $[\boldsymbol{x}+\boldsymbol{y},\boldsymbol{z}]=[\boldsymbol{x},\boldsymbol{z}]+[\boldsymbol{y},\boldsymbol{z}]$;

(4) $[\boldsymbol{x},\boldsymbol{x}]\geqslant 0$,当且仅当 $\boldsymbol{x}=\boldsymbol{0}$ 时等号成立.

定义 4.3.2 令

$$\|\boldsymbol{x}\|=\sqrt{[\boldsymbol{x},\boldsymbol{x}]}=\sqrt{x_1^2+x_2^2+\cdots+x_n^2},$$

$\|\boldsymbol{x}\|$ 称为 n 维向量 $\boldsymbol{x}$ 的**长度**(或**范数**).

长度具有下列性质:

(1) 非负性:$\|\boldsymbol{x}\|\geqslant 0$,当且仅当 $\boldsymbol{x}=\boldsymbol{0}$ 时等号成立;

(2) 齐次性:$\|\lambda\boldsymbol{x}\|=|\lambda|\,\|\boldsymbol{x}\|$($\lambda$ 为实数);

(3) 三角不等式:$\|\boldsymbol{x}+\boldsymbol{y}\|\leqslant\|\boldsymbol{x}\|+\|\boldsymbol{y}\|$.

当 $\|\boldsymbol{x}\|=1$ 时,称 $\boldsymbol{x}$ 为单位向量. 显然,当 $\boldsymbol{x}\neq\boldsymbol{0}$ 时,$\dfrac{\boldsymbol{x}}{\|\boldsymbol{x}\|}$ 是单位向量,称为把向量 $\boldsymbol{x}$ 单位化.

向量的内积满足柯西-施瓦茨(Cauchy Schwarz)不等式:

$$[\boldsymbol{x},\boldsymbol{y}]^2\leqslant[\boldsymbol{x},\boldsymbol{x}][\boldsymbol{y},\boldsymbol{y}]\text{或}\ |[\boldsymbol{x},\boldsymbol{y}]|\leqslant\|\boldsymbol{x}\|\,\|\boldsymbol{y}\|.$$

在解析几何中,我们曾引进向量的数量积

$$\boldsymbol{x}\cdot\boldsymbol{y}=|\boldsymbol{x}||\boldsymbol{y}|\cos\theta,$$

且在直角坐标系中有

$$(x_1,x_2,x_3)(y_1,y_2,y_3)=x_1y_1+x_2y_2+x_3y_3.$$

由此可知,n 维向量的内积是三维向量的数量积的一种推广. 由于 n 维向量没有三维向量那样直观的长度和夹角的概念,因此只能按数量积的直角坐标计算公式来推广. 并且反过来,利用内积来定义 n 维向量的长度和夹角.

定义 4.3.3 非零向量 $\boldsymbol{x},\boldsymbol{y}$ 的夹角定义为

$$\theta=\arccos\frac{[\boldsymbol{x},\boldsymbol{y}]}{\|\boldsymbol{x}\|\,\|\boldsymbol{y}\|}.$$

当 $[\boldsymbol{x},\boldsymbol{y}]=0$ 时,称向量 $\boldsymbol{x}$ 与 $\boldsymbol{y}$ **正交**. 显然,零向量 $\boldsymbol{0}$ 与任何向量正交.

一组两两正交的非零向量,称为**正交向量组**.

定理 4.3.1 正交向量组必定线性无关.

证 设$\boldsymbol{\alpha}_1,\boldsymbol{\alpha}_2,\cdots,\boldsymbol{\alpha}_r$是两两正交的非零向量,有$\lambda_1,\lambda_2,\cdots,\lambda_r$使

$$\lambda_1\boldsymbol{\alpha}_1+\lambda_2\boldsymbol{\alpha}_2+\cdots+\lambda_r\boldsymbol{\alpha}_r=\boldsymbol{0},$$

以$\boldsymbol{\alpha}_j^{\mathrm{T}}(j=1,2,\cdots,r)$左乘上式两端,得

$$\lambda_j\boldsymbol{\alpha}_j^{\mathrm{T}}\boldsymbol{\alpha}_j=\boldsymbol{0},$$

因$\boldsymbol{\alpha}_j\neq\boldsymbol{0}$,故$\boldsymbol{\alpha}_j^{\mathrm{T}}\boldsymbol{\alpha}_j=\|\boldsymbol{\alpha}_j\|^2\neq\boldsymbol{0}$,从而$\lambda_j=0(j=1,2,\cdots,r)$,故$\boldsymbol{\alpha}_1,\boldsymbol{\alpha}_2,\cdots,\boldsymbol{\alpha}_r$线性无关.

例 1 已知$\mathbf{R}^3$中两个向量

$$\boldsymbol{\alpha}_1=\begin{pmatrix}1\\1\\1\end{pmatrix},\ \boldsymbol{\alpha}_2=\begin{pmatrix}1\\-2\\1\end{pmatrix}$$

正交,试求一个非零向量$\boldsymbol{\alpha}_3$,使$\boldsymbol{\alpha}_1,\boldsymbol{\alpha}_2,\boldsymbol{\alpha}_3$两两正交.

解 设$\boldsymbol{\alpha}_3=(x_1,x_2,x_3)^{\mathrm{T}}$,根据题设条件,有

$$\begin{cases}[\boldsymbol{\alpha}_1,\boldsymbol{\alpha}_3]=x_1+x_2+x_3=0,\\ [\boldsymbol{\alpha}_2,\boldsymbol{\alpha}_3]=x_1-2x_2+x_3=0,\end{cases}$$

即

$$\begin{cases}x_1+x_3=0,\\ x_2=0,\end{cases}$$

得基础解系$\begin{pmatrix}-1\\0\\1\end{pmatrix}$,取$\boldsymbol{\alpha}_3=\begin{pmatrix}-1\\0\\1\end{pmatrix}$即为所求.

我们常采用正交向量组作向量空间的基,称为向量空间的**正交基**. 若正交基中每个向量均是单位向量,则称为向量空间的**规范正交基**或**标准正交基**.

若$\boldsymbol{e}_1,\boldsymbol{e}_2,\cdots,\boldsymbol{e}_r$是向量空间$\boldsymbol{V}$的一组规范正交基,则$\boldsymbol{V}$中任一向量$\boldsymbol{\alpha}$应能由$\boldsymbol{e}_1,\boldsymbol{e}_2,\cdots,\boldsymbol{e}_r$线性表示. 设

$$\boldsymbol{\alpha}=x_1\boldsymbol{e}_1+x_2\boldsymbol{e}_2+\cdots+x_r\boldsymbol{e}_r,$$

用$\boldsymbol{e}_i^{\mathrm{T}}$左乘上式,有

$$\boldsymbol{e}_i^{\mathrm{T}}\boldsymbol{\alpha}=x_i\boldsymbol{e}_i^{\mathrm{T}}\boldsymbol{e}_i,$$

即

$$x_i=\boldsymbol{e}_i^{\mathrm{T}}\boldsymbol{\alpha}=(\boldsymbol{\alpha},\boldsymbol{e}_i)\ (i=1,2,\cdots,r).$$

这就是向量在规范正交基中的坐标的计算公式. 利用这个公式能方便地求得向量的坐标,因此我们在给向量空间取基时常常取规范正交基.

下面给出从线性无关向量组构造正交向量组的方法,从而可得出从向量空间的一组基构造出规范正交基的方法.

设$\boldsymbol{\alpha}_1,\boldsymbol{\alpha}_2,\cdots,\boldsymbol{\alpha}_r$线性无关,取

$$\boldsymbol{\beta}_1=\boldsymbol{\alpha}_1,$$

$$\boldsymbol{\beta}_2=\boldsymbol{\alpha}_2-\frac{[\boldsymbol{\alpha}_2,\boldsymbol{\beta}_1]}{[\boldsymbol{\beta}_1,\boldsymbol{\beta}_1]}\boldsymbol{\beta}_1,$$

$$\boldsymbol{\beta}_3=\boldsymbol{\alpha}_3-\frac{[\boldsymbol{\alpha}_3,\boldsymbol{\beta}_1]}{[\boldsymbol{\beta}_1,\boldsymbol{\beta}_1]}\boldsymbol{\beta}_1-\frac{[\boldsymbol{\alpha}_3,\boldsymbol{\beta}_2]}{[\boldsymbol{\beta}_2,\boldsymbol{\beta}_2]}\boldsymbol{\beta}_2,$$

……

$$\boldsymbol{\beta}_r=\boldsymbol{\alpha}_r-\frac{[\boldsymbol{\alpha}_r,\boldsymbol{\beta}_1]}{[\boldsymbol{\beta}_1,\boldsymbol{\beta}_1]}\boldsymbol{\beta}_1-\frac{[\boldsymbol{\alpha}_r,\boldsymbol{\beta}_2]}{[\boldsymbol{\beta}_2,\boldsymbol{\beta}_2]}\boldsymbol{\beta}_2-\cdots-\frac{[\boldsymbol{\alpha}_r,\boldsymbol{\beta}_{r-1}]}{[\boldsymbol{\beta}_{r-1},\boldsymbol{\beta}_{r-1}]}\boldsymbol{\beta}_{r-1}.$$

容易验证$\boldsymbol{\beta}_1,\boldsymbol{\beta}_2,\cdots,\boldsymbol{\beta}_r$两两正交，且$\boldsymbol{\alpha}_1,\boldsymbol{\alpha}_2,\cdots,\boldsymbol{\alpha}_r$与$\boldsymbol{\beta}_1,\boldsymbol{\beta}_2,\cdots,\boldsymbol{\beta}_r$等价.

然后再把它们单位化，即取

$$\boldsymbol{e}_1=\frac{\boldsymbol{\beta}_1}{\|\boldsymbol{\beta}_1\|},\ \boldsymbol{e}_2=\frac{\boldsymbol{\beta}_2}{\|\boldsymbol{\beta}_2\|},\ \cdots,\ \boldsymbol{e}_r=\frac{\boldsymbol{\beta}_r}{\|\boldsymbol{\beta}_r\|},$$

就得一组与$\boldsymbol{\alpha}_1,\boldsymbol{\alpha}_2,\cdots,\boldsymbol{\alpha}_r$等价的正交单位向量组$\boldsymbol{e}_1,\boldsymbol{e}_2,\cdots,\boldsymbol{e}_r$，即是$\boldsymbol{V}$的一组规范正交基.

上述从线性无关组$\boldsymbol{\alpha}_1,\boldsymbol{\alpha}_2,\cdots,\boldsymbol{\alpha}_r$导出正交向量组$\boldsymbol{\beta}_1,\boldsymbol{\beta}_2,\cdots,\boldsymbol{\beta}_r$的过程，称为**施密特(Schmidt)正交化过程**.

例 2 设$\boldsymbol{\alpha}_1=(1,1,0)^{\mathrm{T}},\boldsymbol{\alpha}_2=(1,0,1)^{\mathrm{T}},\boldsymbol{\alpha}_3=(0,1,1)^{\mathrm{T}}$，试用施密特正交化过程把这组向量正交规范化.

解 令

$$\boldsymbol{\beta}_1=\boldsymbol{\alpha}_1,$$

$$\boldsymbol{\beta}_2=\boldsymbol{\alpha}_2-\frac{[\boldsymbol{\alpha}_2,\boldsymbol{\beta}_1]}{[\boldsymbol{\beta}_1,\boldsymbol{\beta}_1]}\boldsymbol{\beta}_1=\begin{pmatrix}1\\0\\1\end{pmatrix}-\frac{1}{2}\begin{pmatrix}1\\1\\0\end{pmatrix}=\begin{pmatrix}\frac{1}{2}\\-\frac{1}{2}\\1\end{pmatrix},$$

$$\boldsymbol{\beta}_3=\boldsymbol{\alpha}_3-\frac{[\boldsymbol{\alpha}_3,\boldsymbol{\beta}_1]}{[\boldsymbol{\beta}_1,\boldsymbol{\beta}_1]}\boldsymbol{\beta}_1-\frac{[\boldsymbol{\alpha}_3,\boldsymbol{\beta}_2]}{[\boldsymbol{\beta}_2,\boldsymbol{\beta}_2]}\boldsymbol{\beta}_2=\begin{pmatrix}0\\1\\1\end{pmatrix}-\frac{1}{2}\begin{pmatrix}1\\1\\0\end{pmatrix}-\frac{1}{3}\begin{pmatrix}\frac{1}{2}\\-\frac{1}{2}\\1\end{pmatrix}=\begin{pmatrix}-\frac{2}{3}\\\frac{2}{3}\\\frac{2}{3}\end{pmatrix}.$$

再将$\boldsymbol{\beta}_1,\boldsymbol{\beta}_2,\boldsymbol{\beta}_3$单位化，即取

$$\boldsymbol{e}_1=\frac{\boldsymbol{\beta}_1}{\|\boldsymbol{\beta}_1\|}=\frac{1}{\sqrt{2}}\begin{pmatrix}1\\1\\0\end{pmatrix},\ \boldsymbol{e}_2=\frac{\boldsymbol{\beta}_2}{\|\boldsymbol{\beta}_2\|}=\frac{1}{\sqrt{6}}\begin{pmatrix}1\\-1\\2\end{pmatrix},\ \boldsymbol{e}_3=\frac{\boldsymbol{\beta}_3}{\|\boldsymbol{\beta}_3\|}=\frac{1}{\sqrt{3}}\begin{pmatrix}-1\\1\\1\end{pmatrix},$$

$\boldsymbol{e}_1,\boldsymbol{e}_2,\boldsymbol{e}_3$即为所求.

例 3 已知$\boldsymbol{\alpha}_1=(1,1,1)^{\mathrm{T}}$，求一组非零向量$\boldsymbol{\alpha}_2,\boldsymbol{\alpha}_3$使$\boldsymbol{\alpha}_1,\boldsymbol{\alpha}_2,\boldsymbol{\alpha}_3$两两正交.

解 根据题意，$\boldsymbol{\alpha}_2,\boldsymbol{\alpha}_3$应满足方程$\boldsymbol{\alpha}_1^{\mathrm{T}}\boldsymbol{x}=0$，即

$$x_1+x_2+x_3=0.$$

它的一组基础解系为

$$\boldsymbol{\xi}_1=\begin{pmatrix}1\\0\\-1\end{pmatrix},\ \boldsymbol{\xi}_2=\begin{pmatrix}1\\-2\\1\end{pmatrix},$$

且$\boldsymbol{\xi}_1,\boldsymbol{\xi}_2$正交，则取$\boldsymbol{\alpha}_2=\boldsymbol{\xi}_1,\boldsymbol{\alpha}_3=\boldsymbol{\xi}_2$，即为所求.

注：齐次线性方程组的基础解系不唯一，按上面的方法求出基础解系的一个向量后，

用观察待定法求得基础解系的其余向量,使基础解系成两两正交的基础解系,从而简化计算.若求出基础解系为$\boldsymbol{\xi}_1=(1,0,-1)^{\mathrm{T}}$,$\boldsymbol{\xi}_2=(0,1,-1)^{\mathrm{T}}$,则需把$\boldsymbol{\xi}_1,\boldsymbol{\xi}_2$正交化.

本节中介绍一类在几何及物理中常见的一类实矩阵——**正交矩阵**.

例 4 设矩阵$\boldsymbol{A}=\begin{pmatrix}\cos\theta & \sin\theta\\ -\sin\theta & \cos\theta\end{pmatrix}$(其中$\theta\in\mathbf{R}$),验证:$\boldsymbol{A}^{\mathrm{T}}\boldsymbol{A}=\boldsymbol{E}$.

解 $\boldsymbol{A}^{\mathrm{T}}\boldsymbol{A}=\begin{pmatrix}\cos\theta & -\sin\theta\\ \sin\theta & \cos\theta\end{pmatrix}\begin{pmatrix}\cos\theta & \sin\theta\\ -\sin\theta & \cos\theta\end{pmatrix}=\begin{pmatrix}1 & 0\\ 0 & 1\end{pmatrix}=\boldsymbol{E}$.

定义 4.3.4 如果n阶方阵$\boldsymbol{A}$满足

$$\boldsymbol{A}^{\mathrm{T}}\boldsymbol{A}=\boldsymbol{E}(\text{即}\boldsymbol{A}^{-1}=\boldsymbol{A}^{\mathrm{T}}),$$

那么称$\boldsymbol{A}$为**正交矩阵**.

例 5 判断下列矩阵是否为正交矩阵:

(1) $\boldsymbol{A}=\begin{pmatrix}\frac{\sqrt{2}}{2} & \frac{\sqrt{2}}{2}\\ -\frac{\sqrt{2}}{2} & \frac{\sqrt{2}}{2}\end{pmatrix}$; (2) $\boldsymbol{B}=\begin{pmatrix}\frac{\sqrt{2}}{2} & \frac{\sqrt{2}}{6} & \frac{2}{3}\\ 0 & -\frac{2\sqrt{2}}{3} & \frac{1}{3}\\ -\frac{\sqrt{2}}{2} & \frac{\sqrt{2}}{6} & \frac{2}{3}\end{pmatrix}$.

解 (1) 因为

$$\boldsymbol{A}^{\mathrm{T}}\boldsymbol{A}=\begin{pmatrix}\frac{\sqrt{2}}{2} & -\frac{\sqrt{2}}{2}\\ \frac{\sqrt{2}}{2} & \frac{\sqrt{2}}{2}\end{pmatrix}\begin{pmatrix}\frac{\sqrt{2}}{2} & \frac{\sqrt{2}}{2}\\ -\frac{\sqrt{2}}{2} & \frac{\sqrt{2}}{2}\end{pmatrix}=\boldsymbol{E},$$

所以$\boldsymbol{A}$是正交矩阵.

(2) 因为

$$\boldsymbol{B}^{\mathrm{T}}\boldsymbol{B}=\begin{pmatrix}\frac{\sqrt{2}}{2} & 0 & -\frac{\sqrt{2}}{2}\\ \frac{\sqrt{2}}{6} & -\frac{2\sqrt{2}}{3} & \frac{\sqrt{2}}{6}\\ \frac{2}{3} & \frac{1}{3} & \frac{2}{3}\end{pmatrix}\begin{pmatrix}\frac{\sqrt{2}}{2} & \frac{\sqrt{2}}{6} & \frac{2}{3}\\ 0 & -\frac{2\sqrt{2}}{3} & \frac{1}{3}\\ -\frac{\sqrt{2}}{2} & \frac{\sqrt{2}}{6} & \frac{2}{3}\end{pmatrix}=\boldsymbol{E},$$

所以$\boldsymbol{B}$是正交矩阵.

定理 4.3.2 设$\boldsymbol{A},\boldsymbol{B}$都是$n$阶正交矩阵,则

(1) $|\boldsymbol{A}|=\pm1$;

(2) $\boldsymbol{A}$的列(行)向量组是两两正交的单位向量;

(3) $\boldsymbol{A}^{\mathrm{T}}$(即$\boldsymbol{A}^{-1}$)也是正交矩阵;

(4) $\boldsymbol{AB}$也是正交矩阵.

证 (2) 设按列分块$\boldsymbol{A}=(\boldsymbol{\alpha}_1,\boldsymbol{\alpha}_2,\cdots,\boldsymbol{\alpha}_n)$,则

$$A^{\mathrm{T}}=\begin{pmatrix}\boldsymbol{\alpha}_1^{\mathrm{T}}\\ \boldsymbol{\alpha}_2^{\mathrm{T}}\\ \vdots\\ \boldsymbol{\alpha}_n^{\mathrm{T}}\end{pmatrix},$$

由$\boldsymbol{A}^{\mathrm{T}}\boldsymbol{A}=\boldsymbol{E}$,得

$$\begin{pmatrix}\boldsymbol{\alpha}_1^{\mathrm{T}}\\ \boldsymbol{\alpha}_2^{\mathrm{T}}\\ \vdots\\ \boldsymbol{\alpha}_n^{\mathrm{T}}\end{pmatrix}(\boldsymbol{\alpha}_1,\boldsymbol{\alpha}_2,\cdots,\boldsymbol{\alpha}_n)=\begin{pmatrix}[\boldsymbol{\alpha}_1,\boldsymbol{\alpha}_1] & [\boldsymbol{\alpha}_1,\boldsymbol{\alpha}_2] & \cdots & [\boldsymbol{\alpha}_1,\boldsymbol{\alpha}_n]\\ [\boldsymbol{\alpha}_2,\boldsymbol{\alpha}_1] & [\boldsymbol{\alpha}_2,\boldsymbol{\alpha}_2] & \cdots & [\boldsymbol{\alpha}_2,\boldsymbol{\alpha}_n]\\ \vdots & \vdots & & \vdots\\ [\boldsymbol{\alpha}_n,\boldsymbol{\alpha}_1] & [\boldsymbol{\alpha}_n,\boldsymbol{\alpha}_2] & \cdots & [\boldsymbol{\alpha}_n,\boldsymbol{\alpha}_n]\end{pmatrix}=\boldsymbol{E},$$

于是

$$[\boldsymbol{\alpha}_i,\boldsymbol{\alpha}_j]=\begin{cases}1, & 当\ i=j;\\ 0, & 当\ i\neq j,\end{cases}$$

其中 $i,j=1,2,\cdots,n$,所以$\boldsymbol{\alpha}_1,\boldsymbol{\alpha}_2,\cdots,\boldsymbol{\alpha}_n$ 是正交的单位向量组. 即 $\boldsymbol{A}$ 的列向量组是两两正交的单位向量组.

由此可见,正交矩阵 $\boldsymbol{A}$ 的 n 个列(行)向量构成向量空间$\mathbf{R}^n$的一组规范正交基.

其余证明留给读者完成.

二、实对称矩阵的对角化

由前面的讨论可知,方阵 $\boldsymbol{A}$ 不一定能对角化,但当 $\boldsymbol{A}$ 为实对称矩阵时,则必可对角化.

定理 4.3.3　实对称矩阵的特征值为实数.

证　假设复数 λ 为实对称矩阵 $\boldsymbol{A}$ 的特征值,复向量 $\boldsymbol{x}$ 为对应的特征向量,即

$$\boldsymbol{A}\boldsymbol{x}=\lambda\boldsymbol{x},\boldsymbol{x}\neq\boldsymbol{0}.$$

用 $\bar{\lambda}$ 表示 λ 的共轭复数,$\bar{\boldsymbol{x}}$ 表示 $\boldsymbol{x}$ 的共轭复向量,即$\bar{\boldsymbol{x}}$ 是由 $\boldsymbol{x}$ 的对应元素的共轭复数构成的向量,则

$$\boldsymbol{A}\bar{\boldsymbol{x}}=\bar{\lambda}\bar{\boldsymbol{x}},$$

于是有

$$\bar{\boldsymbol{x}}^{\mathrm{T}}\boldsymbol{A}\boldsymbol{x}=\bar{\boldsymbol{x}}^{\mathrm{T}}(\boldsymbol{A}\boldsymbol{x})=\bar{\boldsymbol{x}}^{\mathrm{T}}\lambda\boldsymbol{x}=\lambda\bar{\boldsymbol{x}}^{\mathrm{T}}\boldsymbol{x}$$

及

$$\bar{\boldsymbol{x}}^{\mathrm{T}}\boldsymbol{A}\boldsymbol{x}=(\bar{\boldsymbol{x}}^{\mathrm{T}}\boldsymbol{A})\boldsymbol{x}=(\boldsymbol{A}\bar{\boldsymbol{x}})^{\mathrm{T}}\boldsymbol{x}=\bar{\lambda}\bar{\boldsymbol{x}}^{\mathrm{T}}\boldsymbol{x},$$

则

$$(\lambda-\bar{\lambda})\bar{\boldsymbol{x}}^{\mathrm{T}}\boldsymbol{x}=0.$$

因为 $\boldsymbol{x}\neq\boldsymbol{0}$,所以

$$\bar{\boldsymbol{x}}^{\mathrm{T}}\boldsymbol{x}=\sum_{i=1}^{n}\bar{x}_i x_i=\sum_{i=1}^{n}|x_i|^2\neq 0,$$

则 $\lambda-\bar{\lambda}=0$,即 $\lambda=\bar{\lambda}$,说明 λ 为实数.

显然,当特征值 λ_i 为实数时,齐次线性方程组

$$(\boldsymbol{A}-\lambda_i\boldsymbol{E})\boldsymbol{x}=\boldsymbol{0}$$

是实系数方程组,则可取实的基础解系,所以对应的特征向量可以取实向量.

定理 4.3.4 实对称矩阵不同特征值对应的特征向量正交.

证 设 λ_1,λ_2 是实对称矩阵 $\boldsymbol{A}$ 的不同特征值,$\boldsymbol{x}_1,\boldsymbol{x}_2$ 分别是属于 λ_1,λ_2 的特征向量,则

$$\boldsymbol{A}\boldsymbol{x}_1=\lambda_1\boldsymbol{x}_1,\boldsymbol{A}\boldsymbol{x}_2=\lambda_2\boldsymbol{x}_2.$$

因 $\boldsymbol{A}$ 对称,故

$$\lambda_1\boldsymbol{x}_1^{\mathrm{T}}=(\lambda_1\boldsymbol{x}_1)^{\mathrm{T}}=(\boldsymbol{A}\boldsymbol{x}_1)^{\mathrm{T}}=\boldsymbol{x}_1^{\mathrm{T}}\boldsymbol{A},$$

于是

$$\lambda_1\boldsymbol{x}_1^{\mathrm{T}}\boldsymbol{x}_2=\boldsymbol{x}_1^{\mathrm{T}}\boldsymbol{A}\boldsymbol{x}_2=\boldsymbol{x}_1^{\mathrm{T}}(\lambda_2\boldsymbol{x}_2)=\lambda_2\boldsymbol{x}_1^{\mathrm{T}}\boldsymbol{x}_2,$$

即

$$(\lambda_1-\lambda_2)\boldsymbol{x}_1^{\mathrm{T}}\boldsymbol{x}_2=0.$$

但 $\lambda_1\neq\lambda_2$,故 $\boldsymbol{x}_1^{\mathrm{T}}\boldsymbol{x}_2=(\boldsymbol{x}_1,\boldsymbol{x}_2)=0$,即 $\boldsymbol{x}_1$ 与 $\boldsymbol{x}_2$ 正交.

定理 4.3.5 设 $\boldsymbol{A}$ 为 n 阶实对称矩阵,λ 是 $\boldsymbol{A}$ 的 k 重特征值,则矩阵 $\boldsymbol{A}-\lambda\boldsymbol{E}$ 的秩 $r(\boldsymbol{A}-\lambda\boldsymbol{E})=n-k$,从而对应特征值 λ 恰有 k 个线性无关的特征向量.

证明略.

定理 4.3.5 说明,实对称矩阵必可对角化. 实际上对实对称矩阵,有如下重要结论.

定理 4.3.6 $\boldsymbol{A}$ 为 n 阶实对称矩阵,必存在正交矩阵 $\boldsymbol{P}$,使得 $\boldsymbol{P}^{-1}\boldsymbol{A}\boldsymbol{P}=\boldsymbol{P}^{\mathrm{T}}\boldsymbol{A}\boldsymbol{P}=\boldsymbol{\Lambda}$,其中 $\boldsymbol{\Lambda}$ 是以 $\boldsymbol{A}$ 的 n 个特征值为对角线元素的对角矩阵.

证 设 $\boldsymbol{A}$ 的互不相同的特征值为 $\lambda_1,\lambda_2,\cdots,\lambda_s$,它们的重数分别为 $r_1,r_2,\cdots,r_s$,显然,$r_1+r_2+\cdots+r_s=n$.

根据定理 4.3.5,对应 $r_j(j=1,2,\cdots,s)$ 重特征值 λ_j,恰有 λ_j 个线性无关的特征向量,把它们正交化并单位化,即得 r_j 个单位正交特征向量. 由 $r_1+r_2+\cdots+r_s=n$ 知,这样的特征向量共有 n 个. 由定理 4.3.4 知,这 n 个单位特征向量两两正交,以它们为列向量构成正交矩阵 $\boldsymbol{P}$,有

$$\boldsymbol{P}^{-1}\boldsymbol{A}\boldsymbol{P}=\boldsymbol{\Lambda},$$

其中 $\boldsymbol{\Lambda}$ 的对角线元素恰为 $\boldsymbol{A}$ 的 n 个特征值.

注:定理的证明过程给出了求正交矩阵 $\boldsymbol{P}$ 的方法.

例 6 设 $\boldsymbol{A}=\begin{pmatrix}4&0&0\\0&3&1\\0&1&3\end{pmatrix}$,求一个正交矩阵 $\boldsymbol{P}$ 使 $\boldsymbol{P}^{-1}\boldsymbol{A}\boldsymbol{P}=\boldsymbol{\Lambda}$ 为对角阵.

解 $|\boldsymbol{A}-\lambda\boldsymbol{E}|=\begin{vmatrix}4-\lambda&0&0\\0&3-\lambda&1\\0&1&3-\lambda\end{vmatrix}=(2-\lambda)(4-\lambda)^2$,

故得 $\boldsymbol{A}$ 的特征值为 $\lambda_1=2,\lambda_2=\lambda_3=4$.

当 $\lambda_1=2$ 时,解方程组 $(\boldsymbol{A}-2\boldsymbol{E})\boldsymbol{x}=\boldsymbol{0}$,由

$$\boldsymbol{A}-2\boldsymbol{E}=\begin{pmatrix}2&0&0\\0&1&1\\0&1&1\end{pmatrix}\to\begin{pmatrix}1&0&0\\0&1&1\\0&0&0\end{pmatrix},$$

得基础解系$\begin{pmatrix}0\\1\\-1\end{pmatrix}$,单位特征向量取 $\boldsymbol{e}_1=\begin{pmatrix}0\\\frac{1}{\sqrt{2}}\\-\frac{1}{\sqrt{2}}\end{pmatrix}$.

当 $\lambda_2=\lambda_3=4$ 时,解方程组$(\boldsymbol{A}-4\boldsymbol{E})\boldsymbol{x}=\boldsymbol{0}$,由

$$\boldsymbol{A}-4\boldsymbol{E}=\begin{pmatrix}0&0&0\\0&-1&1\\0&1&-1\end{pmatrix}\to\begin{pmatrix}0&0&0\\0&1&-1\\0&0&0\end{pmatrix},$$

得正交的基础解系$\begin{pmatrix}1\\0\\0\end{pmatrix},\begin{pmatrix}0\\1\\1\end{pmatrix}$.

单位化即得

$$\boldsymbol{e}_2=\begin{pmatrix}1\\0\\0\end{pmatrix},\ \boldsymbol{e}_3=\begin{pmatrix}0\\\frac{1}{\sqrt{2}}\\\frac{1}{\sqrt{2}}\end{pmatrix}.$$

于是得正交矩阵

$$\boldsymbol{P}=(\boldsymbol{e}_1,\boldsymbol{e}_2,\boldsymbol{e}_3)=\begin{pmatrix}0&1&0\\\frac{1}{\sqrt{2}}&0&\frac{1}{\sqrt{2}}\\-\frac{1}{\sqrt{2}}&0&\frac{1}{\sqrt{2}}\end{pmatrix},$$

有

$$\boldsymbol{P}^{-1}\boldsymbol{AP}=\boldsymbol{P}^{\mathrm{T}}\boldsymbol{AP}=\begin{pmatrix}2&&\\&4&\\&&4\end{pmatrix}.$$

注:若求得基础解系不正交,则需用施密特正交化过程把它们正交规范化.

例 7　判断矩阵

$$\boldsymbol{A}=\begin{pmatrix}0&1&1&-1\\1&0&-1&1\\1&-1&0&1\\-1&1&1&0\end{pmatrix}$$

能否与对角形矩阵相似?若能,求一正交矩阵 $\boldsymbol{P}$,使$\boldsymbol{P}^{-1}\boldsymbol{AP}$ 成对角形.

解　因 $\boldsymbol{A}$ 为实对称矩阵,故总存在正交矩阵 $\boldsymbol{P}$,使$\boldsymbol{P}^{-1}\boldsymbol{AP}=\boldsymbol{\Lambda}$ 为对角形. 先求 $\boldsymbol{A}$ 的特征向量:由$|\boldsymbol{A}-\lambda\boldsymbol{E}|=(\lambda-1)^3(\lambda+3)=0$ 得特征值 $\lambda_1=\lambda_2=\lambda_3=1,\lambda_4=-3$. 再求对应于各特征值的特征向量.

当 $\lambda=1$ 时,解方程组

$$\begin{pmatrix}-1&1&1&-1\\1&-1&-1&1\\1&-1&-1&1\\-1&1&1&-1\end{pmatrix}\begin{pmatrix}x_1\\x_2\\x_3\\x_4\end{pmatrix}=\begin{pmatrix}0\\0\\0\\0\end{pmatrix},$$

得一基础解系

$$\boldsymbol{\eta}_1=(1,1,0,0)^{\mathrm{T}},\ \boldsymbol{\eta}_2=(1,0,1,0)^{\mathrm{T}},\ \boldsymbol{\eta}_3=(-1,0,0,1)^{\mathrm{T}}.$$

正交化,得

$$\boldsymbol{\beta}_1=\boldsymbol{\eta}_1=(1,1,0,0)^{\mathrm{T}},$$

$$\boldsymbol{\beta}_2=\boldsymbol{\eta}_2-\frac{[\boldsymbol{\eta}_2,\boldsymbol{\beta}_1]}{[\boldsymbol{\beta}_1,\boldsymbol{\beta}_1]}\boldsymbol{\beta}_1=\left(\frac{1}{2},-\frac{1}{2},1,0\right)^{\mathrm{T}},$$

$$\boldsymbol{\beta}_3=\boldsymbol{\eta}_3-\frac{[\boldsymbol{\eta}_3,\boldsymbol{\beta}_1]}{[\boldsymbol{\beta}_1,\boldsymbol{\beta}_1]}\boldsymbol{\beta}_1-\frac{[\boldsymbol{\eta}_3,\boldsymbol{\beta}_2]}{[\boldsymbol{\beta}_2,\boldsymbol{\beta}_2]}\boldsymbol{\beta}_2=\left(-\frac{1}{3},\frac{1}{3},\frac{1}{3},1\right)^{\mathrm{T}}.$$

再单位化,得

$$\boldsymbol{p}_1=\left(\frac{1}{\sqrt{2}},\ \frac{1}{\sqrt{2}},0,0\right)^{\mathrm{T}},$$

$$\boldsymbol{p}_2=\left(\frac{1}{\sqrt{6}},\ -\frac{1}{\sqrt{6}},\ \frac{2}{\sqrt{6}},0\right)^{\mathrm{T}},$$

$$\boldsymbol{p}_3=\left(-\frac{1}{\sqrt{12}},\ \frac{1}{\sqrt{12}},\ \frac{1}{\sqrt{12}},\ \frac{3}{\sqrt{12}}\right)^{\mathrm{T}}.$$

当 $\lambda=-3$ 时,解方程组

$$\begin{pmatrix}3&1&1&-1\\1&3&-1&1\\1&-1&3&1\\-1&1&1&3\end{pmatrix}\begin{pmatrix}x_1\\x_2\\x_3\\x_4\end{pmatrix}=\begin{pmatrix}0\\0\\0\\0\end{pmatrix},$$

得基础解系 $\boldsymbol{\eta}_1=(1,-1,-1,1)^{\mathrm{T}}$ 与 $\boldsymbol{p}_1,\boldsymbol{p}_2,\boldsymbol{p}_3$ 必正交,只需单位化,得

$$\boldsymbol{P}_4=\left(\frac{1}{2},-\frac{1}{2},-\frac{1}{2},\frac{1}{2}\right)^{\mathrm{T}},$$

故得正交矩阵 $\boldsymbol{P}=(\boldsymbol{p}_1,\boldsymbol{p}_2,\boldsymbol{p}_3,\boldsymbol{p}_4)$,便有

$$\boldsymbol{P}^{-1}\boldsymbol{AP}=\begin{pmatrix}1&&&\\&1&&\\&&1&\\&&&-3\end{pmatrix}.$$

例 8 设方阵 $\boldsymbol{A}$ 满足条件 $\boldsymbol{AA}^{\mathrm{T}}=\boldsymbol{E}$,其中 $\boldsymbol{A}^{\mathrm{T}}$ 是 $\boldsymbol{A}$ 的转置矩阵,$\boldsymbol{E}$ 为单位阵,试证 $\boldsymbol{A}$ 的实特征向量所对应的特征值的绝对值等于 1.

证 设 $\boldsymbol{\alpha}$ 为 $\boldsymbol{A}$ 的实特征向量,其所对应的特征值为 λ,则

$$\boldsymbol{A\alpha}=\lambda\boldsymbol{\alpha}\Rightarrow(\boldsymbol{A\alpha})^{\mathrm{T}}=(\lambda\boldsymbol{\alpha})^{\mathrm{T}}\Rightarrow\boldsymbol{\alpha}^{\mathrm{T}}\boldsymbol{A}^{\mathrm{T}}=\lambda\boldsymbol{\alpha}^{\mathrm{T}}$$

$$\Rightarrow \boldsymbol{\alpha}^{\mathrm{T}} \boldsymbol{A}^{\mathrm{T}}(\boldsymbol{A}\boldsymbol{\alpha}) = \lambda\, \boldsymbol{\alpha}^{\mathrm{T}}(\lambda\boldsymbol{\alpha}) \Rightarrow \boldsymbol{\alpha}^{\mathrm{T}}(\boldsymbol{A}^{\mathrm{T}}\boldsymbol{A})\boldsymbol{\alpha} = \lambda^2\, \boldsymbol{\alpha}^{\mathrm{T}}\boldsymbol{\alpha},$$

因为 $\boldsymbol{A}\boldsymbol{A}^{\mathrm{T}}=\boldsymbol{E}$,所以$\boldsymbol{\alpha}^{\mathrm{T}}\boldsymbol{\alpha}=\lambda^2\,\boldsymbol{\alpha}^{\mathrm{T}}\boldsymbol{\alpha}\Rightarrow(\lambda^2-1)\boldsymbol{\alpha}^{\mathrm{T}}\boldsymbol{\alpha}=0$. 因为 $\boldsymbol{\alpha}$ 为实特征向量,$\boldsymbol{\alpha}^{\mathrm{T}}\boldsymbol{\alpha}>0$,所以 $\lambda^2-1=0$,故 $|\lambda|=1$.

例 9 设三阶实对称矩阵 $\boldsymbol{A}$ 的特征值为 $\lambda_1=-1,\lambda_2=\lambda_3=1$,对应于 λ_1 的一个特征向量为$\boldsymbol{\eta}_1=(0,1,1)^{\mathrm{T}}$,求 $\boldsymbol{A}$.

解 因 $\boldsymbol{A}$ 为实对称矩阵,则存在正交矩阵 $\boldsymbol{P}$,使$\boldsymbol{P}^{-1}\boldsymbol{A}\boldsymbol{P}=\boldsymbol{\Lambda}=\begin{pmatrix}-1&&\\&1&\\&&1\end{pmatrix}$,所以

$$\boldsymbol{A}=\boldsymbol{P}\boldsymbol{\Lambda}\boldsymbol{P}^{-1}=\boldsymbol{P}\boldsymbol{\Lambda}\boldsymbol{P}^{\mathrm{T}}.$$

记 $\boldsymbol{P}=(\boldsymbol{p}_1,\boldsymbol{p}_2,\boldsymbol{p}_3)$,则$\boldsymbol{p}_1,\boldsymbol{p}_2,\boldsymbol{p}_3$ 为 $\boldsymbol{A}$ 的特征值 $\lambda_1=-1,\lambda_2=\lambda_3=1$ 所对应的单位正交特征向量.

因为实对称矩阵不同特征值对应的特征向量正交,且$\boldsymbol{\eta}_1=(0,1,1)^{\mathrm{T}}$ 为 $\lambda_1=-1$ 所对应的特征向量,则对应于 $\lambda_2=\lambda_3=1$ 的特征向量 $\boldsymbol{x}$ 应满足

$$\boldsymbol{x}^{\mathrm{T}}\boldsymbol{\eta}_1=0,$$

设 $\boldsymbol{x}=(x_1,x_2,x_3)^{\mathrm{T}}$,则上式即为

$$x_2+x_3=0,$$

可得正交的基础解系

$$\boldsymbol{\eta}_2=\begin{pmatrix}1\\0\\0\end{pmatrix},\boldsymbol{\eta}_3=\begin{pmatrix}0\\1\\-1\end{pmatrix}.$$

把$\boldsymbol{\eta}_1,\boldsymbol{\eta}_2,\boldsymbol{\eta}_3$ 单位化,得

$$\boldsymbol{p}_1=\begin{pmatrix}0\\\frac{1}{\sqrt2}\\\frac{1}{\sqrt2}\end{pmatrix},\boldsymbol{p}_2=\begin{pmatrix}1\\0\\0\end{pmatrix},\boldsymbol{p}_3=\begin{pmatrix}0\\\frac{1}{\sqrt2}\\-\frac{1}{\sqrt2}\end{pmatrix},$$

于是

$$\boldsymbol{P}=\begin{pmatrix}0&1&0\\\frac{1}{\sqrt2}&0&\frac{1}{\sqrt2}\\\frac{1}{\sqrt2}&0&-\frac{1}{\sqrt2}\end{pmatrix},$$

所以

$$\boldsymbol{A}=\begin{pmatrix}0&1&0\\\frac{1}{\sqrt2}&0&\frac{1}{\sqrt2}\\\frac{1}{\sqrt2}&0&-\frac{1}{\sqrt2}\end{pmatrix}\begin{pmatrix}-1&0&0\\0&1&0\\0&0&1\end{pmatrix}\begin{pmatrix}0&\frac{1}{\sqrt2}&\frac{1}{\sqrt2}\\1&0&0\\0&\frac{1}{\sqrt2}&-\frac{1}{\sqrt2}\end{pmatrix}=\begin{pmatrix}1&0&0\\0&0&-1\\0&-1&0\end{pmatrix}.$$

三、约当标准形简介

我们知道,并非每个矩阵都可对角化. 当方阵 $\boldsymbol{A}$ 不能和对角矩阵相似时,能否找到一个构造比较简单的分块对角矩阵和它相似呢? 当我们在复数域内考虑这个问题时,这样的矩阵确实是存在的,这就是约当(Jordan)形矩阵.

定义 4.3.5 形如

$$\begin{pmatrix} \lambda & 1 & & & \\ & \lambda & 1 & & \\ & & \ddots & \ddots & \\ & & & \lambda & 1 \\ & & & & \lambda \end{pmatrix}$$

的矩阵称为**约当块**,其中 λ 是复数. 由若干个约当块组成的分块对角矩阵,即

$$\boldsymbol{J}=\begin{pmatrix} \boldsymbol{J}_1 & & & \\ & \boldsymbol{J}_2 & & \\ & & \ddots & \\ & & & \boldsymbol{J}_r \end{pmatrix},$$

其中$\boldsymbol{J}_i(i=1,2,\cdots,r)$都是约当块,称为**约当形矩阵**或**约当标准形**. 显然,对角矩阵可看作约当形矩阵的特殊情形,这时每个约当块都是一阶矩阵.

定理 4.3.7 任意一个 n 阶矩阵 $\boldsymbol{A}$,都存在可逆矩阵 $\boldsymbol{P}$,使$\boldsymbol{P}^{-1}\boldsymbol{A}\boldsymbol{P}=\boldsymbol{J}$,其中 $\boldsymbol{J}$ 为约当形矩阵,且对角线上元素为 $\boldsymbol{A}$ 的全部特征值.

证明略.

例如,矩阵

$$\boldsymbol{A}=\begin{pmatrix} -1 & 1 & 0 \\ -4 & 3 & 0 \\ 1 & 0 & 2 \end{pmatrix},$$

$\lambda_1=2,\lambda_2=\lambda_3=1$ 为其特征值,但仅有两个线性无关的特征向量,所以 $\boldsymbol{A}$ 不能对角化.

但取

$$\boldsymbol{P}=\begin{pmatrix} 0 & 1 & 0 \\ 0 & 2 & 1 \\ 1 & -1 & -1 \end{pmatrix},$$

有

$$\boldsymbol{P}^{-1}\boldsymbol{A}\boldsymbol{P}=\boldsymbol{J}=\begin{pmatrix} 2 & 0 & 0 \\ 0 & 1 & 1 \\ 0 & 0 & 1 \end{pmatrix}.$$

习题 4

1. 求下列矩阵的特征值和特征向量.

(1) $A=\begin{pmatrix}2&-1&2\\5&-3&3\\-1&0&-2\end{pmatrix}$；(2) $A=\begin{pmatrix}2&0&0\\1&1&0\\1&1&1\end{pmatrix}$；(3) $A=\begin{pmatrix}1&2&3\\2&1&3\\3&3&6\end{pmatrix}$.

2. 设 $A=\begin{pmatrix}1&-3&3\\3&a&3\\6&-6&b\end{pmatrix}$ 的特征值 $\lambda_1=-2,\lambda_2=4$，求 a 和 b 的值.

3. 若 n 级矩阵 A 满足条件 $A^2=A$，则 A 特征值只可能是 0 或 1.

4. 设 3 阶矩阵 A 的特征值为 $1,-1,0$，对应的特征向量分别为 x_1,x_2,x_3，若 $B=A^2-2A+3E$，求 B^{-1} 的特征值与特征向量.

5. 设 $D=\begin{vmatrix}a&-5&8\\0&a+1&8\\0&3a+3&25\end{vmatrix}=0$，而三阶矩阵 A 有三个特征值 $1,-1,0$，其对应的特征向量分别为 $\beta_1=(1,2a,-1)^T$，$\beta_2=(a,a+3,a+2)^T$，$\beta_3=(a-2,-1,a+1)^T$，求 a 及 A.

6. 设 4 阶矩阵 A 与 B 相似，矩阵 A 的特征值为 $\frac{1}{2},\frac{1}{3},\frac{1}{4},\frac{1}{5}$，试求行列式 $|B^{-1}-E|$.

7. 判断下列矩阵是否与对角矩阵相似，若相似，求出其相似对角阵 Λ 及可逆矩阵 P.

(1) $A=\begin{pmatrix}5&0&0\\0&3&-2\\0&-2&3\end{pmatrix}$；(2) $A=\begin{pmatrix}1&0&0\\-2&5&-2\\-2&4&-1\end{pmatrix}$；(3) $A=\begin{pmatrix}1&2&2\\2&1&2\\2&2&1\end{pmatrix}$.

8. 设矩阵 $A=\begin{pmatrix}-2&0&0\\2&a&2\\3&1&1\end{pmatrix}$ 与 $B=\begin{pmatrix}-1&0&0\\0&2&0\\0&0&b\end{pmatrix}$ 相似.

(1) 求 a 和 b 的值；

(2) 求可逆矩阵 P，使得 $P^{-1}AP=B$.

9. 设 $A=\begin{pmatrix}1&4&2\\0&-3&4\\0&4&3\end{pmatrix}$，求 A^{100}.

10. 已知矩阵 $A=\begin{pmatrix}0&-1&1\\2&-3&0\\0&0&0\end{pmatrix}$.

(1) 求 A^{99}；

(2) 设 3 阶矩阵 $B=(\alpha_1,\alpha_2,\alpha_3)$ 满足 $B^2=BA$，记 $B^{100}=(\beta_1,\beta_2,\beta_3)$，将 β_1,β_2,β_3 分别

表示为$\boldsymbol{\alpha}_1,\boldsymbol{\alpha}_2,\boldsymbol{\alpha}_3$的线性组合.

11. 设$\boldsymbol{A}=\begin{pmatrix}3&2&-2\\-k&1&k\\4&k&-3\end{pmatrix}$有特征值0,问矩阵$\boldsymbol{A}$能否对角化?

12. 设矩阵$\boldsymbol{A}=\begin{pmatrix}0&0&1\\x&1&0\\1&0&0\end{pmatrix}$有3个线性无关的特征向量,求$x$.

13. 已知矩阵$\boldsymbol{A}=\begin{pmatrix}1&-1&1\\x&4&y\\-3&-3&5\end{pmatrix}$相似于对角阵,$\lambda=2$是$\boldsymbol{A}$的二重特征值,试求常数$x$,$y$的值,并求可逆矩阵$\boldsymbol{P}$,使$\boldsymbol{P}^{-1}\boldsymbol{AP}$为对角阵,即$\boldsymbol{P}^{-1}\boldsymbol{AP}=\boldsymbol{\Lambda}$.

14. 设$\boldsymbol{\alpha}=\begin{pmatrix}1\\0\\-2\end{pmatrix}$,$\boldsymbol{\beta}=\begin{pmatrix}-4\\2\\3\end{pmatrix}$,$\boldsymbol{\gamma}$与$\boldsymbol{\alpha}$正交,且$\boldsymbol{\beta}=\lambda\boldsymbol{\alpha}+\boldsymbol{\gamma}$,求$\lambda$和$\boldsymbol{\gamma}$.

15. 求$\mathbf{R}^3$中与向量$\boldsymbol{\alpha}=(3,2,4)$,$\boldsymbol{\beta}=(1,-2,0)$都正交的单位向量.

16. 试证:若$\boldsymbol{A}$是实对称矩阵,$\boldsymbol{T}$是正交矩阵,则$\boldsymbol{T}^{-1}\boldsymbol{AT}$也是对称矩阵.

17. 设$\boldsymbol{x}$为n维列向量,$\boldsymbol{x}^{\mathrm{T}}\boldsymbol{x}=1$,令$\boldsymbol{H}=\boldsymbol{E}-2\boldsymbol{xx}^{\mathrm{T}}$,证明$\boldsymbol{H}$是对称的正交阵.

18. 证明:若n维实向量$\boldsymbol{\alpha}$与任意n维实向量都正交,则$\boldsymbol{\alpha}$必定是零向量.

19. 设$\boldsymbol{A}$为正交矩阵,且$|\boldsymbol{A}|=-1$,证明$\lambda=-1$是$\boldsymbol{A}$的特征值.

20. 已知$\boldsymbol{A}=\begin{pmatrix}1&1&1\\1&1&1\\1&1&1\end{pmatrix}$,求正交矩阵$\boldsymbol{Q}$和对角矩阵$\boldsymbol{\Lambda}$,使$\boldsymbol{Q}^{-1}\boldsymbol{AQ}=\boldsymbol{\Lambda}$.

21. 设3阶对称矩阵$\boldsymbol{A}$的特征值是$\lambda_1=1,\lambda_2=-1,\lambda_3=0$,对应于$\lambda_1,\lambda_2$的特征向量分别是$\boldsymbol{p}_1=(1,2,2)^{\mathrm{T}}$,$\boldsymbol{p}_2=(2,1,-2)^{\mathrm{T}}$,求矩阵$\boldsymbol{A}$.

22. 设3阶实对称矩阵$\boldsymbol{A}$的秩为2,$\lambda_1=\lambda_2=6$是$\boldsymbol{A}$的二重特征值,若$\boldsymbol{P}_1=(1,1,0)^{\mathrm{T}}$,$\boldsymbol{P}_2=(2,1,1)^{\mathrm{T}}$都是$\boldsymbol{A}$的对应于6的特征向量.

(1) 求$\boldsymbol{A}$的另一个特征值和对应的特征向量;

(2) 求$\boldsymbol{A}$.

23. 设3阶矩阵$\boldsymbol{A}=(\boldsymbol{\alpha}_1,\boldsymbol{\alpha}_2,\boldsymbol{\alpha}_3)$有3个不同的特征值,且$\boldsymbol{\alpha}_3=\boldsymbol{\alpha}_1+2\boldsymbol{\alpha}_2$.

(1) 证明$r(\boldsymbol{A})=2$;

(2) 若$\boldsymbol{\beta}=\boldsymbol{\alpha}_1+\boldsymbol{\alpha}_2+\boldsymbol{\alpha}_3$,求方程组$\boldsymbol{Ax}=\boldsymbol{\beta}$的通解.

第 5 章　二 次 型

在解决实际问题时,如果线性关系不能很好地客观描述该问题,就需要考虑用非线性关系来分析客观问题,在所有非线性关系中,最简单的非线性关系就是二次齐次多项式描述的非线性关系. 本章将讨论 n 元的二次齐次多项式及其化简、应用的问题.

§5.1　二次型及其矩阵表示

定义 5.1.1　含有 n 个变量 $x_1,x_2,\cdots,x_n$ 的二次齐次函数

$$f(x_1,x_2,\cdots,x_n)=a_{11}x_1^2+a_{22}x_2^2+\cdots+a_{nn}x_n^2+2a_{12}x_1x_2+2a_{13}x_1x_3+\cdots+2a_{n-1,n}x_{n-1}x_n$$

称为**二次型**.

当 $a_{ij}(1\leqslant i\leqslant j\leqslant n)$ 为复数时,f 称为**复二次型**;当 $a_{ij}(1\leqslant i\leqslant j\leqslant n)$ 为实数时,f 称为**实二次型**. 这里,我们只讨论实二次型.

取 $a_{ij}=a_{ji}$,则 $2a_{ij}x_ix_j=a_{ij}x_ix_j+a_{ji}x_jx_i$,二次型可以定成

$$\begin{aligned}f&=a_{11}x_1^2+a_{12}x_1x_2+\cdots+a_{1n}x_1x_n+a_{22}x_2^2+\cdots+\\&\quad a_{2n}x_2x_n+\cdots+a_{n1}x_nx_1+a_{n2}x_nx_2+\cdots+a_{nn}x_n^2\\&=\sum_{i=1}^{n}\sum_{j=1}^{n}a_{ij}x_ix_j.\end{aligned}$$

把 f 的系数排成一个矩阵

$$\boldsymbol{A}=\begin{pmatrix}a_{11}&a_{12}&\cdots&a_{1n}\\a_{21}&a_{22}&\cdots&a_{2n}\\\vdots&\vdots&&\vdots\\a_{n1}&a_{n2}&\cdots&a_{nn}\end{pmatrix},$$

并记 $\boldsymbol{x}=(x_1,x_2,\cdots,x_n)^{\mathrm{T}}$,则

$$f=\boldsymbol{x}^{\mathrm{T}}\boldsymbol{A}\boldsymbol{x}$$

其中 $\boldsymbol{A}$ 为**实对称矩阵**.

任给一个二次型,就唯一地确定一个对称阵;反之,任给一个对称阵,也可唯一地确定一个二次型.这样,二次型与对称阵之间存在一一对应关系.因此,我们可以用对称阵讨论二次型,称对称阵 $\boldsymbol{A}$ 为二次型 f 的矩阵,也称 f 为对称阵 $\boldsymbol{A}$ 的二次型.矩阵 $\boldsymbol{A}$ 的秩就叫作二次型 f 的秩.

例 1 求下列二次型的矩阵,并指出它们的秩.

(1) $f(x_1,x_2,x_3)=x_1^2+x_2^2+x_3^2-4x_1x_2-6x_2x_3+8x_3x_1$;

(2) $f(x,y)=2x^2-3xy+5y^2$.

解 (1)

$$\begin{aligned}f(x_1,x_2,x_3)&=x_1^2+x_2^2+x_3^2-4x_1x_2-6x_2x_3+8x_3x_1\\&=x_1^2+x_2^2+x_3^2-2x_1x_2-3x_2x_3+4x_3x_1-2x_2x_1-3x_3x_2+4x_1x_3\\&=x_1^2-2x_1x_2+4x_1x_3-2x_2x_1+x_2^2-3x_2x_3+4x_3x_1-3x_3x_2+x_3^2,\end{aligned}$$

而对称阵

$$\boldsymbol{A}=\begin{pmatrix}1&-2&4\\-2&1&-3\\4&-3&1\end{pmatrix}$$

对应的二次型为 $f(x_1,x_2,x_3)=x_1^2+x_2^2+x_3^2-4x_1x_2-6x_2x_3+8x_3x_1$,秩 $\boldsymbol{A}=3$.

(2) $f(x,y)=2x^2-3xy+5y^2=2x^2-\dfrac{3}{2}xy-\dfrac{3}{2}yx+5y^2$,

而对称阵

$$\boldsymbol{B}=\begin{pmatrix}2&-\dfrac{3}{2}\\-\dfrac{3}{2}&5\end{pmatrix}$$

对应的二次型为 $f(x,y)=2x^2-3xy+5y^2$,秩 $\boldsymbol{B}=2$.

例 2 写出下列实对称矩阵的二次型.

(1) $\boldsymbol{A}=\begin{pmatrix}-1&4&6\\4&2&-5\\6&-5&-3\end{pmatrix}$;

(2) $\boldsymbol{B}=\begin{pmatrix}2&1&\cdots&1\\1&2&\cdots&1\\\vdots&\vdots&&\vdots\\1&1&\cdots&2\end{pmatrix}$.

解 (1)

$$f(x_1,x_2,x_3)=\boldsymbol{x}^{\mathrm{T}}\boldsymbol{A}\boldsymbol{x}=(x_1\quad x_2\quad x_3)\begin{pmatrix}-1&4&6\\4&2&-5\\6&-5&-3\end{pmatrix}\begin{pmatrix}x_1\\x_2\\x_3\end{pmatrix}$$

$$=-x_1^2+2x_2^2-3x_3^2+8x_1x_2+12x_1x_3-10x_2x_3.$$

$$(2)\ f(x_1,x_2,\cdots,x_n)=\boldsymbol{x}^{\mathrm{T}}\boldsymbol{B}\boldsymbol{x}=(x_1\quad x_2\quad\cdots\quad x_n)\begin{pmatrix}2&1&\cdots&1\\1&2&\cdots&1\\\vdots&\vdots&&\vdots\\1&1&\cdots&2\end{pmatrix}\begin{pmatrix}x_1\\x_2\\\vdots\\x_n\end{pmatrix}$$

$$=2x_1^2+2x_2^2+\cdots+2x_n^2+2x_1x_2+2x_1x_3+\cdots+2x_{n-1}x_n.$$

§5.2 二次型的标准形

一、线性变换

定义 5.2.1 关系式

$$\begin{cases}x_1=c_{11}y_1+c_{12}y_2+\cdots+c_{1n}y_n,\\x_2=c_{21}y_1+c_{22}y_2+\cdots+c_{2n}y_n,\\\cdots\cdots\\x_n=c_{n1}y_1+c_{n2}y_2+\cdots+c_{nn}y_n\end{cases}$$

称为由变量 $y_1,y_2,\cdots,y_n$ 到变量 $x_1,x_2,\cdots,x_n$ 的一个线性变换,写成矩阵形式

$$\boldsymbol{x}=\boldsymbol{C}\boldsymbol{y},$$

其中

$$\boldsymbol{x}=\begin{pmatrix}x_1\\x_2\\\vdots\\x_n\end{pmatrix},\ \boldsymbol{C}=\begin{pmatrix}c_{11}&c_{12}&\cdots&c_{1n}\\c_{21}&c_{22}&\cdots&c_{2n}\\\vdots&\vdots&&\vdots\\c_{n1}&c_{n2}&\cdots&c_{nn}\end{pmatrix},\boldsymbol{y}=\begin{pmatrix}y_1\\y_2\\\vdots\\y_n\end{pmatrix},$$

$\boldsymbol{C}$ 称为线性变换的矩阵.

当 $|\boldsymbol{C}|\neq 0$ 时,称线性变换为**可逆的线性变换**,或称**非退化的线性变换**.

当 $\boldsymbol{C}$ 为正交矩阵时,则称线性变换为**正交线性变换**,简称**正交变换**.

对一般二次型,把二次型 $f=\boldsymbol{x}^{\mathrm{T}}\boldsymbol{A}\boldsymbol{x}$ 经可逆线性变换 $\boldsymbol{x}=\boldsymbol{C}\boldsymbol{y}$,可将其化为

$$f=\boldsymbol{x}^{\mathrm{T}}\boldsymbol{A}\boldsymbol{x}=(\boldsymbol{C}\boldsymbol{y})^{\mathrm{T}}\boldsymbol{A}(\boldsymbol{C}\boldsymbol{y})=\boldsymbol{y}^{\mathrm{T}}(\boldsymbol{C}^{\mathrm{T}}\boldsymbol{A}\boldsymbol{C})\boldsymbol{y},$$

其中,$\boldsymbol{y}^{\mathrm{T}}(\boldsymbol{C}^{\mathrm{T}}\boldsymbol{A}\boldsymbol{C})\boldsymbol{y}$ 为关于 $y_1,y_2,\cdots,y_n$ 的二次型.

二、二次型的标准形

定义 5.2.2 若二次型 $f(x_1,x_2,\cdots,x_n)=\boldsymbol{x}^{\mathrm{T}}\boldsymbol{A}\boldsymbol{x}$ 为只含平方项

$$\lambda_1y_1^2+\lambda_2y_2^2+\cdots+\lambda_ny_n^2$$

的二次型,称为 $f(x_1,x_2,\cdots,x_n)$ 的**标准形**.

显然,标准形对应的矩阵是对角矩阵,因此二次型化标准形的问题,就是矩阵与对角阵合同的问题.

三、矩阵的合同

定义 5.2.3 设 $\boldsymbol{A},\boldsymbol{B}$ 为 n 阶方阵,若存在 n 阶可逆方阵 $\boldsymbol{C}$,使

$$\boldsymbol{C}^{\mathrm{T}}\boldsymbol{A}\boldsymbol{C}=\boldsymbol{B},$$

则称 $\boldsymbol{A}$ 与 $\boldsymbol{B}$ 合同.

由于 $\boldsymbol{C}$ 可逆,易知合同的矩阵有相同的秩,且合同关系也是一种等价关系,即满足自反性、对称性、传递性.

由此可见,二次型经可逆的线性变换后,对应的矩阵合同.

设二次型 $f=\boldsymbol{x}^{\mathrm{T}}\boldsymbol{A}\boldsymbol{x}$ 经可逆的线性变换 $\boldsymbol{x}=\boldsymbol{C}\boldsymbol{y}$ 后变成

$$f=(\boldsymbol{C}\boldsymbol{y})^{\mathrm{T}}\boldsymbol{A}(\boldsymbol{C}\boldsymbol{y})=\boldsymbol{y}^{\mathrm{T}}(\boldsymbol{C}^{\mathrm{T}}\boldsymbol{A}\boldsymbol{C})\boldsymbol{y}=\boldsymbol{y}^{\mathrm{T}}\boldsymbol{B}\boldsymbol{y},$$

其中,$\boldsymbol{B}=\boldsymbol{C}^{\mathrm{T}}\boldsymbol{A}\boldsymbol{C}$,且

$$\boldsymbol{B}^{\mathrm{T}}=(\boldsymbol{C}^{\mathrm{T}}\boldsymbol{A}\boldsymbol{C})^{\mathrm{T}}=\boldsymbol{C}^{\mathrm{T}}\boldsymbol{A}\boldsymbol{C}=\boldsymbol{B}.$$

四、化二次型为标准形的三种基本方法

1. 拉格朗日配方法

定理 5.2.1 任何一个二次型都可通过可逆(非退化)线性变换化为标准形.

证明略.

拉格朗日配方法:对一般的二次型 $f=\boldsymbol{x}^{\mathrm{T}}\boldsymbol{A}\boldsymbol{x}$,可以利用拉格朗日配方法化二次型为标准形.

拉格朗日配方法的步骤:

(1)若二次型含有 x_i 的平方项,则先把含 x_i 的乘积项集中,然后配方,再对其余变量重复上述过程,直到所有变量都配成平方项为止,经过可逆变换,就得到标准形.

(2)若二次型中不含平方项,但是 $a_{ij}\neq 0\ (i\neq j)$,则先做可逆变换

$$\begin{cases} x_i=y_i-y_j, \\ x_j=y_i+y_j, \quad k=1,2,\cdots,n,\text{且 } k\neq i,j, \\ x_k=y_k, \end{cases}$$

化二次型为含平方项的二次型,然后再按(1)中方法配方.

例 1 化二次型

$$f=2x_1^2+5x_2^2+5x_3^2+4x_1x_2-4x_1x_3-8x_2x_3$$

为标准形,并求所用的变换矩阵.

解 按 x_1^2 及含有 x_1 的混合项配成完全平方,得

$$\begin{aligned} f&=2[x_1^2+2x_1(x_2-x_3)+(x_2-x_3)^2]-2(x_2-x_3)^2+5x_2^2+5x_3^2-8x_2x_3 \\ &=2(x_1+x_2-x_3)^2+3x_2^2+3x_3^2-4x_2x_3, \end{aligned}$$

再将 $3x_2^2+3x_3^2-4x_2x_3$ 配成完全平方,得

$$f=2(x_1+x_2-x_3)^2+3\left(x_2-\frac{2}{3}x_3\right)^2+\frac{5}{3}x_3^2.$$

令

$$\begin{cases}y_1=x_1+x_2-x_3,\\ y_2=x_2-\dfrac{2}{3}x_3,\\ y_3=x_3,\end{cases}$$

即

$$\begin{cases}x_1=y_1-y_2+\dfrac{1}{3}y_3,\\ x_2=y_2+\dfrac{2}{3}y_3,\\ x_3=y_3,\end{cases}$$

即得标准形

$$f=2y_1^2+3y_2^2+\frac{5}{3}y_3^2.$$

$$\boldsymbol{C}=\begin{pmatrix}1&-1&\dfrac{1}{3}\\ 0&1&\dfrac{2}{3}\\ 0&0&1\end{pmatrix},$$

所用的可逆(非退化)的线性变换为 $\boldsymbol{x}=\boldsymbol{C}\boldsymbol{y}$.

例 2 化二次型

$$f=2x_1x_2-2x_1x_3+2x_2x_3$$

为标准形,并求所作的可逆线性变换.

解 f 中不含平方项,令

$$\begin{cases}x_1=y_1+y_2,\\ x_2=y_1-y_2,\\ x_3=y_3,\end{cases}$$

代入可得

$$f=2y_1^2-2y_2^2-4y_2y_3.$$

再配方,得

$$f=2y_1^2-2(y_2+y_3)^2+2y_3^2.$$

令

$$\begin{cases}z_1=y_1,\\ z_2=y_2+y_3,\\ z_3=y_3,\end{cases}$$

即

$$\begin{cases} y_1 = z_1, \\ y_2 = z_2 - z_3, \\ y_3 = z_3, \end{cases}$$

即有 $f = 2z_1^2 - 2z_2^2 + 2z_3^2$，而可逆变换为

$$\boldsymbol{x} = \boldsymbol{C}_1 \boldsymbol{y} = \boldsymbol{C}_1(\boldsymbol{C}_2 \boldsymbol{z}) = (\boldsymbol{C}_1 \boldsymbol{C}_2)\boldsymbol{z} = \boldsymbol{C}\boldsymbol{z},$$

其中

$$\boldsymbol{C} = \boldsymbol{C}_1 \boldsymbol{C}_2 = \begin{pmatrix} 1 & 1 & 0 \\ 1 & -1 & 0 \\ 0 & 0 & 1 \end{pmatrix} \cdot \begin{pmatrix} 1 & 0 & 0 \\ 0 & 1 & -1 \\ 0 & 0 & 1 \end{pmatrix} = \begin{pmatrix} 1 & 1 & -1 \\ 1 & -1 & 1 \\ 0 & 0 & 1 \end{pmatrix}.$$

注：配方法是一种可逆线性变换，但平方项的系数与 $\boldsymbol{A}$ 的特征值无关.

2. 初等变换法

定理 5.2.2 对任一个对称矩阵，存在可逆矩阵 $\boldsymbol{C}$，使 $\boldsymbol{B} = \boldsymbol{C}^{\mathrm{T}}\boldsymbol{A}\boldsymbol{C}$ 为对角矩阵，即任一实对称矩阵都与一个对角矩阵合同.

由定理 5.2.1 可知：任何一个二次型都可通过可逆（非退化）线性变换化为标准形，且二次型 f 与它的对称矩阵 $\boldsymbol{A}$ 有一一对应的关系，设有可逆变换 $\boldsymbol{x} = \boldsymbol{C}\boldsymbol{y}$，它把二次型 $\boldsymbol{x}^{\mathrm{T}}\boldsymbol{A}\boldsymbol{x}$ 化为 $\boldsymbol{y}^{\mathrm{T}}\boldsymbol{B}\boldsymbol{y}$，则 $\boldsymbol{C}^{\mathrm{T}}\boldsymbol{A}\boldsymbol{C} = \boldsymbol{B}$. 再由定理 5.2.2 可知：任一个对称矩阵 $\boldsymbol{A}$ 都合同于一个对角矩阵，即存在可逆矩阵 $\boldsymbol{C}$，使

$$\boldsymbol{C}^{\mathrm{T}}\boldsymbol{A}\boldsymbol{C} = \boldsymbol{\Lambda}.$$

由于 $\boldsymbol{C}$ 可逆，则 $\boldsymbol{C}$ 可写成一系列初等矩阵的乘积，记 $\boldsymbol{C} = \boldsymbol{P}_1 \boldsymbol{P}_2 \cdots \boldsymbol{P}_s$，则

$$\boldsymbol{C}^{\mathrm{T}}\boldsymbol{A}\boldsymbol{C} = \boldsymbol{P}_s^{\mathrm{T}} \cdots \boldsymbol{P}_2^{\mathrm{T}} \boldsymbol{P}_1^{\mathrm{T}} \boldsymbol{A} \boldsymbol{P}_1 \boldsymbol{P}_2 \cdots \boldsymbol{P}_s = \boldsymbol{\Lambda},$$

其中 $\boldsymbol{P}_i (1 \leqslant i \leqslant s)$ 为初等矩阵.

对 $2n \times n$ 矩阵

$$\begin{pmatrix} \boldsymbol{A} \\ \boldsymbol{E} \end{pmatrix}$$

施行相应于右乘 $\boldsymbol{P}_1, \boldsymbol{P}_2, \cdots, \boldsymbol{P}_s$ 的初等列变换，再对 $\boldsymbol{A}$ 施以相应于左乘 $\boldsymbol{P}_1^{\mathrm{T}}, \boldsymbol{P}_2^{\mathrm{T}}, \cdots, \boldsymbol{P}_s^{\mathrm{T}}$ 的初等行变换，矩阵 $\boldsymbol{A}$ 变为对角阵，单位矩阵 $\boldsymbol{E}$ 就变为所要求的可逆矩阵 $\boldsymbol{C}$.

例 3 化二次型

$$f = x_1^2 + 2x_2^2 + 2x_3^2 - 2x_1x_2 + 4x_1x_3 - 6x_2x_3$$

为标准形，并求所作的可逆线性变换.

解 二次型对应的矩阵为

$$\boldsymbol{A} = \begin{pmatrix} 1 & -1 & 2 \\ -1 & 2 & -3 \\ 2 & -3 & 2 \end{pmatrix},$$

$$\begin{pmatrix} \boldsymbol{A} \\ \boldsymbol{E} \end{pmatrix} = \begin{pmatrix} 1 & -1 & 2 \\ -1 & 2 & -3 \\ 2 & -3 & 2 \\ 1 & 0 & 0 \\ 0 & 1 & 0 \\ 0 & 0 & 1 \end{pmatrix} \to \begin{pmatrix} 1 & 0 & 0 \\ -1 & 1 & -1 \\ 2 & -1 & -2 \\ 1 & 1 & -2 \\ 0 & 1 & 0 \\ 0 & 0 & 1 \end{pmatrix} \to \begin{pmatrix} 1 & 0 & 0 \\ 0 & 1 & -1 \\ 0 & -1 & -2 \\ 1 & 1 & -2 \\ 0 & 1 & 0 \\ 0 & 0 & 1 \end{pmatrix}$$

$$\to\begin{pmatrix}1&0&0\\0&1&0\\0&-1&-3\\1&1&-1\\0&1&1\\0&0&1\end{pmatrix}\to\begin{pmatrix}1&0&0\\0&1&0\\0&0&-3\\1&1&-1\\0&1&1\\0&0&1\end{pmatrix},$$

则

$$\boldsymbol{C}=\begin{pmatrix}1&1&-1\\0&1&1\\0&0&1\end{pmatrix},$$

相应的可逆线性变换为 $\boldsymbol{x}=\boldsymbol{C}\boldsymbol{y}$,标准形为

$$f=y_1^2+y_2^2-3y_3^2.$$

注:对角矩阵的元素是平方项的系数.

3. 正交变换法

由于实二次型的矩阵是一个实的对称矩阵,由定理 5. 2. 1 可知,二次型必可通过正交变换化为标准形.

定理 5. 2. 3(主轴定理)　任意一个实二次型 $f=\boldsymbol{x}^{\mathrm{T}}\boldsymbol{A}\boldsymbol{x}$ 一定存在正交变换 $\boldsymbol{x}=\boldsymbol{P}\boldsymbol{y}$,使 f 化为标准形

$$\lambda_1y_1^2+\lambda_2y_2^2+\cdots+\lambda_ny_n^2,$$

其中 $\lambda_1,\lambda_2,\cdots,\lambda_n$ 是 f 的矩阵 $\boldsymbol{A}$ 的 n 个特征值,正交矩阵 $\boldsymbol{P}$ 的 n 个列向量为 $\boldsymbol{A}$ 的对应于特征值 $\lambda_1,\lambda_2,\cdots,\lambda_n$ 的单位正交特征向量.

用正交变换化二次型为标准形的基本步骤:

(1) 将二次型表示成矩阵形式 $f=\boldsymbol{x}^{\mathrm{T}}\boldsymbol{A}\boldsymbol{x}$,求出 $\boldsymbol{A}$;

(2) 求出 $\boldsymbol{A}$ 的所有特征值 $\lambda_1,\lambda_2,\cdots,\lambda_n$;

(3) 求出对应于各特征值的线性无关的特征向量 $\boldsymbol{\xi}_1,\boldsymbol{\xi}_2,\cdots,\boldsymbol{\xi}_n$;

(4) 将特征向量 $\boldsymbol{\xi}_1,\boldsymbol{\xi}_2,\cdots,\boldsymbol{\xi}_n$ 正交化、单位化得 $\boldsymbol{\eta}_1,\boldsymbol{\eta}_2,\cdots,\boldsymbol{\eta}_n$,记 $\boldsymbol{P}=(\boldsymbol{\eta}_1,\boldsymbol{\eta}_2,\cdots,\boldsymbol{\eta}_n)$;

(5) 作正交变换 $\boldsymbol{x}=\boldsymbol{P}\boldsymbol{y}$,则得 f 的标准形 $f=\lambda_1y_1^2+\lambda_2y_2^2+\cdots+\lambda_ny_n^2$.

例 4　求一个正交变换,化二次型

$$f(x_1,x_2,x_3)=2x_1x_2+2x_2x_3+2x_1x_3$$

为标准形.

解　二次型 f 的矩阵为

$$\boldsymbol{A}=\begin{pmatrix}0&1&1\\1&0&1\\1&1&0\end{pmatrix},$$

$\boldsymbol{A}$ 的特征多项式 $|\boldsymbol{A}-\lambda\boldsymbol{E}|=(\lambda+1)^2(2-\lambda)$,则 $\boldsymbol{A}$ 的特征值 $\lambda_1=\lambda_2=-1,\lambda_3=2$.

对 $\lambda_1=\lambda_2=-1$,解方程组 $(\boldsymbol{A}+\boldsymbol{E})\boldsymbol{x}=\boldsymbol{0}$,取正交的基础解系

$$\boldsymbol{\xi}_1=\begin{pmatrix}1\\-1\\0\end{pmatrix},\ \boldsymbol{\xi}_2=\begin{pmatrix}1\\1\\-2\end{pmatrix},$$

将 $\boldsymbol{\xi}_1,\boldsymbol{\xi}_2$ 单位化,得

$$\boldsymbol{e}_1=\begin{pmatrix}\frac{1}{\sqrt{2}}\\-\frac{1}{\sqrt{2}}\\0\end{pmatrix},\boldsymbol{e}_2=\begin{pmatrix}\frac{1}{\sqrt{6}}\\\frac{1}{\sqrt{6}}\\-\frac{2}{\sqrt{6}}\end{pmatrix}.$$

对 $\lambda_3=2$,解方程组 $(\boldsymbol{A}-2\boldsymbol{E})\boldsymbol{x}=\boldsymbol{0}$,得基础解系

$$\boldsymbol{\xi}_3=\begin{pmatrix}1\\1\\1\end{pmatrix},$$

单位化,得

$$\boldsymbol{e}_3=\begin{pmatrix}\frac{1}{\sqrt{3}}\\\frac{1}{\sqrt{3}}\\\frac{1}{\sqrt{3}}\end{pmatrix}.$$

令

$$\boldsymbol{P}=(\boldsymbol{e}_1,\boldsymbol{e}_2,\boldsymbol{e}_3)=\begin{pmatrix}\frac{1}{\sqrt{2}}&\frac{1}{\sqrt{6}}&\frac{1}{\sqrt{3}}\\-\frac{1}{\sqrt{2}}&\frac{1}{\sqrt{6}}&\frac{1}{\sqrt{3}}\\0&-\frac{2}{\sqrt{6}}&\frac{1}{\sqrt{3}}\end{pmatrix},$$

则经过正交变换 $\boldsymbol{x}=\boldsymbol{P}\boldsymbol{y}$ 后,二次型化成标准形 $f=-y_1^2-y_2^2+2y_3^2$.

五、二次型的规范形

将二次型化成标准形 $\lambda_1y_1^2+\lambda_2y_2^2+\cdots+\lambda_ny_n^2$后,我们对标准形各项符号感兴趣,可以使之变形为 $d_1y_1^2+\cdots+d_py_p^2-d_{p+1}y_{p+1}^2-\cdots-d_ry_r^2$,其中 $d_i>0(i=1,2,\cdots,r)$;并可以通过可逆变换 $z_i=\sqrt{d_i}\,y_i(i=1,2,\cdots,n)$,得到规范形 $z_1^2+\cdots+z_p^2-z_{p+1}^2-\cdots-z_r^2$.

定理 5.2.4 任意一个二次型总可以经过可逆变换化成规范形,并且规范形是唯一的.

§5.3 正定二次型

一、惯性定理与规范形

二次型的标准形不唯一,但标准形中所含平方项的项数(即二次型的秩)是不变的.在限定变换为实变换时,标准形中正系数个数也是不变的(从而负系数个数不变).

定理 5.3.1(惯性定理) 实二次型 $f=\boldsymbol{x}^{\mathrm{T}}\boldsymbol{A}\boldsymbol{x}$ 的标准形中正系数个数及负系数个数是唯一确定的,它与可逆线性变换无关.

证明略.

定义 5.3.1 在实二次型 f 的标准形中,正系数个数 p 称为二次型 f 的**正惯性指数**,负系数个数 q 称为二次型 f 的**负惯性指数**.

设二次型 f 的标准形

$$f(y_1,y_2,\cdots,y_n)=d_1y_1^2+\cdots+d_py_p^2-c_1y_{p+1}^2-\cdots-c_qy_r^2, \tag{5.3.1}$$

其中 $d_i(1\leqslant i\leqslant p)>0$, $c_j(1\leqslant j\leqslant q)>0$,且 $p+q=r$.

再作可逆线性变换

$$\begin{cases} y_1=\dfrac{1}{\sqrt{d_1}}z_1, \\ \cdots\cdots \\ y_p=\dfrac{1}{\sqrt{d_p}}z_p, \\ y_{p+1}=\dfrac{1}{\sqrt{c_1}}z_{p+1}, \\ \cdots\cdots \\ y_r=\dfrac{1}{\sqrt{c_q}}z_r, \\ y_{r+1}=z_{r+1}, \\ \cdots\cdots \\ y_n=z_n, \end{cases}$$

则式(5.3.1)变成二次型的规范形

$$f=z_1^2+\cdots+z_p^2-z_{p+1}^2-\cdots-z_r^2.$$

由惯性定理可知,任一实二次型的规范形唯一.

二、二次型的有定性

定义 5.3.2 设有实二次型 $f=\boldsymbol{x}^{\mathrm{T}}\boldsymbol{A}\boldsymbol{x}$,若对任取的 $\boldsymbol{x}$,

(1) $f\geqslant 0$,且 $f=0$ 当且仅当 $\boldsymbol{x}=\boldsymbol{0}$,则称二次型 f 是正定二次型,称对称矩阵 $\boldsymbol{A}$ 为正定矩阵;

(2) $f\leqslant 0$,且 $f=0$ 当且仅当 $\boldsymbol{x}=\boldsymbol{0}$,则称二次型 f 是负定二次型,称对称矩阵 $\boldsymbol{A}$ 为负定矩阵;

(3) $f\geqslant 0$(或 $f\leqslant 0$),且有非零向量 $\boldsymbol{x}_0$,使得 $f=0$,则称二次型 f 是半正定(或半负定)二次型,同时称对称矩阵 $\boldsymbol{A}$ 是半正定矩阵(或半负定矩阵);

(4) f 的值有正有负,则称二次型 f 是不定的.

注:二次型的正定(负定)、半正定(半负定)统称为二次型及其矩阵的**有定性**. 不具备有定性的二次型及其矩阵称为**不定的**. 二次型的正定性的判别可转化为对称矩阵的正定性判别. 在二次型中,最常用的是正定与负定二次型.

定理 5.3.2 n 元实二次型 $f=\boldsymbol{x}^{\mathrm{T}}\boldsymbol{A}\boldsymbol{x}$ 正(负)定的充分必要条件是它的正(负)惯性指数为 n.

证明略

推论 1 对称矩阵 $\boldsymbol{A}$ 为正(负)定矩阵的充分必要条件是 $\boldsymbol{A}$ 的特征值全为正(负).

推论 2 实二次型 $f=\boldsymbol{x}^{\mathrm{T}}\boldsymbol{A}\boldsymbol{x}$ 半正(负)定的充分必要条件是它的正(负)惯性指数等于二次型的秩.

推论 3 二次型经非退化线性变换不改变它的有定性.

推论 4 实对称矩阵 $\boldsymbol{A}$ 为正定矩阵的充分必要条件是 $\boldsymbol{A}$ 与单位矩阵合同.

定理 5.3.3 实对称矩阵 $\boldsymbol{A}$ 正定的充分必要条件是存在可逆矩阵 $\boldsymbol{C}$,使

$$\boldsymbol{A}=\boldsymbol{C}^{\mathrm{T}}\boldsymbol{C}.$$

证 充分性 对任意 $\boldsymbol{x}\neq\boldsymbol{0}$,

$$\boldsymbol{x}^{\mathrm{T}}\boldsymbol{A}\boldsymbol{x}=\boldsymbol{x}^{\mathrm{T}}(\boldsymbol{C}^{\mathrm{T}}\boldsymbol{C})\boldsymbol{x}=(\boldsymbol{C}\boldsymbol{x})^{\mathrm{T}}(\boldsymbol{C}\boldsymbol{x})=\|\boldsymbol{C}\boldsymbol{x}\|^2>0.$$

必要性 若 $\boldsymbol{A}$ 正定,则存在可逆阵 $\boldsymbol{C}$,使

$$\boldsymbol{A}=\boldsymbol{C}^{\mathrm{T}}\boldsymbol{E}\boldsymbol{C}=\boldsymbol{C}^{\mathrm{T}}\boldsymbol{C}.$$

下面从实对称矩阵本身给出正定矩阵的性质及判别法.

定理 5.3.4 设 $\boldsymbol{A}$ 为正定矩阵,则

(1) $\boldsymbol{A}$ 的主对角线元 $a_{ii}>0(i=1,2,\cdots,n)$;

(2) $|\boldsymbol{A}|>0$.

证 (1) 设 $f=\boldsymbol{x}^{\mathrm{T}}\boldsymbol{A}\boldsymbol{x}=\sum\limits_{i=1}^{n}\sum\limits_{j=1}^{n}a_{ij}x_ix_j$, 因 $\boldsymbol{A}$ 正定,则 f 为正定二次型.

取 $\boldsymbol{e}_i=(0,0,\cdots,0,1,0,\cdots,0)^{\mathrm{T}}$,则

$$f(\boldsymbol{e}_i)=a_{ii}x_i^2=a_{ii}>0\ (i=1,2,\cdots,n).$$

(2) $\boldsymbol{A}$ 正定,则 $\boldsymbol{A}$ 的特征值全大于零,则 $|\boldsymbol{A}|>0$.

注:从定理 5.3.4 易知,正定矩阵必为可逆矩阵.

注意到 $\boldsymbol{A}$ 负定,则 $-\boldsymbol{A}$ 正定,因此有下面的推论.

推论 5 $\boldsymbol{A}$ 为负定矩阵,则

(1) $\boldsymbol{A}$ 的主对角线元 $a_{ii}<0\ (i=1,2,\cdots,n)$;

(2) $|-\boldsymbol{A}|=(-1)^n|\boldsymbol{A}|>0$.

定义 5.3.3 设 $\boldsymbol{A}=(a_{ij})_{n\times n}$,称

$$|\boldsymbol{A}_k|=\begin{vmatrix} a_{11} & a_{12} & \cdots & a_{1k} \\ a_{21} & a_{22} & \cdots & a_{2k} \\ \vdots & \vdots & & \vdots \\ a_{k1} & a_{k2} & \cdots & a_{kk} \end{vmatrix}$$

为 $\boldsymbol{A}$ 的 k 阶顺序主子式.

定理 5.3.5 n 阶实对称矩阵 $\boldsymbol{A}$ 正定的充分必要条件是 $\boldsymbol{A}$ 的所有顺序主子式(n 个)全大于零.

这个定理称为霍尔维茨(Hurwitz)定理.

例 1 判别下列二次型的有定性.

(1) $f(x_1,x_2,x_3)=-2x_1^2-6x_2^2-4x_3^2+2x_1x_2+2x_1x_3$;

(2) $f(x_1,x_2,x_3,x_4)=x_1^2+3x_2^2+9x_3^2+19x_4^2-2x_1x_2+4x_1x_3+2x_1x_4-6x_2x_4-12x_3x_4$.

解 (1) 二次型的矩阵为 $\boldsymbol{A}=\begin{pmatrix} -2 & 1 & 1 \\ 1 & -6 & 0 \\ 1 & 0 & -4 \end{pmatrix}$.

因为 $a_{11}=-2<0$, $\begin{vmatrix} -2 & 1 \\ 1 & -6 \end{vmatrix}=11>0$, $|\boldsymbol{A}|=-38<0$,所以 f 为负定.

(2) 二次型的矩阵为 $\boldsymbol{A}=\begin{pmatrix} 1 & -1 & 2 & 1 \\ -1 & 3 & 0 & -3 \\ 2 & 0 & 9 & -6 \\ 1 & -3 & -6 & 19 \end{pmatrix}$.

因为 $a_{11}=1>0$, $\begin{vmatrix} 1 & -1 \\ -1 & 3 \end{vmatrix}=2>0$, $\begin{vmatrix} 1 & -1 & 2 \\ -1 & 3 & 0 \\ 2 & 0 & 9 \end{vmatrix}=6>0$, $|\boldsymbol{A}|=24>0$,所以 f 为正定.

推论 6 实对称矩阵 $\boldsymbol{A}$ 负定的充分必要条件是奇数阶顺序主子式为负,偶数阶顺序主子式为正.

例 2 证明:若 $\boldsymbol{A}$ 是正定矩阵,则 $\boldsymbol{A}^{-1}$ 也是正定矩阵.

证 方法 1:

因 $\boldsymbol{A}$ 是正定矩阵,则 $\boldsymbol{A}$ 的特征值 $\lambda_i(i=1,2,\cdots,n)$ 全为正,$\dfrac{1}{\lambda_i}$则是 $\boldsymbol{A}^{-1}$ 的特征值,且$\dfrac{1}{\lambda_i}>0$,所以 $\boldsymbol{A}^{-1}$ 是正定矩阵.

方法 2:

因 $\boldsymbol{A}$ 是正定矩阵,则存在可逆矩阵 $\boldsymbol{C}$,使

$$\boldsymbol{A}=\boldsymbol{C}^{\mathrm{T}}\boldsymbol{C},$$

所以

$$A^{-1}=(C^{\mathrm{T}}C)^{-1}=C^{-1}(C^{\mathrm{T}})^{-1}=C^{-1}(C^{-1})^{\mathrm{T}},$$

且

$$(A^{-1})^{\mathrm{T}}=(A^{\mathrm{T}})^{-1}=A^{-1},$$

则 A^{-1} 是正定矩阵.

例 3 判别二次型

$$f(x_1,x_2,x_3)=5x_1^2+x_2^2+5x_3^2+4x_1x_2-8x_1x_3-4x_2x_3$$

的有定性.

解 方法 1:

用配方法化二次型为标准形:

$$\begin{aligned} f&=5x_1^2+[x_2^2+4x_2(x_1-x_3)]+5x_3^2-8x_1x_3\\ &=5x_1^2+[x_2+2(x_1-x_3)]^2-4(x_1-x_3)^2+5x_3^2-8x_1x_3\\ &=[2(x_1-x_3)+x_2]^2+x_1^2+x_3^2\geqslant 0,\end{aligned}$$

当且仅当 $x_1=x_2=x_3=0$ 等号成立,因此 f 正定.

方法 2:

f 的矩阵

$$A=\begin{pmatrix}5&2&-4\\2&1&-2\\-4&-2&5\end{pmatrix},$$

各阶顺序主子式为

$$|5|>0,\quad \begin{vmatrix}5&2\\2&1\end{vmatrix}=1>0,\quad \begin{vmatrix}5&2&-4\\2&1&-2\\-4&-2&5\end{vmatrix}=1>0,$$

所以 A 正定,即 f 为正定二次型.

例 4 t 为何值时,二次型

$$f=t(x_1^2+x_2^2+x_3^2)+2x_1x_2+2x_1x_3-2x_2x_3$$

负定?

解 f 的矩阵

$$A=\begin{pmatrix}t&1&1\\1&t&-1\\1&-1&t\end{pmatrix},$$

要 f 负定,则 A 的奇数阶顺序主子式小于零,偶数阶顺序主子式大于零,即

$$t<0,\quad \begin{vmatrix}t&1\\1&t\end{vmatrix}=t^2-1>0,\quad \begin{vmatrix}t&1&1\\1&t&-1\\1&-1&t\end{vmatrix}=(t+1)^2(t-2)<0,$$

则 $t<-1$ 时,f 负定.

习题 5

1. 写出下列二次型的矩阵.

(1) $f=x_1^2+4x_1x_2+4x_2^2+2x_1x_3+x_3^2+4x_2x_3$；

(2) $f=x_1^2+x_2^2-7x_3^2-2x_1x_2-4x_1x_3-4x_2x_3$.

2. 求一个正交变换将下列二次型化成标准形.

(1) $f=2x_1^2+3x_2^2+3x_3^2+4x_2x_3$；

(2) $f=x_1^2+x_2^2+x_3^2+x_4^2+2x_1x_2-2x_2x_3-2x_1x_4+2x_3x_4$.

3. 用配方法将下列二次型化成标准形.

(1) $f=x_1^2+5x_2^2+6x_3^2-10x_2x_3-6x_1x_3-4x_1x_2$；

(2) $f=2x_1x_2+2x_1x_3-2x_2x_3-2x_1x_4+2x_2x_4+2x_3x_4$.

4. 用初等变换法将下列二次型化成标准形.

(1) $f=4x_1^2+5x_2^2-x_3^2+6x_2x_3-4x_1x_3-4x_1x_2$；

(2) $f=2x_1x_2-6x_2x_3+2x_1x_3$.

5. 确定下列二次型的有定性.

(1) $f=x_1^2+3x_2^2+9x_3^2+19x_4^2-2x_1x_2+4x_1x_3+2x_1x_4-6x_2x_4-12x_3x_4$；

(2) $f=-x_1^2-2x_2^2-3x_3^2+2x_1x_2+2x_2x_3$.

6. 确定参数 t 的取值范围，使下列二次型正定.

(1) $f=x_1^2+4x_2^2+2x_3^2+2tx_1x_2+2x_1x_3$；

(2) $f=x_1^2+x_2^2+x_3^2+t(x_1x_2+x_1x_3+x_2x_3)$.

7. 证明：若 $\boldsymbol{A}$，$\boldsymbol{B}$ 都是 n 阶正定阵，则 $\boldsymbol{A}+\boldsymbol{B}$ 也是正定矩阵.

8. 设 $\boldsymbol{A}$ 可逆，证明 $\boldsymbol{A}^{\mathrm{T}}\boldsymbol{A}$ 正定.

第 6 章　线性空间与线性变换

§6.1　线性空间的基本概念

向量空间又称线性空间,是线性代数中的一个最基本的概念. 在第 3 章中,我们已讨论过向量空间,在这里我们将其进行推广.

一、线性空间的定义与性质

定义 6.1.1　设 $\boldsymbol{V}$ 是一非空集合,$\boldsymbol{P}$ 是一数域. 如果 $\boldsymbol{V}$ 中定义了两种运算:

(1) 加法. 对任意两个元素 $\boldsymbol{\alpha},\boldsymbol{\beta}\in\boldsymbol{V}$,总有唯一确定的元素 $\boldsymbol{\gamma}\in\boldsymbol{V}$ 与之对应,称为 $\boldsymbol{\alpha}$ 与 $\boldsymbol{\beta}$ 的和,记作 $\boldsymbol{\gamma}=\boldsymbol{\alpha}+\boldsymbol{\beta}$.

(2) 数量乘法. 对任意 $\lambda\in\boldsymbol{P}$ 与任意 $\boldsymbol{\alpha}\in\boldsymbol{V}$,总有唯一确定的元素 $\boldsymbol{\delta}\in\boldsymbol{V}$ 与之对应,称为 λ 与 $\boldsymbol{\alpha}$ 的积,记作 $\boldsymbol{\delta}=\lambda\boldsymbol{\alpha}$.

并且这两种运算满足以下八条运算规律:

① $\boldsymbol{\alpha}+\boldsymbol{\beta}=\boldsymbol{\beta}+\boldsymbol{\alpha}$;

② $\boldsymbol{\alpha}+\boldsymbol{\beta}+\boldsymbol{\gamma}=\boldsymbol{\alpha}+(\boldsymbol{\beta}+\boldsymbol{\gamma})$;

③ $\boldsymbol{V}$ 中存在零元素 $\boldsymbol{0}$,对任何 $\boldsymbol{\alpha}\in\boldsymbol{V}$,有 $\boldsymbol{\alpha}+\boldsymbol{0}=\boldsymbol{\alpha}$;

④ 对任何 $\boldsymbol{\alpha}\in\boldsymbol{V}$,都有 $\boldsymbol{\alpha}$ 的负元素 $\boldsymbol{\beta}\in\boldsymbol{V}$,使 $\boldsymbol{\alpha}+\boldsymbol{\beta}=\boldsymbol{0}$,记 $\boldsymbol{\beta}=-\boldsymbol{\alpha}$;

⑤ $1\cdot\boldsymbol{\alpha}=\boldsymbol{\alpha}$;

⑥ $\lambda(\mu\boldsymbol{\alpha})=(\lambda\mu)\boldsymbol{\alpha}$;

⑦ $(\lambda+\mu)\boldsymbol{\alpha}=\lambda\boldsymbol{\alpha}+\mu\boldsymbol{\alpha}$;

⑧ $\lambda(\boldsymbol{\alpha}+\boldsymbol{\beta})=\lambda\boldsymbol{\alpha}+\lambda\boldsymbol{\beta}$;

其中 $\boldsymbol{\alpha},\boldsymbol{\beta},\boldsymbol{\gamma}\in\boldsymbol{V};\lambda,\mu\in\boldsymbol{P}$.

那么,$\boldsymbol{V}$ 就称为数域 $\boldsymbol{P}$ 上的**线性空间**(或向量空间),简称线性空间,$\boldsymbol{V}$ 中元素也称为向量.

注 1:线性空间中定义的运算应理解为一种对应,不一定是普通意义下的加法和数乘运算了. 线性空间的“加法”与“数量乘法”称为线性运算.

注 2:双向无穷序列空间,一个控制信号在离散时间上被测量时,测量信号总体就可以构成双向无穷序列空间. 嫦娥三号探测器的控制系统就是使用了各类传感器采集的离散数字信号,最终实现自主导航控制的.

线性空间具有如下性质.

性质 6.1.1　零元素是唯一的.

证　设 $\mathbf{0}_1,\mathbf{0}_2$ 是线性空间 $\boldsymbol{V}$ 中的两个零元素,即对任何 $\boldsymbol{\alpha}\in\boldsymbol{V}$,有

$$\boldsymbol{\alpha}+\mathbf{0}_1=\boldsymbol{\alpha},\ \boldsymbol{\alpha}+\mathbf{0}_2=\boldsymbol{\alpha}.$$

于是,

$$\mathbf{0}_2+\mathbf{0}_1=\mathbf{0}_2,\ \mathbf{0}_1+\mathbf{0}_2=\mathbf{0}_1,$$

所以

$$\mathbf{0}_1=\mathbf{0}_2.$$

性质 6.1.2　每个元素的负元素是唯一的.

证　设 $\boldsymbol{\alpha}$ 有两个负元 $\boldsymbol{\beta},\boldsymbol{\gamma}$,即

$$\boldsymbol{\alpha}+\boldsymbol{\beta}=\mathbf{0},\ \boldsymbol{\alpha}+\boldsymbol{\gamma}=\mathbf{0}.$$

于是

$$\boldsymbol{\beta}=\boldsymbol{\beta}+\mathbf{0}=\boldsymbol{\beta}+(\boldsymbol{\alpha}+\boldsymbol{\gamma})=(\boldsymbol{\alpha}+\boldsymbol{\beta})+\boldsymbol{\gamma}=\mathbf{0}+\boldsymbol{\gamma}=\boldsymbol{\gamma}.$$

性质 6.1.3　$0\cdot\boldsymbol{\alpha}=\mathbf{0},\boldsymbol{\gamma}\cdot 0=\mathbf{0},(-1)\boldsymbol{\alpha}=-\boldsymbol{\alpha}$.

证

$$\boldsymbol{\alpha}+0\cdot\boldsymbol{\alpha}=1\cdot\boldsymbol{\alpha}+0\cdot\boldsymbol{\alpha}=(1+0)\boldsymbol{\alpha}=1\cdot\boldsymbol{\alpha}=\boldsymbol{\alpha},$$

所以

$$0\cdot\boldsymbol{\alpha}=\mathbf{0},$$

$$\boldsymbol{\alpha}+(-1)\boldsymbol{\alpha}=1\cdot\boldsymbol{\alpha}+(-1)\boldsymbol{\alpha}=[1+(-1)]\boldsymbol{\alpha}=0\boldsymbol{\alpha}=\mathbf{0},$$

$$\lambda\mathbf{0}=\lambda[\boldsymbol{\alpha}+(-1)\boldsymbol{\alpha}]=\lambda\boldsymbol{\alpha}+(-\lambda)\boldsymbol{\alpha}=[\lambda+(-\lambda)]\boldsymbol{\alpha}=0\boldsymbol{\alpha}=\mathbf{0}.$$

性质 6.1.4　$\lambda\boldsymbol{\alpha}=\mathbf{0}$,则 $\lambda=0$ 或 $\boldsymbol{\alpha}=\mathbf{0}$.

证　若 $\lambda\neq0$,在 $\lambda\boldsymbol{\alpha}=\mathbf{0}$ 两边乘以 $\dfrac{1}{\lambda}$,得

$$\frac{1}{\lambda}(\lambda\boldsymbol{\alpha})=\frac{1}{\lambda}\mathbf{0}=\mathbf{0},$$

而

$$\frac{1}{\lambda}(\lambda\boldsymbol{\alpha})=\left(\frac{1}{\lambda}\lambda\right)\boldsymbol{\alpha}=1\cdot\boldsymbol{\alpha}=\boldsymbol{\alpha},$$

所以

$$\boldsymbol{\alpha}=\mathbf{0}.$$

例 1　所有元素属于数域 $\boldsymbol{P}$ 的 $m\times n$ 矩阵组成的集合,按矩阵加法及数乘矩阵的数量乘法,构成数域 $\boldsymbol{P}$ 上的一个线性空间,记为 $\boldsymbol{P}^{m\times n}$.

例 2　次数不超过 n 的多项式的全体,记作 $\boldsymbol{P}[x]_n$,即

$$\boldsymbol{P}[x]_n=\{p=a_nx^n+a_{n-1}x^{n-1}+\cdots+a_1x+a_0\mid a_n,\cdots,a_1,a_0\in\mathbf{R}\}.$$

对于通常的多项式加法、数乘多项式乘法满足线性运算规律,而且 $\boldsymbol{P}[x]_n$ 对运算封闭,所以 $\boldsymbol{P}[x]_n$ 构成一线性空间.

注:n 次多项式的全体 $\boldsymbol{Q}[x]_n$,

$$\boldsymbol{Q}[x]_n=\{p=a_nx^n+a_{n-1}x^{n-1}+\cdots+a_1x+a_0\mid a_n,\cdots,a_1,a_0\in\mathbf{R},\text{且 }a_n\neq0\}.$$

对于通常的多项式加法和数乘多项式的乘法构不成线性空间.

例 3　所有定义在区间 $[a,b]$ 的实连续函数构成的集合,按函数的加法及数与函数的乘法,构成一个线性空间,用 $\boldsymbol{C}[a,b]$ 表示.

下面介绍子空间的定义.

定义 6.1.2 设 $\boldsymbol{L}$ 是线性空间 $\boldsymbol{V}$ 的一个非空子集,若 $\boldsymbol{L}$ 对于 $\boldsymbol{V}$ 中所定义的加法和数乘两种运算也构成一个线性空间,则称 $\boldsymbol{L}$ 为 $\boldsymbol{V}$ 的一个**线性子空间**(简称**子空间**). 显然,只含零元素的集合与 $\boldsymbol{V}$ 本身是 $\boldsymbol{V}$ 的子空间.

由定义,不难证明下述定理.

定理 6.1.1 线性空间 $\boldsymbol{V}$ 的非空子集 $\boldsymbol{L}$ 构成子空间的充分必要条件是 $\boldsymbol{L}$ 对 $\boldsymbol{V}$ 的加法与数乘运算封闭.

在第 3 章中讨论的 n 维向量的相关概念、性质,包括向量组的线性相关性、线性组合及向量空间的基、维数与坐标等,由于只涉及线性运算,而与具体的元素无关,因此对一般的线性空间仍然适用,读者可类似定义出线性空间的向量的线性相关、线性无关、线性组合、线性表示等概念. 我们只叙述线性空间的基、维数及坐标等概念,这些是线性空间的主要特性.

定义 6.1.3 在线性空间 $\boldsymbol{V}$ 中,如果存在 n 个元素 $\boldsymbol{\alpha}_1,\boldsymbol{\alpha}_2,\cdots,\boldsymbol{\alpha}_n$, 满足:

(1) $\boldsymbol{\alpha}_1,\boldsymbol{\alpha}_2,\cdots,\boldsymbol{\alpha}_n$ 线性无关;

(2) $\boldsymbol{V}$ 中任一元素 $\boldsymbol{\alpha}$ 总可由 $\boldsymbol{\alpha}_1,\boldsymbol{\alpha}_2,\cdots,\boldsymbol{\alpha}_n$ 线性表示.

那么,$\boldsymbol{\alpha}_1,\boldsymbol{\alpha}_2,\cdots,\boldsymbol{\alpha}_n$ 就称为线性空间 $\boldsymbol{V}$ 的一组基,n 称为线性空间 $\boldsymbol{V}$ 的**维数**,记作 $\dim\boldsymbol{V}=n$.

注:基是空间的“代表元小组”,它可以生成整个空间;另一方面,在几何上,基中的每个元素都代表一个“方向”,这些方向合起来就能表示整个空间,而且这个“代表元小组”是最“精炼”的线性无关子组,它们没有“重复信息”,不能互相线性表示.

只含一个零元素的线性空间没有基,规定它的维数为 0.

维数为 n 的线性空间称为 n 维线性空间,记作 $\boldsymbol{V}_n$.

若 $\boldsymbol{\alpha}_1,\boldsymbol{\alpha}_2,\cdots,\boldsymbol{\alpha}_n$ 为线性空间 $\boldsymbol{V}$ 的一组基,则对任何 $\boldsymbol{\alpha}\in\boldsymbol{V}$ 有一组有序数 $x_1,x_2,\cdots,x_n$,使

$$\boldsymbol{\alpha}=x_1\boldsymbol{\alpha}_1+x_2\boldsymbol{\alpha}_2+\cdots+x_n\boldsymbol{\alpha}_n,$$

并且表示式唯一.

反之,任给一组有序数 $x_1,x_2,\cdots,x_n$,$x_1\boldsymbol{\alpha}_1+x_2\boldsymbol{\alpha}_2+\cdots+x_n\boldsymbol{\alpha}_n$ 唯一确定 $\boldsymbol{V}$ 中一个元素.

这样,$\boldsymbol{V}$ 中元素与有序数组 $(x_1,x_2,\cdots,x_n)$ 之间存在一一对应关系,于是有如下表述.

定义 6.1.4 设 $\boldsymbol{\alpha}_1,\boldsymbol{\alpha}_2,\cdots,\boldsymbol{\alpha}_n$ 是线性空间 $\boldsymbol{V}$ 的一组基,对任一元素 $\boldsymbol{\alpha}\in\boldsymbol{V}$,有唯一表示式

$$\boldsymbol{\alpha}=x_1\boldsymbol{\alpha}_1+x_2\boldsymbol{\alpha}_2+\cdots+x_n\boldsymbol{\alpha}_n,$$

称有序数组 $(x_1,x_2,\cdots,x_n)$ 为元素 $\boldsymbol{\alpha}$ 在 $\boldsymbol{\alpha}_1,\boldsymbol{\alpha}_2,\cdots,\boldsymbol{\alpha}_n$ 基下的**坐标**,并记作

$$\boldsymbol{\alpha}=(x_1,x_2,\cdots,x_n).$$

建立了坐标以后,就把抽象的向量与具体的数组向量 $(x_1,x_2,\cdots,x_n)$ 联系起来,并且把线性运算与数组向量的线性运算联系起来.

设 $\boldsymbol{\alpha}_1,\boldsymbol{\alpha}_2,\cdots,\boldsymbol{\alpha}_n$ 是线性空间 $\boldsymbol{V}$ 的一组基,在此基下有

$$\boldsymbol{\alpha}=(x_1,x_2,\cdots,x_n),\ \boldsymbol{\beta}=(y_1,y_2,\cdots,y_n),$$

则

$$\boldsymbol{\alpha}+\boldsymbol{\beta}=(x_1+y_1,x_2+y_2,\cdots,x_n+y_n),$$
$$\lambda\boldsymbol{\alpha}=(\lambda x_1,\lambda x_2,\cdots,\lambda x_n).$$

例 4 在线性空间 $\boldsymbol{P}[x]_4$ 中，$p_1=1,p_2=x,p_3=x^2,p_4=x^3,p_5=x^4$ 就是它的一个基.

任一不超过 4 次的多项式 $\boldsymbol{a}=a_4x^4+a_3x^3+a_2x^2+a_1x+a_0$，$\boldsymbol{a}$ 在这个基下的坐标为 $(a_0,a_1,a_2,a_3,a_4)^{\mathrm{T}}$.

若另取一个基 $q_1=1,q_2=1+x,q_3=2x^2,q_4=x^3,q_5=x^4$，$\boldsymbol{a}$ 在这个基下的坐标为$\left(a_0-a_1,a_1,\dfrac{1}{2}a_2,a_3,a_4\right)^{\mathrm{T}}$.

注：科学认识事物的两个阶段：从具体到抽象，再从抽象到具体。首先，从二阶三阶行列式到 n 阶行列式的建立，从二维三维向量空间到 n 维向量空间的定义，都是从感性的具体寻找其共性特征，进行公理化抽象，进而在思维中建构出一个理想化模型. 这是哲学认识论中从感性的具体到理性的抽象过程，而科学的认识论还要求把理性的抽象再次上升到理性的具体.

二、基变换与坐标变换

在 n 维线性空间中，任意 n 个线性无关的向量都可作为空间的基，而同一个向量在不同基下的坐标一般是不同的，它们有如下关系.

定理 6.1.2 设 n 维线性空间 $\boldsymbol{V}$ 有两组不同的基：

(1) $\boldsymbol{e}_1,\boldsymbol{e}_2,\cdots,\boldsymbol{e}_n$;

(2) $\boldsymbol{e}_1',\boldsymbol{e}_2',\cdots,\boldsymbol{e}_n'$,

且有

$$(\boldsymbol{e}_1',\boldsymbol{e}_2',\cdots,\boldsymbol{e}_n')=(\boldsymbol{e}_1,\boldsymbol{e}_2,\cdots,\boldsymbol{e}_n)\boldsymbol{A},\tag{6.1.1}$$

其中 $\boldsymbol{A}$ 的第 j 列 $(j=1,2,\cdots,n)$ 为$\boldsymbol{e}_j'$在基$\boldsymbol{e}_1,\boldsymbol{e}_2,\cdots,\boldsymbol{e}_n$ 下的坐标.

向量 $\boldsymbol{x}\in\boldsymbol{V}$ 在基(1)与基(2)下的坐标分别为$(x_1,x_2,\cdots,x_n)$与$(x_1',x_2',\cdots,x_n')$，则有

$$\begin{pmatrix}x_1\\x_2\\\vdots\\x_n\end{pmatrix}=\boldsymbol{A}\begin{pmatrix}x_1'\\x_2'\\\vdots\\x_n'\end{pmatrix}\text{或}\begin{pmatrix}x_1'\\x_2'\\\vdots\\x_n'\end{pmatrix}=\boldsymbol{A}^{-1}\begin{pmatrix}x_1\\x_2\\\vdots\\x_n\end{pmatrix}.\tag{6.1.2}$$

式(6.1.1)称为基变换公式，$\boldsymbol{A}$ 称为从基$\boldsymbol{e}_1,\boldsymbol{e}_2,\cdots,\boldsymbol{e}_n$ 到$\boldsymbol{e}'_1,\boldsymbol{e}'_2,\cdots,\boldsymbol{e}'_n$ 的过渡矩阵. 式(6.1.2)称为坐标变换公式.

例 5 在 $\boldsymbol{P}[x]_3$ 中取两组基

$$\boldsymbol{\alpha}_1=x^3+2x^2-x,\boldsymbol{\alpha}_2=x^3-x^2+x+1,$$
$$\boldsymbol{\alpha}_3=-x^3+2x^2+x+1,\boldsymbol{\alpha}_4=-x^3-x^2+1$$

及

$$\boldsymbol{\beta}_1=2x^3+x^2+1,\boldsymbol{\beta}_2=x^2+2x+2,$$
$$\boldsymbol{\beta}_3=-2x^3+x^2+x+2,\boldsymbol{\beta}_4=x^3+3x^2+x+2,$$

求基变换与坐标变换公式.

解 将$\boldsymbol{\beta}_1,\boldsymbol{\beta}_2,\boldsymbol{\beta}_3,\boldsymbol{\beta}_4$用$\boldsymbol{\alpha}_1,\boldsymbol{\alpha}_2,\boldsymbol{\alpha}_3,\boldsymbol{\alpha}_4$表示,由

$$(\boldsymbol{\alpha}_1,\boldsymbol{\alpha}_2,\boldsymbol{\alpha}_3,\boldsymbol{\alpha}_4)=(x^3,x^2,x,1)\boldsymbol{A},$$
$$(\boldsymbol{\beta}_1,\boldsymbol{\beta}_2,\boldsymbol{\beta}_3,\boldsymbol{\beta}_4)=(x^3,x^2,x,1)\boldsymbol{B},$$

其中,

$$\boldsymbol{A}=\begin{pmatrix}1&1&-1&-1\\2&-1&2&-1\\-1&1&1&0\\0&1&1&1\end{pmatrix},\ \boldsymbol{B}=\begin{pmatrix}2&0&-2&1\\1&1&1&3\\0&2&1&1\\1&2&2&2\end{pmatrix},$$

得基变换公式

$$(\boldsymbol{\beta}_1,\boldsymbol{\beta}_2,\boldsymbol{\beta}_3,\boldsymbol{\beta}_4)=(\boldsymbol{\alpha}_1,\boldsymbol{\alpha}_2,\boldsymbol{\alpha}_3,\boldsymbol{\alpha}_4)\boldsymbol{A}^{-1}\boldsymbol{B},$$

从而坐标变换公式

$$\begin{pmatrix}x_1'\\x_2'\\x_3'\\x_4'\end{pmatrix}=\boldsymbol{B}^{-1}\boldsymbol{A}\begin{pmatrix}x_1\\x_2\\x_3\\x_4\end{pmatrix}.$$

用矩阵的行变换求$\boldsymbol{A}^{-1}\boldsymbol{B}$:把矩阵$(\boldsymbol{A}\mid\boldsymbol{B})$中的$\boldsymbol{A}$变成$\boldsymbol{E}$,则$\boldsymbol{B}$即变成$\boldsymbol{A}^{-1}\boldsymbol{B}$.

计算如下:

$$(\boldsymbol{A}\mid\boldsymbol{B})=\left(\begin{array}{cccc:cccc}1&1&-1&-1&2&0&-2&1\\2&-1&2&-1&1&1&1&3\\-1&1&1&0&0&2&1&1\\0&1&1&1&1&2&2&2\end{array}\right)$$
$$=\left(\begin{array}{cccc:cccc}1&1&-1&-1&2&0&-2&1\\0&-3&4&1&-3&1&5&1\\0&2&0&-1&2&2&-1&2\\0&1&1&1&1&2&2&2\end{array}\right)$$
$$=\left(\begin{array}{cccc:cccc}1&0&-2&-2&1&0&-4&-1\\0&0&7&4&0&1&11&7\\0&0&-2&-3&0&2&-5&-2\\0&1&1&1&1&2&2&2\end{array}\right)$$
$$=\left(\begin{array}{cccc:cccc}1&0&-2&-2&1&-2&-4&-1\\0&1&1&1&1&2&2&2\\0&0&1&\frac{3}{2}&0&1&\frac{5}{2}&1\\0&0&7&4&0&7&11&7\end{array}\right)$$

$$
=\left(\begin{array}{cccc:cccc}
1 & 0 & 0 & 1 & 1 & 0 & 1 & 1 \\
0 & 1 & 0 & -\frac{1}{2} & 1 & 1 & -\frac{1}{2} & 1 \\
0 & 0 & 1 & \frac{3}{2} & 0 & 1 & \frac{5}{2} & 1 \\
0 & 0 & 0 & -\frac{13}{2} & 0 & 0 & -\frac{13}{2} & 0
\end{array}\right)
$$

$$
=\left(\begin{array}{cccc:cccc}
1 & 0 & 0 & 0 & 1 & 0 & 0 & 1 \\
0 & 1 & 0 & 0 & 1 & 1 & 0 & 1 \\
0 & 0 & 1 & 0 & 0 & 1 & 1 & 1 \\
0 & 0 & 0 & 1 & 0 & 0 & 1 & 0
\end{array}\right),
$$

即得

$$
(\boldsymbol{\beta}_1,\boldsymbol{\beta}_2,\boldsymbol{\beta}_3,\boldsymbol{\beta}_4)=(\boldsymbol{\alpha}_1,\boldsymbol{\alpha}_2,\boldsymbol{\alpha}_3,\boldsymbol{\alpha}_4)\begin{pmatrix}1 & 0 & 0 & 1\\ 1 & 1 & 0 & 1\\ 0 & 1 & 1 & 1\\ 0 & 0 & 1 & 0\end{pmatrix}.
$$

而

$$
\begin{pmatrix}1 & 0 & 0 & 1\\ 1 & 1 & 0 & 1\\ 0 & 1 & 1 & 1\\ 0 & 0 & 1 & 0\end{pmatrix}^{-1}=\begin{pmatrix}0 & 1 & -1 & 1\\ -1 & 1 & 0 & 0\\ 0 & 0 & 0 & 1\\ 1 & -1 & 1 & -1\end{pmatrix},
$$

所以有

$$
\begin{pmatrix}x_1'\\ x_2'\\ x_3'\\ x_4'\end{pmatrix}=\begin{pmatrix}0 & 1 & -1 & 1\\ -1 & 1 & 0 & 0\\ 0 & 0 & 0 & 1\\ 1 & -1 & 1 & -1\end{pmatrix}\begin{pmatrix}x_1\\ x_2\\ x_3\\ x_4\end{pmatrix}.
$$

§6.2 线性变换

设 $\boldsymbol{V}$ 是线性空间，把从 $\boldsymbol{V}$ 到 $\boldsymbol{V}$ 的映射称为 $\boldsymbol{V}$ 的变换，线性变换是其中最简单、最基本的一种变换，它与矩阵、线性空间有密切的联系.

一、线性变换的定义与性质

定义 6.2.1 数域 $\boldsymbol{P}$ 上的线性空间 $\boldsymbol{V}$ 的一个变换 T 称为**线性变换**，如果对任意的 $\boldsymbol{x},\boldsymbol{y}\in\boldsymbol{V}$ 及 $\lambda\in\boldsymbol{P}$，都有

$$\begin{cases}T(\boldsymbol{x}+\boldsymbol{y})=T(\boldsymbol{x})+T(\boldsymbol{y}),\\T(\lambda\boldsymbol{x})=\lambda T(\boldsymbol{x}).\end{cases}$$

从定义可见,线性变换是保持“向量加法”及“数量乘法”的变换.

注: 若 $\boldsymbol{V}$ 为线性空间,对任意 $\boldsymbol{x}\in\boldsymbol{V}$.

(1) 零变换:$T(\boldsymbol{x})=\boldsymbol{0}$ 是线性变换;

(2) 单位变换:$T(\boldsymbol{x})=\boldsymbol{x}$ 是线性变换.

例 1 在线性空间 $\boldsymbol{P}[x]_n$ 中,定义微分运算

$$T(P(x))=\frac{\mathrm{d}}{\mathrm{d}x}P(x),P(x)\in\boldsymbol{P}[x]_n$$

为线性变换.

线性变换有下列简单性质.

设 T 是线性空间 $\boldsymbol{V}$ 的线性变换,则

(1) $T(\boldsymbol{0})=\boldsymbol{0},T(-\boldsymbol{x})=-T(\boldsymbol{x})$;

(2) $T(\sum\limits_{i=1}^{m}\lambda_i\boldsymbol{x}_i)=\sum\limits_{i=1}^{m}\lambda_iT(\boldsymbol{x}_i)$;

(3) T 把线性相关向量组变成线性相关向量组.

这些性质的证明留给读者.

注: 由(3)不能认为线性变换能把线性无关向量组变为线性无关向量组. 一个简单的例子是零变换.

例 2 T 是线性空间 $\boldsymbol{V}$ 的线性变换,则

$$T(\boldsymbol{V})=\{T(\boldsymbol{x})\,|\,\boldsymbol{x}\in\boldsymbol{V}\}$$

是 $\boldsymbol{V}$ 的子空间,称为 T 的像空间. $T(\boldsymbol{V})$ 的维数称为线性变换 T 的秩.

例 3 设 T 是线性空间 $\boldsymbol{V}$ 的线性变换,则

$$T^{-1}(\boldsymbol{0})=\{\boldsymbol{x}\in\boldsymbol{V}\,|\,T(\boldsymbol{x})=\boldsymbol{0}\}$$

是 $\boldsymbol{V}$ 的子空间,称为 T 的核.

二、线性变换的矩阵表示

设 $\boldsymbol{V}$ 是数域 $\boldsymbol{P}$ 上的线性空间,$\boldsymbol{T}$ 是 $\boldsymbol{V}$ 的一个线性变换. 取 $\boldsymbol{V}$ 的一组基 $\boldsymbol{e}_1,\boldsymbol{e}_2,\cdots,\boldsymbol{e}_n$,则每个 $T(\boldsymbol{e}_i)$ 都是 $\boldsymbol{V}$ 中向量$(i=1,2,\cdots,n)$,故可设

$$\begin{cases}T(\boldsymbol{e}_1)=a_{11}\boldsymbol{e}_1+a_{21}\boldsymbol{e}_2+\cdots+a_{n1}\boldsymbol{e}_n,\\T(\boldsymbol{e}_2)=a_{12}\boldsymbol{e}_1+a_{22}\boldsymbol{e}_2+\cdots+a_{n2}\boldsymbol{e}_n,\\\cdots\cdots\\T(\boldsymbol{e}_n)=a_{1n}\boldsymbol{e}_1+a_{2n}\boldsymbol{e}_2+\cdots+a_{nn}\boldsymbol{e}_n,\end{cases}$$

即

$$(T(\boldsymbol{e}_1),T(\boldsymbol{e}_2),\cdots,T(\boldsymbol{e}_n))=(\boldsymbol{e}_1,\boldsymbol{e}_2,\cdots,\boldsymbol{e}_n)\boldsymbol{A},$$

其中,

$$\boldsymbol{A}=\begin{pmatrix} a_{11} & a_{12} & \cdots & a_{1n} \\ a_{21} & a_{22} & \cdots & a_{2n} \\ \vdots & \vdots & & \vdots \\ a_{n1} & a_{n2} & \cdots & a_{nn} \end{pmatrix}$$

称为线性变换 T 在基 $\boldsymbol{e}_1,\boldsymbol{e}_2,\cdots,\boldsymbol{e}_n$ 下的矩阵.

由此可见,在线性空间 $\boldsymbol{V}$ 取定一组基后,$\boldsymbol{V}$ 的每一个线性变换 T 对应着一个方阵 $\boldsymbol{A}$;反之,给定一个 n 阶方阵 $\boldsymbol{A}$,可以证明在线性空间 $\boldsymbol{V}$ 中也有唯一一个线性变换 T,T 在给定的基下的矩阵恰为 $\boldsymbol{A}$. 这就是说,线性变换与方阵之间有一一对应关系. 因此,在线性空间中取定一组基后,线性变换即可用矩阵表示,从而对线性变换的讨论便转化为对其矩阵的研究.

定理 6.2.1　$\boldsymbol{V}$ 为 n 维线性空间,线性变换 T 在基 $\boldsymbol{e}_1,\boldsymbol{e}_2,\cdots,\boldsymbol{e}_n$ 下的矩阵为 $\boldsymbol{A}$,则向量 $\boldsymbol{x}$ 与 $T(\boldsymbol{x})$ 在基 $\boldsymbol{e}_1,\boldsymbol{e}_2,\cdots,\boldsymbol{e}_n$ 下的坐标有关系式

$$T(\boldsymbol{x})=\boldsymbol{A}(\boldsymbol{x}),$$

其中 $\boldsymbol{x}=(x_1,x_2,\cdots,x_n)^{\mathrm{T}}$.

证　由

$$\boldsymbol{x}=\sum_{i=1}^{n} x_i\boldsymbol{e}_i=(\boldsymbol{e}_1,\boldsymbol{e}_2,\cdots,\boldsymbol{e}_n)\begin{pmatrix} x_1 \\ x_2 \\ \vdots \\ x_n \end{pmatrix}$$

有

$$\begin{aligned} T(\boldsymbol{x}) &= T\Big(\sum_{i=1}^{n} x_i\boldsymbol{e}_i\Big)=\sum_{i=1}^{n} x_i T(\boldsymbol{e}_i) \\ &=(T(\boldsymbol{e}_1),T(\boldsymbol{e}_2),\cdots,T(\boldsymbol{e}_n))\begin{pmatrix} x_1 \\ x_2 \\ \vdots \\ x_n \end{pmatrix}, \\ &=(\boldsymbol{e}_1,\boldsymbol{e}_2,\cdots,\boldsymbol{e}_n)\boldsymbol{A}\begin{pmatrix} x_1 \\ x_2 \\ \vdots \\ x_n \end{pmatrix}, \end{aligned}$$

所以,在基 $\boldsymbol{e}_1,\boldsymbol{e}_2,\cdots,\boldsymbol{e}_n$ 下,当 $\boldsymbol{x}=\begin{pmatrix} x_1 \\ x_2 \\ \vdots \\ x_n \end{pmatrix}$ 时,

$$T(\boldsymbol{x})=\boldsymbol{A}\begin{pmatrix}x_1\\x_2\\\vdots\\x_n\end{pmatrix}.$$

一般来说,线性空间的基改变时,线性变换的矩阵也会变化,下面的定理给出了其变化规律.

定理 6.2.2 设 n 维线性空间 $\boldsymbol{V}$ 的两组基分别为:

(1) $\boldsymbol{e}_1,\boldsymbol{e}_2,\cdots,\boldsymbol{e}_n$;

(2) $\boldsymbol{e}_1',\boldsymbol{e}_2',\cdots,\boldsymbol{e}_n'$.

从基(1)到基(2)的过渡矩阵为 $\boldsymbol{C}$,T 是 $\boldsymbol{V}$ 中线性变换,它在基(1)和基(2)下的矩阵分别为 $\boldsymbol{A}$ 和 $\boldsymbol{B}$,则 $\boldsymbol{B}=\boldsymbol{C}^{-1}\boldsymbol{A}\boldsymbol{C}$.

证 由

$$(\boldsymbol{e}_1',\boldsymbol{e}_2',\cdots,\boldsymbol{e}_n')=(\boldsymbol{e}_1,\boldsymbol{e}_2,\cdots,\boldsymbol{e}_n)\boldsymbol{C},$$
$$T(\boldsymbol{e}_1,\boldsymbol{e}_2,\cdots,\boldsymbol{e}_n)=(\boldsymbol{e}_1,\boldsymbol{e}_2,\cdots,\boldsymbol{e}_n)\boldsymbol{A},$$
$$T(\boldsymbol{e}_1',\boldsymbol{e}_2',\cdots,\boldsymbol{e}_n')=(\boldsymbol{e}_1',\boldsymbol{e}_2',\cdots,\boldsymbol{e}_n')\boldsymbol{B}$$

得

$$\begin{aligned}(\boldsymbol{e}_1',\boldsymbol{e}_2',\cdots,\boldsymbol{e}_n')\boldsymbol{B}&=T(\boldsymbol{e}_1',\boldsymbol{e}_2',\cdots,\boldsymbol{e}_n')=T[(\boldsymbol{e}_1,\boldsymbol{e}_2,\cdots,\boldsymbol{e}_n)\boldsymbol{C}]\\&=[T(\boldsymbol{e}_1,\boldsymbol{e}_2,\cdots,\boldsymbol{e}_n)]\boldsymbol{C}=(\boldsymbol{e}_1,\boldsymbol{e}_2,\cdots,\boldsymbol{e}_n)\boldsymbol{A}\boldsymbol{C}\\&=(\boldsymbol{e}_1',\boldsymbol{e}_2',\cdots,\boldsymbol{e}_n')\boldsymbol{C}^{-1}\boldsymbol{A}\boldsymbol{C}.\end{aligned}$$

因为$\boldsymbol{e}_1',\boldsymbol{e}_2',\cdots,\boldsymbol{e}_n'$线性无关,所以

$$\boldsymbol{B}=\boldsymbol{C}^{-1}\boldsymbol{A}\boldsymbol{C}.$$

注:一个线性变换在不同基下的矩阵是相似的.

例 4 设 T 是$\mathbf{R}^3$ 中线性变换,它把基 $\boldsymbol{\alpha}_1=(1,0,1)^{\mathrm{T}},\boldsymbol{\alpha}_2=(0,1,0)^{\mathrm{T}},\boldsymbol{\alpha}_3=(0,0,1)^{\mathrm{T}}$,变为基$\boldsymbol{\beta}_1=(1,0,2)^{\mathrm{T}},\boldsymbol{\beta}_2=(-1,2,-1)^{\mathrm{T}},\boldsymbol{\beta}_3=(1,0,0)^{\mathrm{T}}$,试求:

(1) T 在基$\boldsymbol{\alpha}_1,\boldsymbol{\alpha}_2,\boldsymbol{\alpha}_3$ 下的矩阵;

(2) T 在基$\boldsymbol{\gamma}_1=(1,0,0)^{\mathrm{T}},\boldsymbol{\gamma}_2=(0,1,0)^{\mathrm{T}},\boldsymbol{\gamma}_3=(0,0,1)^{\mathrm{T}}$ 下的矩阵.

解 (1) 由$(\boldsymbol{\beta}_1,\boldsymbol{\beta}_2,\boldsymbol{\beta}_3)=(\boldsymbol{\alpha}_1,\boldsymbol{\alpha}_2,\boldsymbol{\alpha}_3)\boldsymbol{A}$ 得

$$\begin{pmatrix}1&-1&1\\0&2&0\\2&-1&0\end{pmatrix}=\begin{pmatrix}1&0&0\\0&1&0\\1&0&1\end{pmatrix}\boldsymbol{A},$$

$$\boldsymbol{A}=\begin{pmatrix}1&0&0\\0&1&0\\1&0&1\end{pmatrix}^{-1}\begin{pmatrix}1&-1&1\\0&2&0\\2&-1&0\end{pmatrix}=\begin{pmatrix}1&-1&1\\0&2&0\\1&0&-1\end{pmatrix},$$

即 $\boldsymbol{A}$ 为 T 在$\boldsymbol{\alpha}_1,\boldsymbol{\alpha}_2,\boldsymbol{\alpha}_3$ 下的矩阵.

(2) 由$(\boldsymbol{\gamma}_1,\boldsymbol{\gamma}_2,\boldsymbol{\gamma}_3)=(\boldsymbol{\alpha}_1,\boldsymbol{\alpha}_2,\boldsymbol{\alpha}_3)\boldsymbol{C}$ 得

$$\begin{pmatrix}1&0&0\\0&1&0\\0&0&1\end{pmatrix}=\begin{pmatrix}1&0&0\\0&1&0\\1&0&1\end{pmatrix}\boldsymbol{C},$$

即

$$C=\begin{pmatrix}1&0&0\\0&1&0\\-1&0&1\end{pmatrix},\ C^{-1}=\begin{pmatrix}1&0&0\\0&1&0\\1&0&1\end{pmatrix},$$

所以 T 在基 $\boldsymbol{\gamma}_1,\boldsymbol{\gamma}_2,\boldsymbol{\gamma}_3$ 下的矩阵 $\boldsymbol{B}=\boldsymbol{C}^{-1}\boldsymbol{AC}$,即

$$\boldsymbol{B}=\begin{pmatrix}0&-1&1\\0&2&0\\2&-1&0\end{pmatrix}.$$

三、线性变换的运算

设 $\boldsymbol{V}$ 是数域 $\boldsymbol{P}$ 上的线性空间,T_1,T_2,T_3 是 $\boldsymbol{V}$ 中的线性变换. 我们定义下列三种运算.

(1) 线性变换的和. 对每个 $\boldsymbol{x}\in\boldsymbol{V}$,满足 $T(\boldsymbol{x})=T_1(\boldsymbol{x})+T_2(\boldsymbol{x})$ 的变换称为线性变换 T_1 与 T_2 的和,记作 $T=T_1+T_2$.

(2) 线性变换的数量乘法. 对每个 $\boldsymbol{x}\in\boldsymbol{V},\lambda\in\boldsymbol{P}$,满足 $T(\boldsymbol{x})=\lambda(T_1(\boldsymbol{x}))$ 的变换称为数 λ 与线性变换 $T_1(\boldsymbol{x})$ 的数量乘积,记作 $T=\lambda T_1$.

(3) 线性变换的乘积. 对每个 $\boldsymbol{x}\in\boldsymbol{V}$,满足 $T(\boldsymbol{x})=T_1(T_2(\boldsymbol{x}))$ 的变换称为线性变换 T_1 与 T_2 的乘积,记作 $T=T_1T_2$.

易证,$T_1+T_2,\lambda T_1,T_1T_2$ 都是线性变换,且有如下性质:

(1) $T_1(T_2T_3)=(T_1T_2)T_3$;

(2) $T_1+T_2=T_2+T_1$;

(3) $(T_1+T_2)+T_3=T_1+(T_2+T_3)$;

(4) $\lambda(T_1+T_2)=\lambda T_1+\lambda T_2,(\lambda+\mu)T=\lambda T+\mu T$.

由于零变换及单位变换是 $\boldsymbol{V}$ 中的线性变换,由此可知,线性空间 $\boldsymbol{V}$ 的所有线性变换所组成的集合,对于线性变换的加法及数量乘法,构成一个线性空间.

下面再介绍线性变换的逆变换.

定义 6.2.2　设 I 是线性空间 $\boldsymbol{V}$ 的单位线性变换,T 为 $\boldsymbol{V}$ 的线性变换,若存在 $\boldsymbol{V}$ 的一个变换 S,使得

$$TS=ST=I,$$

则称线性变换 T 是可逆的,而 S 称为 T 的**逆变换**,记作 T^{-1}.

读者可以证明:当线性变换 T 可逆时,其逆变换 T^{-1} 也是线性变换.

定理 6.2.3　设线性空间 $\boldsymbol{V}$ 的线性变换 T_1,T_2 在 $\boldsymbol{V}$ 的某组基下的矩阵分别为 $\boldsymbol{A}$ 和 $\boldsymbol{B}$,则在这组基下,有:

(1) T_1+T_2 的矩阵为 $\boldsymbol{A}+\boldsymbol{B}$;

(2) λT_1 的矩阵为 $\lambda\boldsymbol{A}$;

(3) T_1T_2 的矩阵为 $\boldsymbol{AB}$;

(4) 若 T_1 可逆,则 $\boldsymbol{A}$ 可逆,且逆变换 T^{-1} 的矩阵为 $\boldsymbol{A}^{-1}$.

注:由向量空间的相关例题可知,在线性代数课程学习中,哪怕只是一个数字不一样,

结果都不一定相同. 不可因两者类似,就将其归为一类,要多加思考,从根本上来判断. 注重严谨性.

习题 6

1. 验证:

(1) 二阶矩阵的全体 $\boldsymbol{S}_1$;

(2) 主对角线上的元素之和等于 0 的二阶矩阵的全体 $\boldsymbol{S}_2$;

(3) 二阶对称矩阵的全体 $\boldsymbol{S}_3$,

对于矩阵的加法和数乘运算构成线性空间,并写出各个空间的一个基.

2. 验证:与向量 $(0,0,1)^{\mathrm{T}}$ 不平行的全体三维数组向量,对于数组向量的加法和数乘运算不构成线性空间.

3. 在 $\mathbf{R}^3$ 中求向量 $\boldsymbol{\alpha}=(7,3,1)^{\mathrm{T}}$ 在基

$$\boldsymbol{\alpha}_1=(1,2,1)^{\mathrm{T}},\ \boldsymbol{\alpha}_2=(2,3,3)^{\mathrm{T}},\ \boldsymbol{\alpha}_3=(3,7,-2)^{\mathrm{T}}$$

下的坐标.

4. 在 $\mathbf{R}^3$ 中,取两个基

$$\boldsymbol{\alpha}_1=(1,2,1)^{\mathrm{T}},\ \boldsymbol{\alpha}_2=(2,3,3)^{\mathrm{T}},\ \boldsymbol{\alpha}_3=(3,7,-2)^{\mathrm{T}},$$
$$\boldsymbol{\beta}_1=(3,1,4)^{\mathrm{T}},\ \boldsymbol{\beta}_2=(5,2,1)^{\mathrm{T}},\ \boldsymbol{\beta}_3=(1,1,-6)^{\mathrm{T}}.$$

试求坐标变换公式.

5. 在 $\mathbf{R}^4$ 中,取两个基

$$\begin{cases}\boldsymbol{e}_1=(1,0,0,0)^{\mathrm{T}},\\ \boldsymbol{e}_2=(0,1,0,0)^{\mathrm{T}},\\ \boldsymbol{e}_3=(0,0,1,0)^{\mathrm{T}},\\ \boldsymbol{e}_4=(0,0,0,1)^{\mathrm{T}};\end{cases}\quad \begin{cases}\boldsymbol{\alpha}_1=(2,1,-1,1)^{\mathrm{T}},\\ \boldsymbol{\alpha}_2=(0,3,1,0)^{\mathrm{T}},\\ \boldsymbol{\alpha}_3=(5,3,2,1)^{\mathrm{T}},\\ \boldsymbol{\alpha}_4=(6,6,1,3)^{\mathrm{T}}.\end{cases}$$

(1) 求由前一个基到后一个基的过渡矩阵;

(2) 求向量 $(x_1,x_2,x_3,x_4)^{\mathrm{T}}$ 在后一个基下的坐标;

(3) 求在两个基下有相同坐标的向量.

6. 说明 xOy 平面上变换 $T\begin{pmatrix}x\\y\end{pmatrix}=\boldsymbol{A}\begin{pmatrix}x\\y\end{pmatrix}$ 的几何意义,其中:

(1) $\boldsymbol{A}=\begin{pmatrix}-1&0\\0&1\end{pmatrix}$;　　(2) $\boldsymbol{A}=\begin{pmatrix}0&0\\0&1\end{pmatrix}$;

(3) $\boldsymbol{A}=\begin{pmatrix}0&1\\1&0\end{pmatrix}$;　　(4) $\boldsymbol{A}=\begin{pmatrix}0&1\\-1&0\end{pmatrix}$.

7. n 阶对称阵的全体 $\boldsymbol{V}$ 对于矩阵的线性运算构成一个$\dfrac{n(n-1)}{2}$维线性空间. 给出 n 阶

矩阵 $\boldsymbol{P}$,以 $\boldsymbol{A}$ 表示 $\boldsymbol{V}$ 中任一元素,试证合同变换

$$T(\boldsymbol{A})=\boldsymbol{P}^{\mathrm{T}}\boldsymbol{A}\boldsymbol{P}$$

是 $\boldsymbol{V}$ 中的线性变换.

8. 函数集合

$$\boldsymbol{V}_3=\{\boldsymbol{\alpha}=(a_2x^2+a_1x+a_0)\boldsymbol{e}^x \mid a_2,a_1,a_0\in\mathbf{R}\}.$$

对于函数的线性运算构成三维线性空间. 在 $\boldsymbol{V}_3$ 中取一个基

$$\boldsymbol{\alpha}_1=x^2e^x,\ \boldsymbol{\alpha}_2=xe^x,\ \boldsymbol{\alpha}_3=e^x,$$

求微分运算 D 在这个基下的矩阵.

9. 二阶对称矩阵的全体

$$\boldsymbol{V}_3=\left\{\boldsymbol{A}=\begin{pmatrix}x_1 & x_2\\ x_2 & x_3\end{pmatrix} \mid x_1,x_2,x_3\in\mathbf{R}\right\}.$$

对于矩阵的线性运算构成三维线性空间. 在 $\boldsymbol{V}_3$ 中取一个基

$$\boldsymbol{A}_1=\begin{pmatrix}1 & 0\\ 0 & 0\end{pmatrix},\ \boldsymbol{A}_2=\begin{pmatrix}0 & 1\\ 1 & 0\end{pmatrix},\ \boldsymbol{A}_3=\begin{pmatrix}0 & 0\\ 0 & 1\end{pmatrix},$$

在 $\boldsymbol{V}_3$ 中定义合同变换 $T(\boldsymbol{A})=\begin{pmatrix}1 & 0\\ 1 & 1\end{pmatrix}\boldsymbol{A}\begin{pmatrix}1 & 1\\ 0 & 1\end{pmatrix}$,求 T 在基 $\boldsymbol{A}_1,\boldsymbol{A}_2,\boldsymbol{A}_3$ 下的矩阵.

习题参考答案

习 题 1

1. (1) -4;　(2) $3abc-a^3-b^3-c^3$;
   (3) $(a-b)(b-c)(c-a)$;　(4) $-2(x^3+y^3)$.
2. (1) 0;　(2) $abcd+ab+cd+ad+1$;
   (3) $-2(n-2)!$;　(4) $a^{n-2}(a^2-1)$.
3. 略.
4. (1) 0;　(2) -1;
   (3) 24;　(4) $(x-a)^{n-1}$.
5. (1) $(-m)^{n-1}\left(\sum_{i=1}^{n} x_i - m\right)$;　(2) $(-1)^{n-1}\dfrac{(n+1)!}{2}$;
   (3) $(ad-bc)^n$;　(4) $a_1a_2\cdots a_n\left(1+\sum_{i=1}^{n}\dfrac{1}{a_i}\right)$.
6. (1) $x_1=1, x_2=2, x_3=3, x_4=-1$;
   (2) $x_1=-\dfrac{151}{211}, x_2=\dfrac{161}{211}, x_3=-\dfrac{109}{211}, x_4=\dfrac{64}{211}$.
7. $\lambda=0, 2$ 或 3.
8. $\lambda=1$ 或 $\mu=0$.

习 题 2

1. $3\boldsymbol{AB}-2\boldsymbol{A}=\begin{pmatrix}-2 & 13 & 22\\ -2 & -17 & 20\\ 4 & 29 & -2\end{pmatrix}$, $\boldsymbol{A}^{\mathrm{T}}\boldsymbol{B}=\begin{pmatrix}0 & 5 & 8\\ 0 & -5 & 6\\ 2 & 9 & 0\end{pmatrix}$.
2. (1) $\boldsymbol{AB}=7$;　(2) $\boldsymbol{AB}=\sum_{i=1}^{n} a_ib_i$;

(3) $\boldsymbol{AB}=\begin{pmatrix} a_1b_1 & a_1b_2 & \cdots & a_1b_n \\ a_2b_1 & a_2b_2 & \cdots & a_2b_n \\ \vdots & \vdots & & \vdots \\ a_nb_1 & a_nb_2 & \cdots & a_nb_n \end{pmatrix}$;

(4) $\boldsymbol{AB}=\begin{pmatrix} -7 & 4 & 1 \\ 5 & -2 & -1 \\ 1 & 2 & -1 \end{pmatrix}$;　　(5) $\boldsymbol{AB}=\begin{pmatrix} 9 & -2 & -1 \\ 9 & 9 & 11 \end{pmatrix}$;

(6) $\boldsymbol{AB}=\begin{pmatrix} 0 & 0 \\ 0 & 0 \end{pmatrix}$;　　(7) $\boldsymbol{AB}=\begin{pmatrix} 0 & 0 \\ 0 & 0 \\ 0 & 0 \end{pmatrix}$;

(8) $\boldsymbol{ABC}=a_{11}x_1{}^2+a_{22}x_2{}^2+a_{33}x_3{}^2+2a_{12}x_1x_2+2a_{13}x_1x_3+2a_{23}x_2x_3$.

3. 证明:(1) 略.　　(2) 略.

4. $\begin{pmatrix} b_{11} & b_{12} & b_{13} \\ 0 & b_{11} & b_{12} \\ 0 & 0 & b_{11} \end{pmatrix}$,其中 $b_{11},b_{12},b_{13}\in\mathbf{R}$.

5. 当 $\boldsymbol{A}$ 和 $\boldsymbol{B}$ 可交换时,下列等式成立.

6. (1) $\begin{pmatrix} 1 & -2 \\ 3 & -4 \end{pmatrix}^3=\begin{pmatrix} 13 & -14 \\ 21 & -22 \end{pmatrix}$;

(2) 当 $n=4k$ 时,$\begin{pmatrix} 0 & -1 \\ 1 & 0 \end{pmatrix}^{4k}=\begin{pmatrix} 1 & 0 \\ 0 & 1 \end{pmatrix}$;

当 $n=4k+1$ 时,$\begin{pmatrix} 0 & -1 \\ 1 & 0 \end{pmatrix}^{4k+1}=\begin{pmatrix} 0 & -1 \\ 1 & 0 \end{pmatrix}$;

当 $n=4k+2$ 时,$\begin{pmatrix} 0 & -1 \\ 1 & 0 \end{pmatrix}^{4k+2}=\begin{pmatrix} -1 & 0 \\ 0 & -1 \end{pmatrix}$;

当 $n=4k+3$ 时,$\begin{pmatrix} 0 & -1 \\ 1 & 0 \end{pmatrix}^{4k+3}=\begin{pmatrix} 0 & 1 \\ -1 & 0 \end{pmatrix}$;

其中 $k=0,1,2,\cdots$

(3) 当 n 为偶数时,$\begin{pmatrix} 2 & -1 \\ 3 & -2 \end{pmatrix}^n=\begin{pmatrix} 1 & 0 \\ 0 & 1 \end{pmatrix}$;当 n 为奇数时,$\begin{pmatrix} 2 & -1 \\ 3 & -2 \end{pmatrix}^n=\begin{pmatrix} 2 & -1 \\ 3 & -2 \end{pmatrix}$;

(4) $\begin{pmatrix} \lambda_1 & & & \\ & \lambda_2 & & \\ & & \ddots & \\ & & & \lambda_n \end{pmatrix}^k=\begin{pmatrix} \lambda_1^k & & & \\ & \lambda_2^k & & \\ & & \ddots & \\ & & & \lambda_n^k \end{pmatrix}$;

(5) $\begin{pmatrix} 1 & 0 & 1 \\ 0 & 1 & 0 \\ 0 & 0 & 1 \end{pmatrix}^n=\begin{pmatrix} 1 & 0 & n \\ 0 & 1 & 0 \\ 0 & 0 & 1 \end{pmatrix}$;　　(6) $\begin{pmatrix} \lambda & 1 & 0 \\ 0 & \lambda & 1 \\ 0 & 0 & \lambda \end{pmatrix}^n=\begin{pmatrix} \lambda^n & n\lambda^{n-1} & \dfrac{n(n-1)}{2}\lambda^{n-2} \\ 0 & \lambda^n & n\lambda^{n-1} \\ 0 & 0 & \lambda^n \end{pmatrix}$.

7. $A^n=4^{n-1}\begin{pmatrix}1&\frac{1}{2}&\frac{1}{3}&\frac{1}{4}\\2&1&\frac{2}{3}&\frac{1}{2}\\3&\frac{3}{2}&1&\frac{3}{4}\\4&2&\frac{4}{3}&1\end{pmatrix}$.

8. 证明:略.

9. 证明:(1) 略;　　(2) 略.

10. 证明:(1) 略;　　(2) 略.

11. (1) $A^{-1}=\frac{1}{|A|}A^*=\frac{1}{ad-bc}\begin{pmatrix}d&-b\\-c&a\end{pmatrix}$;　　(2) $A^{-1}=\frac{1}{|A|}A^*=\begin{pmatrix}\cos\theta&\sin\theta\\-\sin\theta&\cos\theta\end{pmatrix}$;

(3) $A^{-1}=\begin{pmatrix}-2&1&0\\-\frac{13}{2}&3&-\frac{1}{2}\\-16&7&-1\end{pmatrix}$;　　(4) $A^{-1}=\begin{pmatrix}\frac{1}{a_1}&&&\\&\frac{1}{a_2}&&\\&&\ddots&\\&&&\frac{1}{a_n}\end{pmatrix}$.

12. (1) $x=\begin{pmatrix}-1&-1\\2&3\end{pmatrix}$;　　(2) $x=\begin{pmatrix}1&2\\3&4\end{pmatrix}$;

(3) $x=\begin{pmatrix}1&2&3\\4&5&6\\7&8&9\end{pmatrix}$;　　(4) $X=\begin{pmatrix}-3&1\\-2&0\\-1&1\end{pmatrix}$.

13. $B=\begin{pmatrix}3&0&0\\0&2&0\\0&0&1\end{pmatrix}$.

14. $B=\begin{pmatrix}3&-8&-6\\2&-9&-6\\-2&12&9\end{pmatrix}$.

15. $|-mA|=-m^3a$.

16. $|3A^{-1}-2A^*|=16$.

17. 证明:(1)略;　　(2)略.

18. $(A+4E)^{-1}=-\frac{1}{5}(A-2E)$.

19. 证明:略.

20. $A^{99}=\begin{pmatrix}1&0&0\\2&0&0\\6&-1&-1\end{pmatrix}$.

21. 证明:(1) 略; (2) 略.

22. (1) $\left(\begin{array}{cc:cc}1&-2&0&0\\-2&5&0&0\\ \hdashline 0&0&2&-3\\0&0&-5&8\end{array}\right)$; (2) $\left(\begin{array}{cc:cc}23&20&0&0\\10&9&0&0\\ \hdashline 0&0&50&14\\0&0&32&9\end{array}\right)$.

23. (1) $\left(\begin{array}{cc:cc}1&-2&0&0\\-2&5&0&0\\ \hdashline 0&0&2&-3\\0&0&-5&8\end{array}\right)$;

(2) $\left(\begin{array}{cc:ccc}0&0&1&-1&0\\0&0&0&1&-1\\0&0&0&0&1\\ \hdashline 2&-1&0&0&0\\-\frac{7}{4}&1&0&0&0\end{array}\right)$;

(3) $\begin{pmatrix}0&0&0&\cdots&\frac{1}{a_n}\\\frac{1}{a_1}&0&0&\cdots&0\\0&\frac{1}{a_2}&0&\cdots&0\\\vdots&\vdots&\vdots&&\vdots\\0&0&0&\cdots&0\end{pmatrix}$.

24. (1) $r(A)=2$; (2) $r(A)=4$;
(3) $r(A)=3$.

25. (1) $A^{-1}=\begin{pmatrix}\frac{7}{6}&\frac{2}{3}&-\frac{3}{2}\\-1&-1&2\\-\frac{1}{2}&0&\frac{1}{2}\end{pmatrix}$; (2) $A^{-1}=\begin{pmatrix}-2&4&-1\\1&-\frac{3}{2}&\frac{1}{2}\\2&-\frac{7}{2}&\frac{1}{2}\end{pmatrix}$;

(3) $A^{-1}=\begin{pmatrix}1&1&-2&-4\\0&1&0&-1\\-1&-1&3&6\\2&1&-6&-10\end{pmatrix}$.

26. 当 $a=-3,b\neq 1$ 时,方程组无解;除此之外,方程组均有无穷多解,即

当 $a=-3,b=1$ 时,$\boldsymbol{x}=c_1\begin{pmatrix}-1\\-1\\1\\0\end{pmatrix}+c_2\begin{pmatrix}3\\-1\\0\\1\end{pmatrix}+\begin{pmatrix}-1\\1\\0\\0\end{pmatrix}(c_1,c_2\in\mathbf{R})$;

当 $a\neq-3$,$\boldsymbol{x}=c_1\begin{pmatrix}-1\\-1\\1\\0\end{pmatrix}+\begin{pmatrix}b-2+\frac{6(1-b)}{a+3}\\1-\frac{2(1-b)}{a+3}\\0\\\frac{2(1-b)}{a+3}\end{pmatrix}(c\in\mathbf{R})$.

习题 3

1. (1) $\boldsymbol{\beta}=2\boldsymbol{\alpha}_1-\boldsymbol{\alpha}_2-3\boldsymbol{\alpha}_3$; (2) $\boldsymbol{\beta}=-\boldsymbol{\alpha}_1+\boldsymbol{\alpha}_2+2\boldsymbol{\alpha}_3-2\boldsymbol{\alpha}_4$; (3) $\boldsymbol{\beta}=-\boldsymbol{\alpha}_1+\boldsymbol{\alpha}_2-\boldsymbol{\alpha}_3+\frac{1}{2}\boldsymbol{\alpha}_4$.

2. (1) $\boldsymbol{\lambda}\neq0$ 且 $\boldsymbol{\lambda}\neq-3$;(2) $\boldsymbol{\lambda}=0$.

3. (1) 线性无关;(2) 线性相关,$\boldsymbol{\alpha}_3=3\boldsymbol{\alpha}_1-2\boldsymbol{\alpha}_2$; (3) 线性无关; (4) 线性相关,$\boldsymbol{\alpha}_3=\boldsymbol{\alpha}_1-2\boldsymbol{\alpha}_2$.

4. 证明:略.

5. (1) 线性相关; (2) 线性无关; (3) 线性相关; (4) 线性无关.

6. $a=-1$ 或 $a=2$.

7. (1) $t=-2$ 或 $t=3$ 时,$\boldsymbol{\alpha}_1,\boldsymbol{\alpha}_2,\boldsymbol{\alpha}_3$ 线性相关;

(2) $t\neq-2$ 且 $t\neq3$ 时,$\boldsymbol{\alpha}_1,\boldsymbol{\alpha}_2,\boldsymbol{\alpha}_3$ 线性无关.

8. (1) 当 $a=-4$ 时,$\boldsymbol{\alpha}_1,\boldsymbol{\alpha}_2$ 线性相关;当 $a\neq-4$ 时,线性无关;

(2) 当 $a=-4$ 或 $a=\frac{3}{2}$时,$\boldsymbol{\alpha}_1,\boldsymbol{\alpha}_2,\boldsymbol{\alpha}_3$ 线性相关;当 $a\neq-4$ 且 $a\neq\frac{3}{2}$时,线性无关;

(3) 对任意 a,$\boldsymbol{\alpha}_1,\boldsymbol{\alpha}_2,\boldsymbol{\alpha}_3,\boldsymbol{\alpha}_4$ 线性相关.

9. (1)秩为 2,$\boldsymbol{\alpha}_1,\boldsymbol{\alpha}_2$ 为一个最大无关组; (2) 秩为 3,$\boldsymbol{\alpha}_1,\boldsymbol{\alpha}_2,\boldsymbol{\alpha}_3$ 为一个最大无关组.

10. $\boldsymbol{\alpha}_1,\boldsymbol{\alpha}_2,\boldsymbol{\alpha}_4$ 为一个最大无关组,且$\boldsymbol{\alpha}_3=\boldsymbol{\alpha}_1+\boldsymbol{\alpha}_2$,$\boldsymbol{\alpha}_5=\frac{1}{3}\boldsymbol{\alpha}_1+\frac{2}{3}\boldsymbol{\alpha}_2+\frac{5}{3}\boldsymbol{\alpha}_4$.

11. $a=2,b=5$.

12. 若向量组$\boldsymbol{\alpha}_1,\boldsymbol{\alpha}_2,\boldsymbol{\alpha}_3,\boldsymbol{\alpha}_4$ 线性相关,则 $a=0$ 或 $a=-10$.

当 $a=0$ 时,$\boldsymbol{\alpha}_1=(1,1,1,1)^{\mathrm{T}}$ 就是一个极大无关组;

当 $a=-10$ 时,$\boldsymbol{\alpha}_1=(9,1,1,1)^{\mathrm{T}}$,$\boldsymbol{\alpha}_2=(2,9,2,2)^{\mathrm{T}}$,$\boldsymbol{\alpha}_3=(3,3,9,3)^{\mathrm{T}}$ 就是一个极大无

关组.

13. 证明:略.

14. (1) $a=5$;

(2) $\boldsymbol{\beta}_1=2\boldsymbol{\alpha}_1+4\boldsymbol{\alpha}_2-\boldsymbol{\alpha}_3$, $\boldsymbol{\beta}_2=\boldsymbol{\alpha}_1+2\boldsymbol{\alpha}_2$, $\boldsymbol{\beta}_1=5\boldsymbol{\alpha}_1+10\boldsymbol{\alpha}_2-2\boldsymbol{\alpha}_3$.

15. $a=b=5$.

16. 证明:(1)略;　(2)略;　(3)略.

17. (1) $\xi=\begin{pmatrix}\frac{4}{3}\\-3\\\frac{4}{3}\\1\end{pmatrix}$;　(2) $\xi_1=\begin{pmatrix}-2\\1\\0\\0\end{pmatrix}$, $\xi_2=\begin{pmatrix}1\\0\\0\\1\end{pmatrix}$;　(3) $\xi_1=\begin{pmatrix}1\\0\\-3\end{pmatrix}$, $\xi_1=\begin{pmatrix}0\\1\\-2\end{pmatrix}$.

18. 证明:略.

19. (1) $\eta^*=\begin{pmatrix}\frac{1}{2}\\0\\\frac{1}{2}\\0\end{pmatrix}$, $\xi_1=\begin{pmatrix}1\\1\\0\\0\end{pmatrix}$, $\xi_2=\begin{pmatrix}1\\0\\2\\1\end{pmatrix}$;　(2) $\eta^*=\begin{pmatrix}-8\\13\\0\\2\end{pmatrix}$, $\xi=\begin{pmatrix}-1\\1\\1\\0\end{pmatrix}$.

20. $\lambda\neq-1$ 且 $\lambda\neq4$ 时,方程组有唯一解 $x_1=\frac{\lambda^2+2\lambda}{\lambda+1}$, $x_2=\frac{\lambda^2+2\lambda+4}{\lambda+1}$, $x_3=\frac{-2\lambda}{\lambda+1}$;

当 $\lambda=-1$ 时,方程组无解;

当 $\lambda=4$ 时,方程组有无穷多解,通解为 $\boldsymbol{x}=\begin{pmatrix}-3c\\4-c\\c\end{pmatrix}$,即 $\boldsymbol{x}=\begin{pmatrix}0\\4\\0\end{pmatrix}+c\begin{pmatrix}-3\\-1\\1\end{pmatrix}$ $(c\in\mathbf{R})$.

21. $\boldsymbol{x}=c\begin{pmatrix}1\\1\\1\\1\end{pmatrix}+\begin{pmatrix}1\\2\\3\\4\end{pmatrix}$ $(c\in\mathbf{R})$.

22. $\boldsymbol{x}=c\begin{pmatrix}1\\-2\\3\\0\end{pmatrix}+\begin{pmatrix}1\\1\\1\\1\end{pmatrix}$ $(c\in\mathbf{R})$.

23. (1) $a=0$;　(2) $x=c\begin{pmatrix}0\\-1\\1\end{pmatrix}+\begin{pmatrix}1\\-2\\0\end{pmatrix}$ $(c\in\mathbf{R})$.

24. (1) $\lambda=-1,a=-2$; (2) $x=c\begin{pmatrix}1\\0\\1\end{pmatrix}+\begin{pmatrix}\frac{3}{2}\\-\frac{1}{2}\\0\end{pmatrix}(c\in\mathbf{R})$.

25. (1) $\lambda=1$;(2) 证明略.

26. $(2,3,-1)^{\mathrm{T}}$.

27. (1) $\boldsymbol{P}=\begin{pmatrix}2&3&4\\0&-1&0\\-1&0&-1\end{pmatrix}$; (2) $(-8,-1,5)^{\mathrm{T}}$.

习题 4

1. (1) $\lambda_1=\lambda_2=\lambda_3=-1,k\begin{pmatrix}-1\\-1\\1\end{pmatrix}(k\neq0)$;

(2) $\lambda_1=2,\lambda_2=\lambda_3=1,k_1\begin{pmatrix}1\\1\\2\end{pmatrix}(k_1\neq0),k_2\begin{pmatrix}0\\0\\1\end{pmatrix}(k_2\neq0)$;

(3) $\lambda_1=-1,\lambda_2=9,\lambda_3=0,k_1\begin{pmatrix}1\\-1\\0\end{pmatrix}(k_1\neq0),k_2\begin{pmatrix}1\\1\\2\end{pmatrix}(k_2\neq0),k_3\begin{pmatrix}1\\1\\-1\end{pmatrix}(k_3\neq0)$.

2. $a=-5,b=4$

3. 略.

4. $\frac{1}{2},\frac{1}{6},\frac{1}{3};k_1\boldsymbol{x}_1,k_2\boldsymbol{x}_2,k_3\boldsymbol{x}_3(k_1\neq0,k_2\neq0,k_3\neq0)$.

5. $a=0,a=-1$(舍);$\boldsymbol{A}=\begin{pmatrix}-5&4&-6\\3&-3&3\\7&-6&8\end{pmatrix}$.

6. 24.

7. (1) $\boldsymbol{\Lambda}=\begin{pmatrix}5&0&0\\0&5&0\\0&0&1\end{pmatrix},\boldsymbol{P}=\begin{pmatrix}1&0&0\\0&1&1\\0&-1&1\end{pmatrix}$; (2) $\boldsymbol{\Lambda}=\begin{pmatrix}1&0&0\\0&1&0\\0&0&3\end{pmatrix},\boldsymbol{P}=\begin{pmatrix}2&-1&0\\1&0&1\\0&1&1\end{pmatrix}$;

（3）$\boldsymbol{\Lambda}=\begin{pmatrix}5 & & \\ & -1 & \\ & & -1\end{pmatrix}$，$\boldsymbol{P}=\begin{pmatrix}1 & -1 & -1\\ 1 & 1 & 0\\ 1 & 0 & 1\end{pmatrix}$.

8.（1）$a=0,b=-2$；（2）$\boldsymbol{P}=\begin{pmatrix}0 & 0 & -1\\ 2 & 1 & 0\\ =1 & 1 & 1\end{pmatrix}$，$\boldsymbol{P}^{-1}\boldsymbol{AP}=\boldsymbol{B}$.

9. $\boldsymbol{A}^{100}=\begin{pmatrix}1 & 0 & 5^{100}-1\\ 0 & 5^{100} & 0\\ 0 & 0 & 5^{100}\end{pmatrix}$.

10.（1）$\boldsymbol{A}^{99}=\begin{pmatrix}-2+2^{99} & 1-2^{99} & 2-2^{98}\\ -2+2^{100} & 1-2^{100} & 2-2^{99}\\ 0 & 0 & 0\end{pmatrix}$；（2）$\boldsymbol{\beta}_1=(-2+2^{99})\alpha_1+(-2+2^{100})\boldsymbol{\alpha}_2$，
$\boldsymbol{\beta}_2=(1-2^{99})\boldsymbol{\alpha}_1+(1-2^{100})\boldsymbol{\alpha}_2$，
$\boldsymbol{\beta}_3=(2-2^{98})\boldsymbol{\alpha}_1+(2-2^{99})\boldsymbol{\alpha}_2$.

11. $\boldsymbol{A}$ 不能对角化.

12. $x=0$.

13. $x=2,y=-2$；$\boldsymbol{P}=\begin{pmatrix}0 & 1 & 1\\ 1 & 0 & -2\\ 1 & 1 & 3\end{pmatrix}$，$\boldsymbol{P}^{-1}\boldsymbol{AP}=\boldsymbol{\Lambda}=\begin{pmatrix}2 & 0 & 0\\ 0 & 2 & 0\\ 0 & 0 & 6\end{pmatrix}$.

14. $\lambda=-2,\boldsymbol{\gamma}=\begin{pmatrix}-2\\ 2\\ -1\end{pmatrix}$.

15. $\frac{2}{3},\frac{1}{3},-\frac{2}{3}$或$-\frac{2}{3},-\frac{1}{3},\frac{2}{3}$.

16. 略.

17. 略.

18. 略.

19. 略.

20. $\boldsymbol{\Lambda}=\begin{pmatrix}0 & & \\ & 0 & \\ & & 3\end{pmatrix}$，$\boldsymbol{Q}=\begin{pmatrix}-\frac{1}{\sqrt{2}} & -\frac{1}{\sqrt{6}} & \frac{1}{\sqrt{3}}\\ \frac{1}{\sqrt{2}} & -\frac{1}{\sqrt{6}} & \frac{1}{\sqrt{3}}\\ 0 & \frac{2}{\sqrt{6}} & \frac{1}{\sqrt{3}}\end{pmatrix}$

21. $\boldsymbol{A}=\frac{1}{3}\begin{pmatrix}-1 & 0 & 2\\ 0 & 1 & 2\\ 2 & 2 & 0\end{pmatrix}$.

22. 设 3 阶实对称矩阵 $\boldsymbol{A}$ 的秩为 2，$\lambda_1=\lambda_2=6$ 是 $\boldsymbol{A}$ 的二重特征值，若$\boldsymbol{P}_1=(1,1,0)^{\mathrm{T}}$，

$\boldsymbol{P}_2=(2,1,1)^{\mathrm{T}}$ 都是 $\boldsymbol{A}$ 的对应于 6 的特征向量.

(1) $\lambda=0, k\begin{pmatrix}-1\\1\\1\end{pmatrix}(k\neq 0)$;

(2) $\boldsymbol{A}=\begin{pmatrix}4&2&2\\2&4&-2\\2&-2&4\end{pmatrix}$.

23. (1) 略; (2) 通解为 $k\begin{pmatrix}1\\2\\-1\end{pmatrix}+\begin{pmatrix}1\\1\\1\end{pmatrix}(k\in\mathbf{R})$.

习题 5

1. (1) $\begin{pmatrix}1&2&1\\2&4&2\\1&2&1\end{pmatrix}$; (2) $\begin{pmatrix}1&-1&-2\\-1&1&-2\\-2&-2&-7\end{pmatrix}$.

2. (1) $\boldsymbol{P}=(\boldsymbol{e}_1,\boldsymbol{e}_2,\boldsymbol{e}_3)=\begin{pmatrix}0&1&0\\-\frac{1}{\sqrt{2}}&0&\frac{1}{\sqrt{2}}\\\frac{1}{\sqrt{2}}&0&\frac{1}{\sqrt{2}}\end{pmatrix}$,

则经过正交变换 $\boldsymbol{x}=\boldsymbol{P}\boldsymbol{y}$ 后,二次型化为标准形 $f=y_1^2+2y_2^2+5y_3^2$;

(2) $\boldsymbol{P}=(\boldsymbol{e}_1,\boldsymbol{e}_2,\boldsymbol{e}_3,\boldsymbol{e}_4)=\begin{pmatrix}\frac{1}{2}&\frac{1}{\sqrt{2}}&0&-\frac{1}{2}\\-\frac{1}{2}&0&\frac{1}{\sqrt{2}}&-\frac{1}{2}\\-\frac{1}{2}&\frac{1}{\sqrt{2}}&0&\frac{1}{2}\\\frac{1}{2}&0&\frac{1}{\sqrt{2}}&\frac{1}{2}\end{pmatrix}$,

则经过正交变换 $\boldsymbol{x}=\boldsymbol{P}\boldsymbol{y}$ 后,二次型化成标准形 $f=-y_1^2+y_2^2+y_3^2+3y_4^2$.

3. (1) $f=y_1^2+y_2^2-124y_3^2$,

所用的非退化的线性变换为 $\boldsymbol{x}=\boldsymbol{C}\boldsymbol{y}$,其中 $\boldsymbol{C}=\begin{pmatrix}1&2&25\\0&1&11\\0&0&1\end{pmatrix}$;

(2) $f=2z_1^2-2z_2^2+2z_3^2+\frac{3}{2}z_4^2$,

而所用的变换为 $\boldsymbol{x}=\boldsymbol{C}_1\boldsymbol{y}=\boldsymbol{C}_1(\boldsymbol{C}_2\boldsymbol{z})=(\boldsymbol{C}_1\boldsymbol{C}_2)\boldsymbol{z}=\boldsymbol{C}\boldsymbol{z}$,

其中 $\boldsymbol{C}=\begin{pmatrix}1 & 1 & 1 & \frac{3}{2}\\ 1 & -1 & -1 & -\frac{3}{2}\\ 0 & 0 & 1 & \frac{1}{2}\\ 0 & 0 & 0 & 1\end{pmatrix}$.

4. (1) $\boldsymbol{C}=\begin{pmatrix}1 & \frac{1}{2} & \frac{1}{4}\\ 0 & 1 & -\frac{1}{2}\\ 0 & 0 & 1\end{pmatrix}$,相应的可逆线性变换为 $\boldsymbol{x}=\boldsymbol{C}\boldsymbol{y}$,标准形为

$$f=4y_1^2+4y_2^2-3y_3^2;$$

(2) $\boldsymbol{C}=\begin{pmatrix}1 & -\frac{1}{2} & 3\\ 1 & \frac{1}{2} & -1\\ 0 & 0 & 1\end{pmatrix}$,相应的可逆线性变换为 $\boldsymbol{x}=\boldsymbol{C}\boldsymbol{y}$,标准形为

$$f=2y_1^2-\frac{1}{2}y_2^2+6y_3^2.$$

5. (1) $\boldsymbol{A}$ 正定,即 f 为正定二次型; (2) $\boldsymbol{A}$ 负定,即 f 为负定二次型.

6. (1) 当 $-\sqrt{2}<t<\sqrt{2}$ 时,f 正定; (2) 当 $-1<t<2$ 时,f 正定.

7. 证明:略.

8. 证明:略.

习题 6

1. 各个线性空间的基可取为:

(1) $\boldsymbol{\alpha}_1=\begin{pmatrix}1 & 0\\ 0 & 0\end{pmatrix}$,$\boldsymbol{\alpha}_2=\begin{pmatrix}0 & 1\\ 0 & 0\end{pmatrix}$,$\boldsymbol{\alpha}_3=\begin{pmatrix}0 & 0\\ 1 & 0\end{pmatrix}$,$\boldsymbol{\alpha}_4=\begin{pmatrix}0 & 0\\ 0 & 1\end{pmatrix}$;

(2) $\boldsymbol{\alpha}_1=\begin{pmatrix}1 & 0\\ 0 & -1\end{pmatrix}$,$\boldsymbol{\alpha}_2=\begin{pmatrix}0 & 1\\ 0 & 0\end{pmatrix}$,$\boldsymbol{\alpha}_3=\begin{pmatrix}0 & 0\\ 1 & 0\end{pmatrix}$;

(3) $\boldsymbol{\alpha}_1=\begin{pmatrix}1 & 0\\ 0 & 0\end{pmatrix}$,$\boldsymbol{\alpha}_2=\begin{pmatrix}0 & 0\\ 0 & 1\end{pmatrix}$,$\boldsymbol{\alpha}_3=\begin{pmatrix}0 & 1\\ 1 & 0\end{pmatrix}$.

2. 证明:略.

3. $(1,-2,6)^{\mathrm{T}}$.

4. 设 $\boldsymbol{\alpha}$ 在 $\boldsymbol{\alpha}_1,\boldsymbol{\alpha}_2,\boldsymbol{\alpha}_3$ 下的坐标是 $(x_1,x_2,x_3)^{\mathrm{T}}$,在 $\boldsymbol{\beta}_1,\boldsymbol{\beta}_2,\boldsymbol{\beta}_3$ 下的坐标是 $(x_1',x_2',x_3')^{\mathrm{T}}$,有

$$\begin{pmatrix}x_1'\\x_2'\\x_3'\end{pmatrix}=\begin{pmatrix}13&19&43\\-9&-13&-30\\7&10&24\end{pmatrix}\begin{pmatrix}x_1\\x_2\\x_3\end{pmatrix}\text{或}\begin{pmatrix}x_1\\x_2\\x_3\end{pmatrix}=\begin{pmatrix}-12&-26&-11\\6&11&3\\1&3&2\end{pmatrix}\begin{pmatrix}x_1'\\x_2'\\x_3'\end{pmatrix}.$$

5. (1) $\boldsymbol{P}=\begin{pmatrix}2&0&5&6\\1&3&3&6\\-1&1&2&1\\1&0&1&3\end{pmatrix}$;

(2) $\begin{pmatrix}x_1'\\x_2'\\x_3'\\x_4'\end{pmatrix}=\dfrac{1}{27}\begin{pmatrix}12&9&-27&-33\\1&12&-9&-23\\9&0&0&18\\-7&-3&9&26\end{pmatrix}\begin{pmatrix}x_1\\x_2\\x_3\\x_4\end{pmatrix}$;

(3) $k(1,1,1,-1)^{\mathrm{T}}$.

6. (1) 关于 y 轴对称;

(2) 投影到 y 轴;

(3) 关于直线 $y=x$ 对称;

(4) 顺时针方向旋转 90°.

7. 证明:略.

8. $\begin{pmatrix}1&0&0\\2&1&0\\0&1&1\end{pmatrix}$.

9. 在基 $\boldsymbol{A}_1,\boldsymbol{A}_2,\boldsymbol{A}_3$ 下的矩阵为

$$\begin{pmatrix}1&0&0\\1&1&0\\1&2&1\end{pmatrix}.$$

附录　Mathematica 在线性代数中的应用举例

Mathematica 是国际上最流行的计算机代数系统之一,由美国 Wolfram Research 公司开发并发行,目前已发行到第 10 版. 本节介绍用 Mathematica 实现线性代数运算的各种函数. 表 1 为 Mathematica 关于矩阵的基本命令.

表 1　Mathematica 关于矩阵的基本命令

格式	含义
矩阵 1+矩阵 2	矩阵的和
矩阵 1-矩阵 2	矩阵的差
c * 矩阵	数 c 与矩阵的乘法
矩阵 1. 矩阵 2	矩阵与矩阵的乘法(向量的内积)
$m_1 * m_2$	矩阵的对应元素相乘
Cross[矩阵 1,矩阵 2]	三维向量的外积
Inverse[矩阵]	矩阵的逆矩阵
Det[方阵]	矩阵的行列式的值
Transpose[矩阵]	矩阵的转置矩阵(不能是向量)
Tr[矩阵]	矩阵的迹(对角线元素之和)
MatrixPower[矩阵,n]	矩阵的 n 次方
Eigenvalues[矩阵]	矩阵的全部特征值
Eigenvectors[矩阵]	矩阵的一组线性无关的特征向量
Eigensystem[矩阵]	矩阵的全部特征值和对应的线性无关的特征向量
MatrixRank[矩阵]	矩阵的秩
RowReduce[矩阵]	消元得到矩阵的行最简形矩阵
Orthogonalize[向量组]	将向量组正交并单位化

1. 矩阵的输入和输出

一般来说,在 Mathematica 中输入一个矩阵通常用以下两种做法.

(1) 直接以表的方式输入矩阵:

$\{a_1, a_2, \cdots, a_n\}$ 表示一个向量;

$\{\{a_{11}, a_{12}, \cdots, a_{1m}\}, \{a_{21}, a_{22}, \cdots, a_{2m}\}, \cdots, \{a_{n1}, a_{n2}, \cdots, a_{nm}\}\}$ 表示一个 n 行 m 列的矩阵.

(2) 利用菜单 Insert/Matrix 命令指定行列数,会得到一个矩阵输入模板,然后逐一输入矩阵的元素.

在 Mathematica 中,矩阵默认以一个表的形式存在并输出,如果要得到传统的形式,需要使用 MatrixForm 命令. 它的用法是:

MatrixForm[矩阵]或者矩阵//MatrixForm

注:一般来说,仅在最后运算完成时再利用 MatrixForm 命令来使输出符合习惯即可,我们以例 1 为例来说明这一点.

例 1 输入两个方阵并计算其和及其行列式值.

输入:

```
A= {{1,2,3},{2,0,1},{3,3,2}}//MatrixForm
B= {{0,1,3},{-2,0,1},{-3,1,1}}//MatrixForm
Det[A]
Det[B]
A+B
```

可是运算后我们发现系统只是输出两个方阵,并没有计算它们的行列式值及矩阵的和,这是因为 MatrixForm 命令用得太早了,所以应该输入:

```
A={{1,2,3},{2,0,1},{3,3,2}};
B={{0,1,3},{-2,0,1},{-3,1,1}};
Det[A]
Det[B]
(A+B)//MatrixForm
```

这回得到了正确的结果.

2. 矩阵运算

例 2 矩阵乘法.

输入:

```
a={{1,2,3},{4,5,6}};
b={{1,1},{2,0},{3,1}};
a. b//MatrixForm
```

输出:

$$\begin{pmatrix} 14 & 4 \\ 32 & 10 \end{pmatrix}$$

例 3 矩阵的转置.

输入:

```
a={{1,2,3},{4,5,6},{0,0,3}};
a//MatrixForm
Transpose[a]//MatrixForm
```

输出:

$$\begin{pmatrix}1&2&3\\4&5&6\\0&0&3\end{pmatrix}$$

$$\begin{pmatrix}1&4&0\\2&5&0\\3&6&3\end{pmatrix}$$

例 4 矩阵的逆矩阵和乘幂.

输入:

```
a={{1,2,3},{4,5,6},{0,0,3}};
Inverse[a] // MatrixForm
MatrixPower[a,-1]//MatrixForm
```

输出:

$$\begin{pmatrix}-\frac{5}{3}&\frac{2}{3}&\frac{1}{3}\\\frac{4}{3}&-\frac{1}{3}&-\frac{2}{3}\\0&0&\frac{1}{3}\end{pmatrix}$$

$$\begin{pmatrix}-\frac{5}{3}&\frac{2}{3}&\frac{1}{3}\\\frac{4}{3}&-\frac{1}{3}&-\frac{2}{3}\\0&0&\frac{1}{3}\end{pmatrix}$$

注:MatrixPower 命令当 $n=-1$ 时也可得到逆矩阵.

例 5 特征根和特征向量.

输入:

```
a={{1,2,2},{2,1,2},{2,2,1}};
Eigenvalues[a]
Eigenvectors[a]
Eigensystem[a] // MatrixForm
```

输出:

{5,-1,-1}

{{1,1,1},{-1,0,1},{-1,1,0}}

$$\begin{pmatrix}5&-1&-1\\\{1,1,1\}&\{-1,0,1\}&\{-1,1,0\}\end{pmatrix}$$

注:Eigensystem 命令的输出最为直观清晰.

例 6 矩阵的秩.

输入:

```
a={{1,-1,-1,1,0},{1,-1,1,-3,1},{1,-1,-2,3,-1/2}};
a//MatrixForm
RowReduce[a]//MatrixForm
MatrixRank[a]
```

输出:

$$\begin{pmatrix} 1 & -1 & -1 & 1 & 0 \\ 1 & -1 & 1 & -3 & 1 \\ 1 & -1 & -2 & 3 & -\frac{1}{2} \end{pmatrix}$$

$$\begin{pmatrix} 1 & -1 & 0 & -1 & \frac{1}{2} \\ 0 & 0 & 1 & -2 & \frac{1}{2} \\ 0 & 0 & 0 & 0 & 0 \end{pmatrix}$$

2

利用 RowReduce 命令可以看出矩阵的秩,但是 MatrixRank 命令可以直接得到结果.

例 7 求向量组的正交单位向量组.

输入:

```
Orthogonalize[{{1,1,0,0},{1,0,1,0},{-1,0,0,1},{1,-1,-1,1}}]
```

输出:

$$\left\{\left\{\frac{1}{\sqrt{2}}, \frac{1}{\sqrt{2}}, 0, 0\right\}, \left\{\frac{1}{\sqrt{6}}, -\frac{1}{\sqrt{6}}, \sqrt{\frac{2}{3}}, 0\right\}, \left\{-\frac{1}{2\sqrt{3}}, \frac{1}{2\sqrt{3}}, \frac{1}{2\sqrt{3}}, \frac{\sqrt{3}}{2}\right\},\right.$$
$$\left.\left\{\frac{1}{2}, -\frac{1}{2}, -\frac{1}{2}, \frac{1}{2}\right\}\right\}$$

注: Orthogonalize 在第 6 版以前的版本中是不支持的.

例 8 我们知道:若 $\boldsymbol{A}$ 是一实对称矩阵,则必存在一个正交矩阵 $\boldsymbol{T}$,使得 $\boldsymbol{T}'\boldsymbol{A}\boldsymbol{T}=T^{-1}\boldsymbol{A}\boldsymbol{T}$ 是一对角阵. 试举例验证这一点.

输入:

```
a={{3,1,0,0,0},{1,3,0,0,0},{0,0,2,1,1},{0,0,1,2,1},{0,0,1,1,2}};
b=Eigenvectors[a];
T=Orthogonalize[b];
MatrixForm[T]
```

输出:

$$\begin{pmatrix} 0 & 0 & \frac{1}{\sqrt{3}} & \frac{1}{\sqrt{3}} & \frac{1}{\sqrt{3}} \\ \frac{1}{\sqrt{2}} & \frac{1}{\sqrt{2}} & 0 & 0 & 0 \\ -\frac{1}{\sqrt{2}} & \frac{1}{\sqrt{2}} & 0 & 0 & 0 \\ 0 & 0 & -\frac{1}{\sqrt{2}} & 0 & \frac{1}{\sqrt{2}} \\ 0 & 0 & -\frac{1}{\sqrt{6}} & \sqrt{\frac{2}{3}} & -\frac{1}{\sqrt{6}} \end{pmatrix}$$

下面来验证一下这就是我们要求的正交矩阵.

输入:

T. Transpose[T] //MatrixForm

T. a. Transpose[T] //Fullsimplify//MatrixForm

输出:

$$\begin{pmatrix} 1 & 0 & 0 & 0 & 0 \\ 0 & 1 & 0 & 0 & 0 \\ 0 & 0 & 1 & 0 & 0 \\ 0 & 0 & 0 & 1 & 0 \\ 0 & 0 & 0 & 0 & 1 \end{pmatrix}$$